水务行业技术工种培训教材

下 水 道 工

深圳市水务（集团）有限公司编著

中国建筑工业出版社

图书在版编目（CIP）数据

下水道工/深圳市水务（集团）有限公司编著 —北京：
中国建筑工业出版社，2005
水务行业技术工种培训教材
ISBN 7-112-07337-5

Ⅰ.下... Ⅱ.深... Ⅲ.排水管道-维护-技术培
训-教材 Ⅳ.TU992.4

中国版本图书馆 CIP 数据核字（2005）第 056894 号

责任编辑：田启铭
责任设计：崔兰萍
责任校对：孙 爽 张 虹

水务行业技术工种培训教材

下 水 道 工

深圳市水务（集团）有限公司编著

*

中国建筑工业出版社出版、发行（北京西郊百万庄）
新 华 书 店 经 销
北京密云红光制版公司制版
世界知识印刷厂印刷

*

开本：787×1092 毫米 1/16 印张：15¼ 插页：2 字数：370 千字
2006 年 1 月第一版 2006 年 1 月第一次印刷
印数：1—3000 册 定价：**25.00** 元
ISBN 7-112-07337-5
（13291）

水务行业技术工种培训教材

组织编写单位：深圳市水务（集团）有限公司

编写委员会：

主　　编：黄传奇

主　　审：梁相钦

成　　员：韩德宏　刘振深　郑庆章　闫振武　杜　红

　　　　　姚文彧　李庆华　陆坤明　张金松　钟　坚

　　　　　廖　强　李德宏　吴小怡

编写组长：蒋惠忠

编写人员：杨振宇　刘　乾　邓忠心　冯启峰　寒　锐

　　　　　汤镇歆　戴树立　赵军锋　谭　涓　杨雪城

出 版 说 明

为贯彻《建设部关于〈中共中央、国务院关于进一步加强人才工作的决定〉的意见》，落实建设部、劳动和社会保障部《关于建设行业生产操作人员实行资格证书制度的有关问题的通知》（建人教〔2002〕73号）精神，加快提高城市水务行业生产操作人员素质，培养高素质的水务技能人才，深圳水务（集团）有限公司组织编写了"水务行业技术工种培训教材"。

本套教材共13本，包括：安全用氯、供水管道检漏工、机泵运行工、供水调度工、供水营销员、供水仪表工、水表装修工、水质检验工、净水工、水务电工、供水管道工、污水处理工、下水道工。

本套教材注重结合水务行业的工作实际，充分体现水务行业的工作特点，重点突出技能训练要求，注重实效，既体现了现代供水企业的技术操作要求，又兼顾了国内的实际发展水平，对我国供水事业的发展，具有很强的指导意义。

本套培训教材由中国建筑工业出版社出版发行。

编　者　语

排水工程的基本任务是保护环境免受污染，确保经济社会的可持续发展。在中国全面建设小康社会、实现现代化的过程中，排水工程作为国民经济的一个组成部分，对保护环境、促进工农业生产和服务业发展，保障人民的健康，具有巨大的现实意义和深远的影响。目前，我国的城市污水和工业废水大部分未经有效处理直接排入水域，造成我国 1/3 以上的河段受到污染，90% 以上的城市水域严重污染，近 50% 的重点城镇水源不符合饮用水标准。我国主要城市约有 50% 以地下水为水源，全国约有 1/3 人口饮用地下水，但由于城市地下水受到不同程度污染，水质不断恶化。水环境质量的不断恶化，必将导致水资源的进一步减少和水资源供需矛盾的加剧。

下水道工是从事排水工程管网的施工和维护管理的，以确保排水管网的质量优良、运行正常、排水畅通；提高污水的收集率和处理率；保护环境免受污染。《下水道工》的编写涵盖了下水道工和下水道维护工两个工种的内容，并结合了深圳市排水管网养护管理和水文气象的特点。全书分 3 个部分：专业基础知识、排水管网施工、排水管网养护。书中重点介绍了排水工程识图、顶管施工、管网作业安全知识、管网管理和养护等，覆盖了下水道工所需掌握的基础知识的内容。

本书编写组长为蒋惠忠，负责拟定编写大纲，组织编写和全书的统稿工作。参加编写的有杨振宇（第五、六、七章）、刘乾（第八、九、十章）、戴树立（第三章部分）、邓忠心（第一章）、冯启峰（第二章）、汤镇歆（第四章）、赵军锋（第三章部分）、杨雪城（第三章部分）、蹇锐（第三章部分）、谭涓（第八、九章部分）、蒋惠忠（第一、二、三、八、九、十章部分）。在统稿和文字录入中得到了马铁钢高级工程师、李宝伟高级工程师、张锦华、李小华、曾跃鸿、叶伟明、叶龙青等的指导和帮助。本书由深圳市水务集团有限公司总经理助理钟坚（高级工程师）、方毅（高级工程师）等审稿，并提出了许多宝贵意见，谨表深切敬意。

衷心感谢深圳市水务集团有限公司党委书记、董事长黄传奇（博士导师）为本书的封面题赠墨宝。

由于经验不足和编者的水平有限等原因，本书会存在许多欠妥和可商榷之处；有些章节的编写参考引用了同类的书籍，在此一并感谢。希望各位专家和同仁多提宝贵的意见，以便我们下次修改。

编　者

目　录

第一部分　专业基础知识

第一部分 专业基础知识

第一章 排水概论及排水规划

第一节 排水工程在国民经济建设中的作用

一、排水工程概念

在城镇和乡村，从住宅、写字楼、工业企业和各类公共建筑中不断地排出各种各样的污水和废弃物，需要及时妥善地排除、处理或利用。

在人们的日常生活中，盥洗、淋浴和洗涤等都要使用水，用后便成为污水。现代城镇的住宅，不仅利用卫生设备排除污水，而且随污水排走粪便和废弃物，特别是有机废弃物。生活污水含有大量腐败性的有机物以及各种细菌、病毒等致病性的微生物，也含有为植物生长所需要的氮、磷、钾等肥分，应当予以适当处理和利用。

在工业企业中，几乎没有一种工业不用水。在总用水量中，工业用水量占有相当的比例。水经生产过程使用后，绝大部分成为废水。工业废水有的被热所污染，有的则挟带着大量的污染杂质，如酚、氰、砷、有机农药、各种重金属盐类、放射性元素和某些相当稳定的生物难于降解的有机合成化学物质，甚至还可能含有某些致癌物质等。这些物质多数是有害和有毒的，但也是有用的，必须妥善处理或回收利用。

城市雨水和冰雪融水也需要及时排除，否则将积水为害，妨碍交通，甚至危及人们的生产和日常生活。特别是沿海受台风影响的地区和城镇，暴雨成灾时有发生，且造成严重的经济损失。由于北方地区以往都是干旱少雨，城市防洪和排水的设计标准就偏低。而随着气候条件的变化和异动，强降雨和降雪的现象时有发生，造成城市交通的大面积瘫痪和严重的经济损失。如北京2001年12月的"雪灾"和2004年7月的"洪灾"，2004年7月10日16时至11日12时，天安门区域20h内的降雨量达106mm。两次"灾害"都造成了巨大的损失，值得排水工作者深刻反思。

在人们生产和生活中产生的大量污水，如不加控制，任意直接排入水体（江、河、湖、海、地下水）或土壤，就会使水体或土壤受到污染，将破坏原有的自然环境，以致引起环境问题，甚至造成公害。因为污水中总是或多或少地含有某些有毒或有机物质，毒物过多将毒死水中或土壤中原有的生物，破坏原有的生态系统，甚至使水体成为"死水"，使土壤成为"不毛之地"。而生态系统一旦遭到破坏，就会影响自然界生物与生物、生物与环境之间的物质循环和能量转化，给自然界带来长期的、严重的危害。例如，1850年英国泰晤士河因河水水质污染造成水生生物绝迹后，曾采用了多种措施予以治理，但一直到1969年才使河水开始恢复清洁状态，重新出现了鱼群，其间竟经历了119年之久！污水中的有机物质在水中或土壤中，由于微生物的作用而进行好氧分解，消耗其中的氧气。如果有机物过多，氧的消耗速度将超过其补充速度，使水体或土壤中氧的含量逐渐降低，直至达到无氧状态。这不仅同样危害水体或土壤中原有生物的生长，而且此时有机物将在无氧状态下进行另一种性质的分解——厌氧分解，从而产生一些有毒和恶臭的气体，毒化周围环境。为保护环境避免发生上述情况，现代城市就需要建设一整套的工程设施来收集、输送、处理和处置雨、污水，此工程设施就称之为排水工程。

下水道工是从事排水管网施工和维护管理的，本书内容涵盖了下水道工和下水道维护工两个工种。

二、排水工程任务

排水工程的基本任务是保护环境免受污染，确保经济社会的可持续发展。对已污染的环境加以治理，以促进工农业生产和服务业的发展，保障人民的健康与正常生活。其主要内容包括：（1）收集各种污水并及时地将其输送至适当地点；（2）妥善处理后排放或再利用。

三、排水工程作用

排水工程在我国现代化建设和经济社会发展中有着十分重要的作用。

从环境保护方面讲，排水工程有保护和改善环境，消除污水危害的作用。而消除污染，保护环境，是进行经济建设必不可少的条件，是保障人民健康和造福子孙后代的大事。随着现代工业的迅速发展和城市人口的集中，污水量日益增加，成分也日趋复杂。在某些工业发达国家，因污水而引起的环境污染问题陆续出现，20 世纪 60 年代以来，曾发生过多起轰动世界的公害事件，例如日本的"水俣病"、"骨痛病"等等，引起了舆论界的关注和广大群众的强烈反对，迫使一些国家组织成立相应的环境保护机构，来研究和解决这一问题。目前，我国有些地方环境污染也十分严重，随着现代化建设的发展，必将更加突出。因此，必须随时注意经济发展过程中造成的环境污染问题。在现代化建设进程中，应充分利用市场体制的优势，多渠道筹集资金，在技术和管理上创新，注意研究和解决好污水的治理问题，以确保环境不受污染，这是排水工作者的重要任务。

从卫生上讲，排水工程的兴建对保障人民的健康具有深远的意义。通常，污水污染对人类健康的危害有两种方式：一种是污染后，水中含有致病微生物而引起传染病的蔓延。例如霍乱病，在历史上曾夺去千百万人的生命，而现在虽已基本绝迹，但如果排水工程设施不完善，水质受到污染，就会有复发的危险，1970 年前苏联伏尔加河口重镇阿斯特拉罕爆发的霍乱病，其主要原因就是伏尔加河水质受到污染引起的。另一种是被污染的水中含有毒物质，从而引起人们急性或慢性中毒，甚至引起癌症或其他各种"公害病"。某些引起慢性中毒的毒物对人类的危害甚大，因为它们常常通过食物链而逐渐在人体内富集，开始只是在人体内形成潜在危害，不易发现，一旦爆发，不仅危及一代人，而且影响子孙后代。兴建完善的排水工程，将污水进行妥善处理，对于预防和控制各种传染病、癌症或"公害病"有着重要的作用。我国 2003 年的"非典型肺炎（SARS）"流行和 2004 年的"禽流感"爆发，给我们敲响了警钟。"排水"问题已不是一个小问题，处理不好会造成传染病的大规模流行，排水工作者要高度重视。

从经济上讲，排水工程也具有重要意义。首先，水是非常宝贵的自然资源，它在国民经济的各部门中都是不可缺少的。虽然地球表面的 70% 以上被水所覆盖，但其中便于取用的淡水量仅为地球总水量的 0.2% 左右。许多河川的水都不同程度地被其上下游城市重复使用着。如果水体受到污染，势必降低淡水水源的使用价值。一些国家和地区就出现过因水源污染不能使用而引起的"水荒"，被迫不惜付出高昂的代价进行海水淡化，以取得足够数量的淡水。目前，我国的水体污染相当严重，大江大河及湖泊、水库的水质都有不同程度的污染。许多城市缺水严重，北京就是一个例子，不得不实施"南水北调"工程。现代排水工程正是保护水体，防治公共水体水质污染，以充分发挥其经济效益的基本手段之一。同时，城市污水资源化，可重复利用于城市或工业，这是节约用水和解决淡水资源短缺的一种重要途径。不言而喻，这必将产生巨大的经济效益。其次，污水的妥善处置，以及雨雪水的及时排除，是保证工农业生产正常运行和人民群众正常生活的必要条件之一。在某些工业发达国家，曾由于工业废水未能妥善处理，造成周围环境或水域的污染，使农作物大幅度减产甚至枯死和工厂被迫停产甚至倒闭的事例。同时，废水能否妥善处置，对工业生产新工艺的发展也有重要的影响，例如原子能工业，只有在含放射性物质的废水治理技术达到一定的生产水平之后，才能大规模地投入生产，充分发挥它的经济效益。此外，污水利用本身也有很大的经济价值，例如有控制地利用污水灌溉农田，会提高产量，节约水肥，促进农业生产；工业废水中有价值原料的回收，不仅消除了污染，而且为国家创造了财富，降低了产品成本；将含有机物的污泥发酵，不仅能更好地利用污泥做农肥，而且可得到有机化工的基本原料——甲烷，进而可制造各类化工产品等等。

总之，在中国全面建设小康社会、实现现代化的过程中，排水工程作为国民经济的一个组成部分，对保护环境、促进工农业生产和服务业发展，保障人民的健康，具有巨大的现实意义和深远的影响。作为从事排水工作的工程技术人员，应当充分发挥排水工程在社会主义现代化建设中的积极作用，使经济建设、城乡建设与环境建设同步规划、同步实施、同步发展，以实现经济效益、社会效益和环境效益的统一，保障最广大人民群众的根本利益。

第二节　我国排水事业发展历程及展望

一、我国排水事业发展

排水工程的建设在我国已有悠久历史，早在战国时代就有用陶土管排除污水的工程设施。我国古代一些富丽堂皇的皇城，已建有比较完整的明渠与暗渠相结合的渠道系统。例如，北京内城至今还保留有明清两代建造得很好的矩形砖渠。但是，由于长期的封建统治，我国比较完善的现代化排水系统，直到 20 世纪初才在个别城市开始建设，而且规模较小。在国外，据历史记载和考古发掘证实，早在公元前 2500 年，埃及就已建有污水沟渠，古希腊的城市也建有石砌或砖砌等各种形式的管渠系统，古罗马在公元前 6 世纪建筑了著名的"大沟渠"。19 世纪中叶以后，随着产业革命后工业的发展和人口的集中，一些西方国家的城市开始建造现代排水系统。

我国解放以后，随着城市和工业建设的发展，城市排水工程的建设有了很大的发展。为了改善人民居住区的卫生环境，解放初期，除对原有的排水管渠进行疏浚外，曾先后修建了北京龙须沟、上海肇家浜、南京秦淮河等十几处管渠工程。在其他许多城市也有计划地新建或扩建了一些排水工程。在修建排水管渠的同时，还开展了污水、污泥的处理和综

3

合利用的科学研究工作，修建了一些城市污水厂。在一些地区，开展了城市污水灌溉农田，修建了长达60km的沈（阳）抚（顺）污水灌渠。有控制地进行污水灌溉不仅能提高农作物产量，而且也是利用土地处理污水的有效方法之一。近年来，全国各地大力开展了工业废水的治理工作，许多工业企业修建了独立的废水处理站；对淮河、辽河、海河、松花江、黄河、珠江、长江七大流域和滇池、巢湖、太湖三大湖泊流域等环境污染较为严重的河、湖、海湾和城市进行了重点治理，取得了一定的成效。"六五"期间是我国环境保护事业开创和发展以来较好的时期，经过5年的努力，我国的环境保护作为一项基本国策，取得了很大进展。在"七五"期间，在城市污水处理方面开展了土地处理和稳定塘处理系统应用，大中城市共安排治理河流（段）和湖泊99条（个）。城市污水处理厂的建造数量明显增加。如规模较大、处理工艺完整的天津纪庄子城市污水处理厂，以及经过处理后排入郊区灌溉的桂林中南区城市污水处理厂等均早已投产使用。经过治理的河流、湖泊水质明显好转。"八五"期间，为了解决水资源短缺和防止水污染，将污水资源化列入了国家重点科技攻关项目，在大连市春柳河污水处理厂中建成了城市污水回用示范工程。北京建造日处理规模100万 m^3 现代化城市污水处理厂的第一期工程50万 m^3/d 已经投产使用。"九五"期间，国家重视水工业技术的纵深发展和集成化方面的研究，例如"集成化的污水处理处置和利用技术"和"污泥处理处置利用技术"等重点技术发展项目。近年来，我国沿海地区的一些城市，为了充分利用海洋（江、河）大水体的稀释自净能力，将污水适当处理后排海。污水深海排放已逐渐成为世界各国沿海城市污水的主要处置方式之一。上海竹园的合流污水的排海工程、浙江宁波的长跳嘴污水排海工程等便是我国建造的排海工程。总之，近二十多年来，兴建和完善城市排水工程设施的速度明显加快，至2001年我国建有城市污水处理厂452座，其中二、三级污水处理厂为307座，城市排水管道约为15.8万 km，城市污水处理率36.5%，比1995年提高了约17%。根据"十五"环保规划：至2005年，城市生活污水集中处理率达到45%，50万人口以上的城市要达到60%。

二、我国排水事业发展趋势

建国以来，我国排水工程事业虽然有了相当的发展，在环境保护和污水治理方面也取得了一定的经验，但仍满足不了社会发展的需要，与工业发达国家相比，差距很大。目前，我国的城市污水和工业废水大部分未经有效处理直接排入水域，造成我国1/3以上的河段受到污染，90%以上的城市水域严重污染，近50%的重点城镇水源不符合饮用水标准。据统计，对全国1200多条河流的监测表明，约有70%的河流受到不同程度的污染，其中淮河流域、辽河流域、海河流域尤为严重。我国的湖泊污染也相当严重，太湖、巢湖、滇池尤为突出。我国主要城市约有50%以地下水为水源，全国约有1/3人口饮用地下水，但由于城市地下水受到不同程度污染，水质不断恶化。我国是一个水资源匮乏的国家，人均水资源占有量仅为世界人均占有量的1/4。许多地区和城市严重缺水。水环境质量的不断恶化，必将导致水资源的进一步减少和水资源供需矛盾的加剧。我国正处于全面发展时期，城市化和工业化进程的加速将伴随需水量和污染物排放量的迅速增长，水危机不仅会长期存在，而且有迅速加剧的危险，必将制约城市和经济的发展，影响全面建设小康社会和现代化任务的实现。因此，当前排水工作者的任务是艰巨的，要加紧做好各方面工作。

4

1. 要加快城市排水系统的建设。我国多数城市排水管道不成系统，有的利用街道、河道排水，影响环境卫生。有的排水能力低，致使有的城市雨后长时间积水，对生活、生产影响很大。目前，我国城市排水网普及率，按服务面积计算为 64.8% 左右，排水管道总长度 15.8 万 km 以上，作为一个 13 亿人口的国家，人均占有排水管道长度相当少，只有 4m 与工业发达国家相比差距较大，如伦敦、巴黎、莫斯科等普及率为 100%，东京为 97%，原德意志联邦共和国为 95%。所以应加速城市排水管道系统的建设。

我国城市污水处理能力相当低，据统计，2002 年底，我国设市城市 660 座，城市污水年排放总量为 338.4 亿 m^3，城市污水处理量为 135 亿 m^3，则城市污水处理率为 39.9%。该污水处理率，并未限定污水处理的深度标准，它综合计入了企业的预处理和城市市政排水系统的一级处理、简易处理及二级生物处理的所有污水量。城市市政排水系统年收纳污水 215.7 亿 m^3，全国建有城市污水处理厂 452 座，日处理能力 707 万 m^3，加上分散设施的处理能力，年处理污水量 30.2 亿 m^3，因而城市市政排水系统的污水处理率为 14.0% 左右。所以我国城市污水处理率低，大部分城市污水未经处理直接排入江、河、湖、海，造成水体污染，这与社会的发展极不适应。近几十年来，国外许多发达国家大力发展城市排水设施并建造大量城市污水处理厂，提高污水处理率，而且许多国家采用二级生物处理，并且很多情况下提高到三级处理水平，以解决水体的富营养化问题。据统计，发达国家平均 5000～10000 人就占有一座城市污水厂，美国有 22000 多座城市污水厂。

根据国家规划，到 2010 年城市污水集中处理率应达 50%，预计需新建城市集中污水处理厂 1000 余座，所以从现在到 2010 年，我国的城市污水处理厂将以超常规的建设速度发展。相应地还要建造大量排水管渠工程，其基建投资和工程量是相当可观的，投资的筹措是一项很重要的问题。此外，我国目前城市排水管渠多为合流制，如果达到规定的要求，就必须有计划地考虑合流制的改造和完善。同时，将原有的城市污水处理厂一级处理进行扩建或强化。因此，城市排水系统的新建、现有排水系统的改建和扩建，以及污水厂的建设任务等，都是极其繁重的。

2. 要尽快探索经济、高效、节能、技术先进的符合我国国情的城市污水处理新工艺和新技术。首先应探索效率高、耗电低、用地省和污泥少的生物处理新工艺。利用城市污水灌溉农田进行土地处理，氧化塘、氧化沟等技术在我国已有不少实践经验，应逐步推广应用。同时，应加强污水灌溉对作物生长、地下水污染、土壤污染、环境卫生以及污物在作物中残留等问题研究工作。

对城市污水处理所产生的污泥，要加强综合利用的研究，以解决污泥的最终处置和出路问题。

3. 要大力开展污水资源化研究。城市污水经妥善处理后可作低质用水，如用作工业冷却用水和杂用水（如厕所冲洗水、洗车水、洒水、消防用水、空调用水等）。城市污水资源化，在解决水污染的同时，也解决某些缺水地区水资源不足的问题，所以应有针对性地对城市污水资源化进行试验研究，并解决在应用中存在的问题，这是开辟第二水源的重要途径。

4. 要大力加强水质监测新技术、操作管理自动化和水处理设备标准化的研究工作。国外在环境监测中已开始采用中子活化、激光、声雷达等新技术进行自动监测。英国威灵汉污水厂的运转采用了计算机程序控制，可在 24h 内随时提供完整的全厂运转记录。

目前，我国在污水处理方面基本上还是人工操作，某些水处理专用机械、设备、仪器、仪表等，还没有标准化和系列化，因而与国外相比差距颇大，在这方面还要做大量工作。

5. 无害无废水工艺、闭合循环和综合利用是 20 世纪 60 年代控制工业污染的新技术，应积极开展研究并加以推广。近年来，我国一些工业企业努力改革工艺，采用闭路循环流程，做到少排甚至不排废水，对必须排放的废水开展综合利用等方面已取得了一些成果，既控制了污染又为国家创造了财富。但有的在生产中还处于试用阶段，有待进一步推广。对其他许多工业企业废水进行经济有效的综合利用的途径，还有待于研究和探索，并应不断地进行提高和研究水的重复利用率工作。

6. 要着手进行区域排水系统的研究工作。20 世纪 70 年代以来，某些国家为保护和改善环境，已从局部治理发展为区域治理，从单项治理发展为综合整治，即对区域规划、资源利用、能源改造和有害物质净化处理等多种因素进行综合考虑，以求得整体上的最优整治方案。区域排水系统是对区域河流水质进行综合整治的重要组成部分，它运用系统工程的理论和方法及电子计算技术，从整个河流的范围出发，将区域规划、水资源的有效利用和污水治理等诸因素进行综合的系统分析，建立各种模拟试验和数学模式，以寻求水污染控制的设计和管理的最优化方案，这是当前应予以重视的研究方向。

应当强调指出，在发展经济的时候，必须注意环境保护。否则，酿成公害后再来抓环境保护，不仅人民遭受损失，而且要花费更多的财力、物力，这是一些工业发达国家已经经历过的教训。同时也应看到，只要注意并采取强有力的措施，控制和解决环境污染问题是不难实现的。例如，日本的环境保护走了 15 年的弯路，开始 10 年，即 1955～1965 年只追求工业发展，忽视环境保护；后 5 年，即 1966～1970 年继续高速度发展经济，终于造成了全国性的难以控制的"爆炸性"公害。在群众和社会舆论的压力下，日本政府决心解决环境污染问题，从 1970 年起，用了 5～7 年的时间，使公害问题基本得到治理和控制，环境状况有了显著改善，99.95% 的水域已达到了保护人民健康的水质标准。

第三节　深圳市排水行业的发展

一、历史回顾

深圳由昔日一个边陲小镇一跃成为今日的现代化城市，经济上得到飞速的发展，各项建设均取得了令人瞩目的成就。作为城市建设必不可少的排水设施也不例外，纵观深圳市排水设施二十多年的发展，深圳市排水行业的发展可分为三个阶段：

1. 排水设施与市政路桥合并统一管理，即"路水合管制"阶段，从特区成立至 1990 年十多年的时间里，深圳市市政建设部门有计划、有步骤地开展了大规模的市政基础设施的建设，特区的排水设施经历了从无到有，从少到多，从零散到系统这样一个逐步发展逐步完善的过程。截止 90 年底，深圳市共建成滨河、南山、蛇口三座污水处理厂，污水处理能力达 12 万 m³/d，污水提升泵站 3 座，日提升能力 20 万 t，市政排水管网总长达 500km。这个阶段深圳市没有独立、专门的排水管理机构，而是与其他的市政设施管理合并，由深圳市市政公用事业管理公司统一管理。在城市建设初期，各项市政设施尚不健全，这种管理体制有利于市政系统整体建设的内部协调，均衡各方面发展水平，但也存在许多不尽完善的地方，突出表现在排水体系作为一项系统工程，路水合管式的管理体制无法集中资源优势，系统地管理排水设施，从而制约了排水事业整体水平的提高。

2. 排水系统集中、单独管理，即"排水专管制"阶段，从 1990 年至 2001 年间，深圳市开展了更大规模的排水设施建设工作，部分老管道被改造、更新。新铺管网充分考虑了今后发展的需要，普遍管径较大，排水体系更趋合理、完善。污水处理厂扩建工程不断上马，处理能力在逐步提高，列入规划的排水设施建设项目得到了一一落实，各项工程进展顺利。截至 2001 年底，深圳特区内的污水处理厂共 5 座，处理能力达 93.6 万 m^3/d，雨污水泵站 20 多座，日提升能力达 160 万 t，市政排水管网总长达 1800 多 km，并从 1997 年 8 月开始实行排水设施有偿使用制度。这个阶段深圳特区内的市政排水设施由市府城管办属下的排水管理处统一管理、维护。而特区外宝安、龙岗两区的市政排水设施由区政府负责管理、养护。

3. 第三阶段是 2002 年起，深圳市的排水设施建设更是突飞猛进，特别是在自动化管理、监测、治理方面，取得了突出的业绩。

二、深圳市排水行业的发展现状

供排水一体化经营管理阶段，2001 年底市政府把原排水管理处与深圳市自来水公司合并，成立深圳市水务（集团）有限公司，把排水产业由原先的事业单位管理完全转变为企业化管理。把排水这一特殊的商品推向市场，按市场经济规律安排生产经营管理，打破了原先事业单位那种吃"大锅饭"的思想；使排水设施管理养护单位摆脱了对政府的依附关系，管理单位有了一定的自主权，增强了成本核算和自我发展、自我完善的经济意识。并努力拓宽投融资渠道，吸引外资和其他资金入股参与排水设施的管理和建设，引进国外先进的技术和管理经验，不断夯实自己的基础，壮大自我。排水行业有了更加辉煌的发展。

三、深圳市排水行业发展趋势

纵观国外先进国家上百年排水行业的发展，总结深圳二十多年的排水设施管理经验，城市排水管理工作有着如下的发展趋势：

1. 设施的建设和管理按市场经济规律办事，原则是"污染者自付"，以经济促管理。在全社会普遍推行排水设施有偿使用制度，根据排水设施建设和运行所需要的实际费用来确定排水收费标准，促进排水设施建设和运作的良性循环。

2. 设施运行和维护从人工作业逐步过渡到机械化、自动化、规范化作业。各项新技术、新工艺、新材料将更广泛地应用于排水设施运行和管理工作中。

3. 城市污水处理率、管网普及率、污水的重复利用率不断提高，最终达到污水无害化处理和排放，逐步改善和解决水体和土壤污染问题。

第四节　排水种类和体制

一、排水种类

在人类的生活和生产中，使用着大量的水。水在使用过程中受到不同程度的污染，改变了原有的化学成分和物理性质，这些水称作污水或废水。废水也包括雨水及冰雪融化水。

按照来源的不同，污水可分为生活污水、工业废水和降水三类。

1. 生活污水　是指人们日常生活中用过的水，包括从厕所、浴室、盥洗室、厨房、食堂和洗衣房等处排出的水。它来自住宅、写字楼、公共场所、机关、学校、医院、商店以及工厂中的生活间部分。

生活污水是属于污染的废水，含有较多的有机物，如蛋白质、动物脂肪、碳水化合物、尿素和氨氮等，还含有肥皂和合成洗涤剂等，以及常在粪便中出现的病原微生物，如寄生虫卵和肠系传染病菌等。这类污水需要经过处理后才能排入水体、灌溉农田或再利用。

2. 工业废水　是指在工业生产中所排出的废水，来自车间或矿场。由于各种工厂的生产类别、工艺过程、使用的原材料以及用水成分的不同，使工业废水的水质变化很大。

工业废水按照污染程度的不同，可分为生产废水和生产污水两类。

生产废水是指在使用过程中受到轻度污染或水温稍有增高的水。如机器冷却水便属于这一类，通常经某些处理后即可在生产中重复使用或直接排放水体。

生产污水是指在使用过程中受到较严重污染的水。这类水大多具有危害性，例如，有的含大量有机物，有的含氰化物、铬、汞、铅、镉等有害和有毒物质，有的含多氯联苯、合成洗涤剂等合成有机化学物质，有的含放射性物质，有的物理性状十分恶劣，等等。这类污水需要经适当处理后才能排放或在生产中使用。废水中的有害或有毒物质往往是宝贵的工业原料，对这种废水应尽量回收利用，为国家创造财富，同时也减轻了污水的污染。

工业废水按所含主要污染物的化学性质，可分为下列三类：

(1) 主要含无机物的，包括冶金、建筑材料等工业所排出的废水。

(2) 主要含有机物的，包括食品工业、炼油和石油化工工业等废水。

(3) 同时含大量有机物和大量无机物的废水，包括焦化厂、化学工业中的氮肥厂、轻工业中的洗毛厂等废水。

工业废水按所含污染物的主要成分分类，如酸性废水、碱性废水、含氰废水、含铬废水、含镉废水、含汞废水、含酚废水、含醛废水、含油废水、含有机磷废水和放射性废水等。这种分类法，明确地指出了废水中主要污染物的成分。

实际上，一种工业可以排出几种不同性质的废水，而一种废水又会有不同的污染物和不同的污染效应。即便是一套生产装置排出的废水，也可能同时含有几种污染物。在不同的工业企业，虽然产品、原料和加工过程截然不同，也可能排出性质类似的废水。

3. 降水　即大气降水，包括液态降水（如雨、露）和固态降水（如雪、冰雹、霜等）。前者通常主要是指降雨。降落雨水一般比较清洁，但其形成的径流量大，若不及时排泄，则能使居住区、工厂、仓库等遭受淹没，交通受阻，积水为害，尤其山区的山洪水为害更甚。通常暴雨水为害最严重，是排水的主要对象之一。冲洗街道和消防用水等，由于其性质和雨水相似，也并入雨水。一般地，雨水不需处理，可直接就近排入水体。

雨水虽然一般比较清洁，但初降雨时所形成的雨水径流会挟带着大气、地面和屋面上的各种污染物质，使其受到污染，所以形成初期径流的雨水，是雨水污染最严重的部分，应予以控制。有的国家对污染严重地区雨水径流的排放做了严格要求，如工业区、高速公路、机场等处的暴雨雨水要经过沉淀、撇油等处理后才可以排放。近年来，由于大气污染严重，在某些地区和城市出现酸雨，严重时 pH 值达到 3.4，因而初降雨时的雨水是酸性水。虽然雨水的径流量大，处理较困难，但近年来的研究表明，对其进行适当处理后再排放水体是有必要的。降雨量大时雨水冲刷会夹带大量的垃圾，同时一些地区的雨污混接比较严重，造成雨水管渠中混有大量的污水，直接排放会污染水体。

二、排水体制

如前所述，在城市和企业中通常有生活污水、工业废水和雨水。这些污水是采用一个管渠系统来排除，或是采用两个或两个以上各自独立的管渠系统来排除。污水的这种不同排除方式所形成的排水系统，称做排水系统的体制（简称排水体制）。排水系统的体制，一般分为合流制和分流制两种类型。

1. 合流制排水系统是将生活污水、工业废水和雨水混合在同一个管渠内排除的系统。最早出现的合流制排水系统，是将排除的混合污水不经处理直接就近排入水体，国内外很多老城市以往几乎都是采用这种合流制排水系统。但由于污水未经无害化处理就排放，使受纳水体遭受严重污染。现在常采用的是截流式合流制排水系统（图1-1）。这种系统是在临河岸边建造一条截流干管，同时在合流干管与截流干管相交前或相交处设置溢流井，并在截留干管下游设置污水处理厂。晴天和初降雨时所有污水都排送至污水厂，经处理后排入水体，随着降雨量的增加，雨水径流也增加，当混合污水的流量超过截流干管的

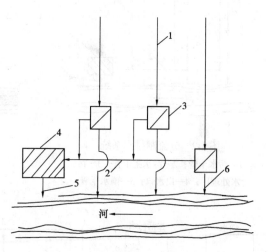

图1-1　截流式合流制排水系统

1—合流干管；2—截流主干管；3—溢流井；
4—污水处理厂；5—出水口；6—溢流出水口

输水能力后，就有部分混合污水经溢流井溢出，直接排入水体。截流式合流制排水系统较前一种方式前进了一大步，但仍有部分混合污水未经处理直接排放，成为水体的污染源而使水体遭受污染，这是它的严重缺点。

国内外在改造老城市的合流制排水系统时，通常都采用这种方式。

2. 分流制排水系统是将生活污水、工业废水和雨水分别在两个或两个以上各自独立的管渠内排除的系统（图1-2）。排除生活污水、城市污水或工业废水的系统称污水排水系统；排除雨水的系统称雨水排水系统。

由于排除雨水方式的不同，分流制排水系统又分为完全分流制和不完全分流制两种排水系统（图1-3）。在城市中，完全分流制排水系统具有污水排水系统和雨水排水系统两种。而不完全分流制只具有污水排水系统，未建雨水排水系统，雨水沿天然地面、街道边沟、水渠等原有渠道系统排泄，或者为了补充原有渠道系统输水能力的不足而修建部分雨水管道，待城市进一步发展再修建雨水排水系统转变成完全分流制排水系统。

在工业企业中，一般采用分流制排水系统。然而，往往由于工业废水的成分和性质很复杂，不但与生活污水不宜混合，而且彼此之间也不宜混合，否则将造成污水和污泥处理复杂化，以及给废水重复利用和回收有用物质造成很大困难。所以，在多数情况下，采用分质分流、清污分流的几种管道系统来分别排除。但如生产污水的成分和性质同生活污水

类似时，可将生活污水和生产污水用同一管道系统来排放。生产废水可直接排入雨水道，或循环使用重复利用。图1-4为具有循环给水系统和局部处理设施的分流制排水系统。生

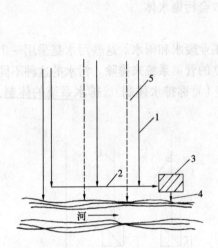

图1-2 分流制排水系统

1—污水干管；2—污水主干管；3—污水处理厂；4—出水口；5—雨水干管

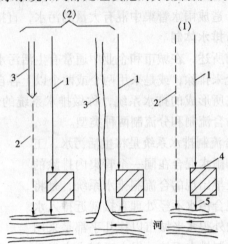

图1-3 完全分流制及不完全分流制

(1) 完全分流制；(2) 不完全分流制

1—污水管道；2—雨水管渠；3—原有渠道；4—污水厂；5—出水口

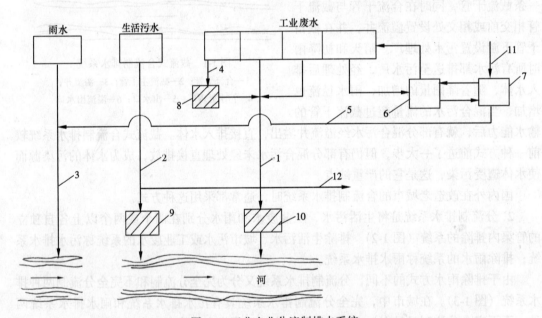

图1-4 工业企业分流制排水系统

1—生产污水管道系统；2—生活污水管道系统；3—雨水管渠系统；4—特殊污染生产污水管道系统；5—溢流水管道；6—泵站；7—冷却构筑物；8—局部处理构筑物；9—生活污水厂；10—生产污水厂；11—补充清洁水；12—排入城市污水管道

活污水、生产污水、雨水分别设置独立的管道系统。含有特殊污染物质的有害生产污水，不容许与生活或生产污水直接混合排放，应在车间附近设置局部处理设施。冷却废水经冷却后在生产中循环使用。如条件容许，工业企业的生活污水和生产污水应直接排入城市污

水管道，而不做单独处理。

在一座城市中，有时采用混合制排水系统，即既有分流制也有合流制的排水系统。混合制排水系统一般是在具有合流制的城市需要扩建排水系统时出现的。在大城市中，因各区域的自然条件以及修建情况可能相差较大，因地制宜地在各区域采用不同的排水体制也是合理的。如美国的纽约以及我国的上海等城市便是这样形成的混合制排水系统。

三、排水体制的选择

合理地选择排水系统的体制，是城市和工业企业排水系统规划和设计的重要问题。它不仅从根本上影响排水系统的设计、施工、维护管理，而且对城市和工业企业的规划和环境保护影响深远，同时也影响排水系统工程的总投资和初期投资费用以及维护管理费用。通常，排水系统体制的选择应满足环境保护的需要，根据当地条件，通过技术经济比较确定。而环境保护应是选择排水体制时所考虑的主要问题。下面从不同角度来进一步分析各种体制的使用情况。

从环境保护方面来看，如果采用合流制将城市生活污水、工业废水和雨水全部截流送往污水处理厂进行处理，然后再排放，从控制和防止水体的污染来看是较好的；但这时截流主干管尺寸很大，污水厂容量也增加很多，建设费用也相应地增高。采用截流式合流制时，在暴雨径流之初，原沉淀在合流管渠的污泥被大量冲起，经溢流井溢入水体，即所谓的"第一次冲刷"。同时，雨天时有部分混合污水经溢流井溢入水体。实践证明，采用截流式合流制的城市，水体仍然遭受污染，甚至达到不能容忍的程度。为了改善截流式合流制这一严重缺点，今后探讨的方向是应将雨天时溢流出的混合污水予以贮存，待晴天时再将贮存的混合污水全部送至污水处理厂进行处理。雨水污水贮存池可设在溢流出水口附近，或者设在污水处理厂附近，这是在溢流后设贮存池，以减轻城市水体污染的补充设施。有的是在排水系统的中、下游沿线适当地点建造调节、处理（如沉淀池等）设施，对雨水径流或雨污混合污水进行贮存调节，以减少合流管的溢流次数和水量，去除某些污染物以改善出流水质，暴雨过后再由重力流或提升，经管渠送至污水厂处理后再排放水体，或者将合流制改建成分流制排水系统等。

分流制是将城市污水全部送至污水厂进行处理。但初雨径流未加处理就直接排入水体，对城市水体也会造成污染，有时还很严重，这是它的缺点。近年来，国外对雨水径流的水质调查发现，雨水径流特别是初降雨水径流对水体的污染相当严重，甚至提出对雨水径流也要严格控制。分流制虽然具有这一缺点，但它比较灵活，比较容易适应社会发展的需要，一般又能符合城市卫生的要求，所以在国内外获得了较广泛应用。现在很多国家和地区已将初降雨水径流纳入了污水处理厂处理后排放。

从造价方面来看，据国外有的经验认为合流制排水管道的造价比完全分流制一般要低20%～40%，可是合流制的泵站和污水处理厂却比分流制的造价要高。从总造价来看完全分流制比合流制可能要高。从初期投资来看，不完全分流制因初期只建污水排水系统，因而可节省初期投资费用，此外，又可缩短施工期，发挥工程效益也快。而合流制和完全分流制的初期投资均比不完全分流制要大。所以，我国过去很多新建的工业基地和居住区均采用不完全分流制排水系统。

从维护管理方面来看，晴天时污水在合流制管道中只是部分流，雨天时才接近满管流，因而晴天时合流制管内流速较低，易于产生沉淀。但根据经验，管中的沉淀物易被暴雨水流冲走，这样，合流管道的维护管理费用可以降低。但是，晴天和雨天时流入污水处理厂的水量变化很大，增加了合流制排水系统污水处理厂运行管理中的复杂性。而分流制系统可以保持管内的流速，不致发生沉淀，同时，流入污水厂的水量和水质比合流制变化小得多，污水厂的运行易于控制。

混合制排水系统的优缺点，是介于合流制和分流制排水系统两者之间。

总之，排水系统体制的选择是一项很复杂、很重要的工作。应根据城镇及工业企业的规划、环境保护的要求、污水利用情况、原有排水设施、水质、水量、地形、气候和水体等条件，从全局出发，在满足环境保护的前提下，通过技术经济比较，综合考虑确定。我国《室外排水设计规范》规定，在新建地区排水系统一般应采用分流制。但在附近有水量充沛的河流或近海、发展又受到限制的小城镇地区；在街道较窄地下设施较多，修建污水和雨水两条管线有困难的地区；或在雨水稀少，废水全部处理的地区等，采用合流制排水系统有时可能是有利和合理的。

近年来，我国的排水工作者对排水体制的规定和选择提出了一些有益的看法。最主要的观点归纳起来有两点：一是两种排水体制的污染效应问题，有的认为合流制的污染效应与分流制持平或低下，因此认为采用合流制较合理，同时国外有先例。二是已有的合流制排水系统，是否要逐步改造为分流制排水系统问题。有的认为将合流制改造为分流制，其费用高昂而且效果有限，并举出国外排水体制的构成中带有污水处理厂的合流制仍占相当高的比例等。这些问题的解决只有通过大量研究和调查以及不断的工程实践，才能逐步得出科学的论断。实际上只要将大部分（90%以上）的污水或初降雨水径流都纳入污水处理厂处理后排放，效果就是一样的。

第五节　排水规划和管网布置

一、排水规划的原则

排水工程是现代化城市和工业企业不可缺少的一项重要设施，是城市和工业企业基本建设的一个重要组成部分，同时也是控制水污染、改善和保护环境的重要措施。

排水工程的规划应遵循下列原则：

（1）排水工程的规划应符合区域规划以及城市和工业企业的总体规划，并应与城市和工业企业中其他单项工程建设密切配合，互相协调。如总体规划中的设计规模、设计期限、建筑界限、功能分区布局等是排水工程规划设计的依据。又如城市和工业企业的道路规划、地下设施规划、竖向规划、人防工程规划等单项工程规划对排水工程的规划设计都有影响，要从全局观点出发，合理解决，构成有机的整体。

（2）排水工程的规划与设计，要与邻近区域内的污水和污泥的处理和处置协调。一个区域的污水系统，可能影响邻近区域，特别是影响下游区域的环境质量，故在确定规划区的处理水平的处置方案时，必须在较大区域范围内综合考虑。

根据排水规划，有几个区域同时或几乎同时修建时，应考虑合并起来处理和处置的可能性，即实现区域排水系统。因为它的经济效益可能更好，但施工期较长，实现较困难。

（3）排水工程规划与设计，应处理好污染源治理与集中处理的关系。城市污水应以点源治理与集中处理相结合，以城市集中处理为主的原则加以实施。

工业废水符合排入城市下水道标准的应直接排入城市污水排水系统，与城市污水一并处理。个别工厂或车间排放的含有有毒、有害物质废水应进行局部除害处理，达到排入城市下水道标准后排入城市污水排水系统。生产废水达到排放水体标准的可就近排入水体或雨水道。

（4）城市污水是可贵的淡水资源，在规划中要考虑污水经再生后回用的方案。城市污水回用于工业用水是缺水城市解决水资源短缺和水环境污染的可行之路。

（5）如设计排水区域内尚需考虑给水和防洪问题，污水排水工程应与给水工程协调，雨水排水工程应与防洪工程协调，以节省总投资。

（6）排水工程的设计应全面规划，按近期设计，考虑远期发展有扩建的可能。并应根据使用要求和技术经济的合理性等因素，对近期工程做出分期建设的安排。排水工程的建设费用很大，分期建设可以更好地节省初期投资，并能更快地发挥工程建设的作用。分期建设应首先建设最急需的工程设施，使它能尽早地服务于最迫切需要的地区和建筑物。

（7）对于城市和工业企业原有的排水工程在进行改建和扩建时，应从实际出发，在满足环境保护的要求下，充分利用和发挥其效能，有计划、有步骤地加以改造，使其逐步达到完善和合理化。

（8）在规划与设计排水工程时，必须认真贯彻执行国家和地方有关部门制定的现行有关标准、规范或规定。同时，也必须执行国家关于新建、改建、扩建工程，实行把防治污染设施与主体工程同时设计、同时施工、同时投产的"三同时"规定，这是控制污染发展的重要政策。

二、排水系统的布置形式

城市、居住区或工业企业的排水系统在平面上的布置，随着地形、竖向规划、污水厂的位置、土壤条件、河流情况，以及污水的种类和污染程度等因素而定。在工厂中，车间的位置、厂内交通运输线，以及地下设施等因素都将影响工业企业排水系统的布置。下面介绍的是考虑以地形为主要因素的几种布置形式（图1-5）。在实际情况下，单独采用一种布置形式较少，通常是根据当地条件，因地制宜地采用综合布置形式较多。

在地势向水体适当倾斜的地区，各排水流域的干管可以最短距离沿与水体垂直相交的方向布置，这种布置也称正交布置（图1-5（1））。正交布置的干管长度短、管径小，因而经济，污水排出也迅速。但是，由于污水未经处理就直接排放，会使水体遭受严重污染，影响环境。因此，在现代城市中，这种布置形式仅用于排除雨水。若沿河岸再敷设主干管，并将各干管的污水截流送至污水厂，这种布置形式称截流式布置（图1-5（2）），所以截流式是正交式发展的结果。截流式布置对减轻水体污染、改善和保护环境有重大作用。它适用于分流制污水排水系统，将生活污水及工业废水经处理后排入水体；也适用于区域排水系统，区域主干管截流各城镇的污水送至区域污水厂进行处理。对于截流式合流制排水系统，因雨天有部分混合污水泄入水体，造成水体污染，这是它的严重缺点。

在地势向河流方向有较大倾斜的地区，为了避免因干管坡度及管内流速过大，使管道受到严重冲刷，可使干管与等高线及河道基本平行、主干管与等高线及河道成一定斜角敷设，这种布置也称平行式布置（图1-5（3））。

在地势高低相差很大的地区，当污水不能靠重力流流至污水厂时，可采用分区布置形式（图1-5（4））。这时，可分别在高地区和低地区敷设独立的管道系统。高地区的污水靠

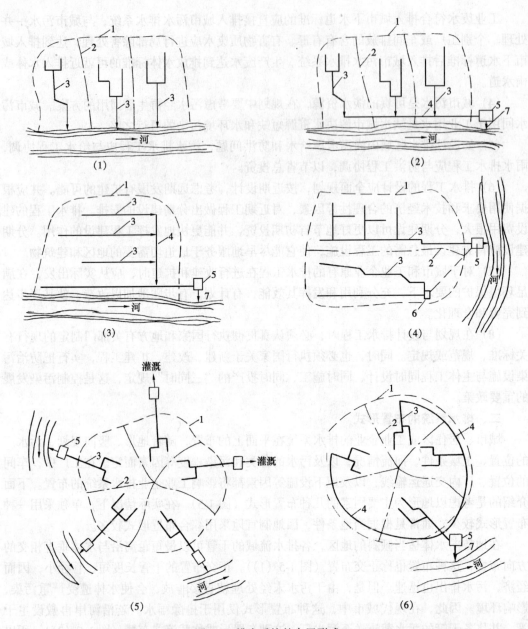

图1-5 排水系统的布置形式

(1) 正交式；(2) 截流式；(3) 平行式；(4) 分区式；(5) 分散式；(6) 环绕式
1—城市边界；2—排水流域分界线；3—干管；4—主干管；
5—污水厂；6—污水泵站；7—出水口

重力流直接流入污水厂，而低地区的污水用水泵抽送至高地区干管或污水厂。这种布置只能用于个别阶梯地形或起伏很大的地区，它的优点是能充分利用地形排水，节省电力。如果将高地区的污水排至低地区，然后再用水泵一起抽送至污水厂是不经济的。

当城市周围有河流，或城市中央部分地势高、地势向周围倾斜的地区，各排水流域的干管常采用辐射状分散布置（图1-5（5）），各排水流域具有独立的排水系统。这种布置具有干管长度短、管径小、管道埋深可能浅、便于污水灌溉等优点，但污水厂和泵站（如需

14

要设置时）的数量将增多。在地形平坦的大城市，采用辐射状分散布置可能是比较有利的，如上海等城市便采用了这种布置形式。

近年来，由于建造污水厂用地不足以及建造大型污水厂的基建投资和运行管理费用也较建小型厂经济等原因，故不希望建造数量多规模小的污水厂，而倾向于建造规模大的污水厂，所以由分散式发展成环绕式布置（图1-5（6））。这种形式是沿四周布置主干管，将各干管的污水截流送往污水厂。

第六节　深圳市排水体制和规划

一、深圳市的排水体制

深圳市地处南海之滨，三面环山，一面临海。它位于珠江三角洲出海口，毗邻香港，南以深圳河与香港新界相邻，北与梧桐山、羊台山与东莞、惠州两市接壤，东临大亚湾、大鹏湾，西扼珠江口。在建市短短的二十多年里面，深圳已由一个边陲小镇建设成一个国际化大都市。在建市初期，市政部门根据市政规划、环境保护的要求、污水利用情况、原有排水设施、水质、水量、地形、气候和水体等条件，从全局出发，在满足环境保护的前提下，通过技术经济比较，综合考虑，确定了深圳市采用分流制的排水系统。

二、深圳市的排水规划

深圳市的地貌类型多样，地形结构以丘陵、台地为主，全市由东南向西北可划分为三个地貌带，即南带（半岛，海湾地貌带）、中带（海岸山脉地带）、北带（丘陵谷地带）。其中部分为低丘、台地、沿海有狭长的海滨平原，西部介于珠江口和深圳湾之间，有河谷平原，地势较为低洼。就全市范围来看，地势总体上是东南高，西北低。根据这一地势特点，深圳特区内西部设有南山污水处理厂，它们的日处理量为73.6万t；中部设有滨河污水处理厂和罗芳污水处理厂，它们的日处理量分别为30万t、35万t；东部设有盐田污水处理厂，它的日处理量为20万t；中西部的排水管网自东向西顺坡埋设，污水向西顺流而下，经西部的南山污水处理厂处理后最终深海排放；而上步、罗湖的大部分污水通过重力流或经泵站提升至滨河污水处理厂或罗芳污水处理厂，经两厂处理后排入深圳河。沙头角、盐田片区的大部分污水通过重力流或经泵站提升至盐田污水处理厂，经处理后排入大鹏湾。

2003～2005年特区内重点建设深圳水库污水截排工程、河流综合治理工程、罗芳污水处理厂二期工程的配套污水管网、大梅沙片区污水输水管工程，开展城中村排水系统的研究和改造；特区外新建坪地横岭污水处理厂、布吉草埔污水处理厂、固戍污水处理厂一期工程、燕罗污水处理厂、沙井污水处理厂、龙华污水处理厂和深圳水库流域污水处理厂等8座污水处理厂及其配套污水管网。续建南山污水处理厂第二套工程、坪山上洋污水处理厂一期工程、华为污水处理厂一期工程和观澜污水处理厂一期工程等4座污水处理厂及其配套污水管网。开展坪山上洋污水处理厂二期工程、福永污水处理厂、观澜污水处理厂二期工程、龙田污水处理厂二期工程、横岗污水处理厂二期工程和坪地横岭污水处理厂二期工程等污水处理厂建设的前期工作。至2005年全市新增污水处理能力达141.4万 m^3/d，污水处理率达到60%以上。

城市雨污水经排水管网收集、输送后最终将排入水体，因此，河流、湖泊、海洋是雨污水的最终接纳体，也是城市排水处置的最后一个环节。深圳市境内河流众多，约有大小河流160多条，它们均属山区性中小河流。这些河流具有汇流快，流程短及峰高量小的特性。据分析，深圳市的河流属雨源型，其径流量、流量、洪峰皆与降雨量密切相关，一旦普降大雨，洪峰暴涨暴落，加上深圳地形狭窄，距海太近，汇流时间短等因素，降水的蓄存能力十分有限，很容易引起水溢流，发生洪涝灾害。

2003~2005年完成南头半岛、大冲村、光前村、平山村、田面村和水围村等易涝点的治涝工程，配套完成重点发展地区雨水主干管渠的建设。

第七节　排水管理政策法规

1973年，在全国第一次环境保护会议上，制定了"全面规划、合理布局、综合利用、化害为利、依靠群众、大家动手、保护环境、造福人民"的环境保护工作方针；1978年颁布的《中华人民共和国宪法》中第十一条规定的"国家保护环境和自然资源、防治污染和其他公害"；1984年，在全国第二次环境保护会议上，提出"环境保护是我国的一项基本国策"；1989年，在全国第三次环境保护会议上，提出"推进污染集中控制"政策；以及1996年，在全国第四次环境保护会议上，进一步强调落实环境保护基本国策，贯彻实施可持续发展战略等等，为排水工程的建设和发展指明了方向。为了保护环境，国家还制定了一系列法规和标准，与排水工程有关的主要有《中华人民共和国环境保护法》、《中华人民共和国水污染防治法》、《中华人民共和国水土保持法》、《中华人民共和国防洪法》、《中华人民共和国海洋环境保护法》、《中华人民共和国水污染防治法》实施细则；《工业"三废"排放试行标准》（aaJ 4—73）、《工业企业设计卫生标准》（TJ 36—79）、《海水水质标准》（GB 3097—82）、《生活饮用水卫生标准》（GB 5749—85）、《污水排入城市下水道水质标准》（CJ 18—86）、《室外排水设计规范》（GBJ 14—87）、《地面水环境质量标准》（GB 3838—88）、《污水综合排放标准》（GB 8978—1996）、《渔业水质标准》（GB 11607—89）、《生活杂用水水质标准》（CJ 25.1—89）、《建筑中水设计规范》（GB 50336—2002）、《农田灌溉水质标准》（GB 5084—94）、《城市污水处理厂污水污泥排放标准》（CJ 3025—93）、《城镇污水处理厂附属建筑和附属设备设计标准》（CJJ 31—89）、《城市污水回用设计规范》（CECS 61:94）等等。深圳市人民政府1999年8月5日通过了《深圳经济特区市政排水管理办法》，它是特区内排水管理的基础和依据。同时，在环境管理中关于基建项目明确规定了对新建、改建、扩建工程和采取技术措施增加生产能力的工程项目，实行防治污染设施与主体设施的工程同时设计、同时施工、同时投产（简称"三同时"）的政策。在党和国家的关怀下，从事排水工程的技术队伍日益壮大，许多高等学校和中等职业技术学校设置了给水排水工程专业或环境工程专业。全国很多城市和工业部门也都设置了给水排水设计和科研机构、环境保护机构、环境监测机构以及有关的各种学会等。为了加强领导，设置了全国人大环境与资源保护委员会和国家环境保护总局等组织机构。所有这些，为排水事业的发展创造了极为有利的条件。

本　章　小　结

本章阐述了排水工程在国民经济建设中的作用以及我国排水事业的发展历程和发展趋

势，深圳市排水行业的发展过程和发展趋势；排水种类的划分及其性质特征，排水体制的种类，各类排水体制的优缺点及其选择的原则；排水系统的布置形式及其适用条件；排水规划应遵循的原则以及深圳市的排水体制、排水规划情况；排水管理政策法规。

复 习 思 考 题

1. 排水工程的任务和作用是什么？
2. 为什么说排水工程是我国现代化建设的重要组成部分？
3. 排水工作者面临的任务是艰巨的，应如何完成这一任务？
4. 深圳市排水行业发展经历了哪几个阶段？
5. 污水分为几种？其性质特征是什么？
6. 什么是排水系统及排水体制？排水体制分几种，各类的优缺点，选择排水体制的原则是什么？
7. 排水系统布置的几种形式各有什么特点？其选用条件是什么？
8. 排水工程的规划设计应遵循的原则是什么？
9. 深圳市的排水体制是什么？

第二章　排水管道的设计常识

第一节　排水工程的设计原则及资料收集

一、排水工程的设计原则

排水工程设计应以批准的当地城镇（地区）总体规划和排水工程总体规划为主要依据，从全局出发，根据规划年限、工程规模、经济效益、环境效益和社会效益，正确处理城镇、工业与农业之间，集中与分散、处理与利用、近期与远期的关系。通过全面论证，做到能保护环境，技术先进，经济合理，安全适用。

排水体制（分流制或合流制）的选择，应根据城镇和工业企业规划、当地降雨情况和排放标准、原有排水设施、污水处理和利用情况、地形和水体等条件，综合考虑确定。同一城镇的不同地区可采用不同的排水体制。新建地区的排水系统宜采用分流制。

排水系统设计应综合考虑下列因素：

1. 与邻近区域内的污水与污泥处理和处置协调。

2. 综合利用或合理处置污水和污泥。

3. 与邻近区域及区域内给水系统、洪水和雨水的排除系统协调。

4. 接纳工业废水并进行集中处理和处置的可能性。

5. 适当改造原有排水工程设施，充分发挥其工程效能。

二、排水工程设计资料的收集

排水工程设计必须以可靠的资料为依据。设计人员接受设计任务后，需做一系列的准备工作。一般应先了解研究设计任务书或批准文件的内容，弄清关于本工程的范围和要求，然后赴现场踏勘，核实、收集、补充有关的基础资料。通常需要有以下几方面的资料：

（一）有关明确任务的资料

了解城市和工业企业的总体规划和排水工程总体规划的主要内容。比如城镇设计人口规模；各类建筑用地的分布；主要公共建筑、车站、港口、立交工程、主要桥梁的位置及道路系统的情况；给水、排水、防洪、电力供应等公共设施的情况；排水系统的设计规模，设计期限，投资金额，拟用的排水体制，污水处置方式，污泥处置方式，生活污水和工业废水量标准，各排放点的位置、高程及排放特点，污水水质；河流或其他水体的位置、等级、航运及渔业情况；农田灌溉及环境保护要求等。

（二）有关自然因素方面的资料

1. 地形图：初步设计阶段需要设计地区和周围 25~30km 范围的总地形图，比例尺为 1:10000~1:25000，图上等高线间距 1~2m。带地形、地物、河流、风玫瑰的地区总体布置图，比例尺 1:5000~1:10000，图上等高线间距 1~2m。施工图设计阶段需要设计地区的总平面图，城镇可采用比例尺 1:5000~1:10000，工厂可采用比例尺 1:500~1:2000，图上等高线间距为 0.5～2m。

2. 气象资料：包括气温、湿度、风向、气压、当地暴雨强度公式或当地的降雨量记录等。

3. 水文水质资料：包括河流的流量、流速、水位、水面比降，洪水情况，水温，含沙量及水质分析与细菌化验资料等。

4. 地质资料：包括土壤性质，土壤冰冻深度，土壤承载力，地下水位及地下水有无腐蚀性，地震等级等。

（三）有关工程情况的资料

包括道路等级，路面宽度及材料；地面建筑物和地铁、人防工事等地下建筑的位置；给水、排水、电力电讯电缆、煤气等各种地下管线的位置；本地区建筑材料、管道制品、机械设备、电力供应、施工力量等方面的情况。

污水管道系统设计所需的资料范围比较广泛，其中有些资料虽然可由有关单位提供，但为了取得准确可靠的设计基础资料，设计人员必须深入实际对原始资料进行详细分析、核实并做必要的补充。

从事排水管道施工、管理和养护维修的工作人员和工人，都应对排水系统的设计计算有一个初步的了解，这样才能合理的使用和管理，并不断地收集和整理有关排水系统的运行资料，再反馈给设计部门，使设计的排水工程更趋合理。

第二节　气象水文知识

一、气象常识

气象资料：包括气温、湿度、风向、气压、当地暴雨强度公式或当地的降雨量记录等。当地的台风预警信号和暴雨预警信号及涵义等相关知识。

气温：空气的冷热程度叫做空气的温度，简称气温。通常用摄氏温度（℃）来表示。

气压：地球表面单位面积上大气柱的重量称大气压强，简称气压。气压的单位在气象上用毫巴（mmbar）来表示，也用水银气压表中汞柱的高度（mm）表示。一个标准大气压即在纬度45°海平面处，温度0℃时，为760mmHg柱。

风：因地面上气压分布不均匀，使空气由高压区流向低压区，从而产生了风。风的量度由风向与风速确定。风向指风的来向，常用方位的度数来表示，风速的单位以米/秒或公里/小时表示。气象上将风力分为12个等级（0～12级），各级相当的风速如表2-1。

风　级　表　　　　　　表2-1

风力等级		0	1	2	3	4	5	6	7	8	9	10	11	12
相当风速（m/s）	范围	0－0.2	0.3－1.5	1.6－3.3	3.4－5.4	5.5－7.9	8.0－10.7	10.8－13.8	13.9－17.1	17.2－20.7	20.8－24.4	24.5－28.4	28.5－32.6	32.7－36.9
	级数	0	1	2	3	4	5	6	7	8	9	10	11	12

（一）深圳的台风预警信号及涵义：

1.（白色）台风信号

含义：热带气旋48h内可能影响本市。

防御措施：

(1) 各部门、各单位及时掌握台风动态。

(2) 市民注意收听、收看有关媒体的报道，或通过121气象专线等了解台风动态。

2. (绿色) 台风信号

含义：热带气旋24h内可能影响或已经影响本市。

防御措施：

(1) 各部门、各单位做好防风准备，通知户外、高空、港口码头及海上作业人员。

(2) 市民需要妥善安置易受台风影响的物品，确保安全。

3. (黄色) 台风信号

含义：热带气旋12h内可能影响或已经影响本市。平均风力可达8级以上。

防御措施：

(1) 中、小学和幼儿园停课，学校和幼儿园应指派专人负责保护到校的学生和入园的儿童。

(2) 停止户外、高空、港口码头、海上作业；船舶停止进港，已入港的船舶应离开码头，进入避风锚地避风。

(3) 各职能部门做好相关的防御准备。

4. (红色) 台风信号

含义：热带气旋12h内可能影响或已经影响本市，平均风力可达10级以上。

防御措施：

(1) 临时避险场所开放，危险地带人员撤离。

(2) 市民应停留室内或安全场所避风。

5. (黑色) 台风信号

含义：热带气旋12h内可能影响或已经影响本市。平均风力可达12级以上。

防御措施：

除抢险救灾、医疗及保障居民基本生活必需的公共交通、供水、供电、燃气供应等特殊行业外，全市停业。

(二) 深圳的暴雨预警信号及涵义

1. (黄色) 暴雨信号

含义：6h内，本市将可能有暴雨。

防御措施：

(1) 有关部门、单位通知易受暴雨影响的户外工作人员。

(2) 市民注意收听、收看有关媒体的报道，或通过121气象专线等了解暴雨消息。

2. （红色）暴雨信号

含义：在刚过去的 3h 内，本市部分地区降雨量已达到 50mm 以上，且雨势可能持续。

防御措施：

（1）低洼、易受浸地区注意做好防涝工作。

（2）暂停易受暴雨侵害的户外作业。

3．（黑色）暴雨信号

含义：在刚过去的 3h 内，本市部分地区降雨量已达 100mm 以上，且雨势可能持续。

防御措施：

（1）中、小学和幼儿园停课，学校和幼儿园应指派专人负责保护达校的学生和入园的儿童。

（2）临时避险场所开放，危险地带人员撤离。

（3）各职能部门做好相关防御准备。

二、水文知识

水文资料包括河流的流量、流域、流速、水位、洪水等情况，潮汐、含砂量等。

洪水：河中流量激增，水位猛涨并具有一定危险性的大水，称为洪水。

设计洪水：考虑到包括给排水工程有关建筑物在内的水工建筑物在使用期间防御洪水的需要和可能发生的洪水情势，常需拟定一个适当的洪水作为设计的标准和依据，这种设计中预计的洪水称为设计洪水，确定设计洪水主要是求算设计洪峰流量和设计洪水位。

潮汐现象：河流与海洋的交汇处称为河口，而受到海洋潮汐影响的河口称为感潮河口。海水水面一般每天升降两次，白天的一次称为潮，夜间的一次称为汐，统称潮汐。

研究和分析感潮河口的潮汐现象，目的是在沿海一带修建给水排水工程时，确定设计潮汐水位。

第三节　污水流量的计算

一、生活污水流量的计算

（一）居住区生活污水水量按下式设计计算

$$Q_1 = \frac{qNK_{总}}{24 \times 3600}$$

式中　Q_1——居住区生活污水设计流量（L/s）；

　　　q——居住区生活污水量标准 L/（人·d）；

　　　N——设计人口总数；

　　　$K_{总}$——总变化系数。

居住区生活污水量的标准：是指在居住区污水排水系统设计中所用的每人每日所排出

的平均污水量，称为生活污水量标准。生活污水量标准与给水量标准、室内卫生设备的情况、气候、卫生、生活习惯及其它地方条件等许多因素有关。

绝大部分用过的水，都排入污水管道，但给水量并不一定就等于污水量，因为有时用过的水并未全部排入下水道，如消防、冲洗街道、浇花等。但有时下雨时，部分雨水排入污水管道，若污水管接口不好，地下水渗入污水管道等，因此给水量不等于污水量。一般可按给水量×（1－漏耗率%）×0.9估计。居民的污水量标准在我国《室外排水设计规范》中有明确规定，但从全国使用情况看，这个标准普遍偏低。随着城市人民生活水平的提高，污水量标准也要相应地提高，应根据当地实际情况适当调整。

某些公共建筑的污水量是比较大的，如公共浴室、洗衣房、医院、饭店、旅馆、学校、影剧院和体育馆等。在设计中常常把这些建筑的污水量作为集中污水量单独计算。这些建筑物的污水量标准在《室内给水排水和热水供应设计规范》中有明确规定，设计中可参照选用。为了便于计算，市区内居住区（包括公共建筑、小型工厂在内）的污水量，也可以按比流量计算，比流量是指从单位面积上排出的平均日污水流量，以升／（秒·公顷）（L／（s·10^4m²））表示。

（二）设计人口

设计人口是指污水排水系统设计期限终期的人口数，是计算污水设计流量的基本数据。这个数值决定于城市发展的规模。

设计中居住区的设计人口数，用人口密度与排除污水的面积的乘积表示。

$$N = nF$$

式中　N——人口数；

　　　n——人口密度；

　　　F——设计排除污水的面积。

（三）总变化系数

由于居住区生活污水量标准是平均值，因此根据设计人口和生活污水量标准计算所得的是污水平均流量。而实际上流入污水管道的污水量时刻都在变化。夏季与冬季污水量不同，一天中日间和晚间的污水量不同，日间各小时的污水量也有很大的差异，即使在一小时内，污水量也是有变化的。

污水量变化的程度，通常用变化系数表示。变化系数分日、时及总变化系数。

一年中最大日污水量与平均日污水量的比值称为日变化系数（$K_日$）。

最大日中最大时污水量与该日平均时污水量的比值称为时变化系数（$K_时$）。

最大日最大时污水量与平均日平均时污水量的比值称为总变化系数（$K_总$）。

$$K_总 = K_日 K_时$$

为了确定污水管道的尺寸，一般按总变化系数计算最大时污水量来控制设计。而一般城市缺乏日变化系数和时变化系数的数据，就很难用公式 $K_总 = K_日 K_时$ 来求得 $K_总$。

污水流量的变化情况随着人口数和污水量标准的变化而定，人口多、污水量标准高，则流量的变化幅度小。也就是说，总变化系数和污水平均流量之间存在着一定关系，平均流量愈大，总变化系数愈小，反之，总变化系数则愈大。根据经验公式可以求得 $K_总 = 2.7/Q^{0.11}$。Q——平均日平均时污水流量（L/s）。

我国《室外排水设计规范》采用的居住区生活污水量总变化系数如表2-2。

表 2-2

污水平均日流量（L/s）	5	15	40	70	100	200	500	1000	≥1500
总变化系数（$K_\text{总}$）	2.3	2.0	1.8	1.7	1.6	1.5	1.4	1.3	1.2

注：当污水平均日流量为中间数值时，总变化系数用内插法求得。

二、工业污水的流量计算

（一）工业污水设计流量按下式计算

$$Q = \frac{mMK_\text{总}}{3600T}$$

式中　　Q——工业污水量（L/s）；

m——生产每单位产品的平均污水量（m^3）；

M——产品的平均日产量；

T——每日生产时数；

$K_\text{总}$——总变化系数。

工业污水量标准是指生产单位产品或加工单位数量原料所排出的平均污水量。现有工业企业的污水量标准可根据实测现有车间的污水量而求得。在设计新建工业企业时，可参考与其生产工艺过程相似的已有工业企业的污水量数据来确定。当工业污水量标准资料不易取得时，可用工业用水量标准来确定。各工业企业的污水量标准有时有很大的差异。即使生产同样的产品，若生产设备和生产工艺不同，以及管理水平的差异，其污水量也可能不同。如生产一吨纸浆与纸的用水量：美国为 236t、法国为 150t、英国为 90t，而我国 200～500t 不等。

（二）工业污水量的日变化系数，一般较小。但时变化系数较大。设计中的日变化系数可按 1 考虑，而时变化系数可参照下列数值选定。

冶金工业　1.0～1.1

化学工业　1.3～1.5

纺织工业　1.5～2.0

食品工业　1.5～2.0

皮革工业　1.5～2.0

造纸工业　1.3～1.8

第四节　雨水量的计算

一、雨水量计算中的几个基本要素

（一）降雨量（h）

降雨量是指降雨的绝对量，即降雨的深度。用 h 表示，单位以毫米（mm）计。也可用单位面积上的降雨体积表示。在研究降雨量时，很少以一场雨为对象，而常以单位时间进行考虑。

年平均降雨量：是指多年观测所得的各年降雨量的平均值。

月平均降雨量：是指多年观测所得的各月降雨量的平均值。

年最大日降雨量：是指多年观测所得的一年中降雨量最大一日的绝对量。

（二）降雨历时（t）

是指连续降雨的时段，可以指全部降雨的时间，也可以指其中个别的连续时段。用 t 来表示。以分钟或小时计。

（三）暴雨强度（q）

在工程上，常用单位时间内单位面积上的降雨体积 q 表示暴雨强度。

q——暴雨强度 L／（s·10^4m^2）

暴雨强度也是指某一连续降雨时段内的平均降雨量，用 i 来表示。

$$i = \frac{h}{t}(\text{mm／min})$$

q 与 i 之间存在着下列换算关系：

$$q = \frac{10000 \times 1000i}{1000 \times 60} = 167i$$

暴雨强度是描述暴雨的重要指标，强度越大，雨越猛烈。

（四）降雨面积和汇水面积

降雨面积是指降雨所笼罩的面积，汇水面积是指雨水管渠汇集雨水的面积，用 F 表示，以公顷或平方公里为单位，在工程设计上，可假定降雨在整个小汇水面积内是均匀分布的。

（五）降雨的重现期

暴雨强度的重现期是指等于或大于该暴雨强度发生一次的间隔时间，用 T 表示，以年（a）为单位。

在雨水管道渠设计中，决定雨量公式可靠性的主要因素是自动雨量记录的年限。严格说，暴雨强度的频率和重现期只有建立在对暴雨的观测年限为无限长的基础上才是可靠的和符合实际情况的。但实际上，可能搜集到的暴雨资料期限总是有限的。因此，为了能基本上反映各地区的暴雨变化规律，要求至少具有 10 年以上的暴雨观测资料作为工程设计的依据。

（六）暴雨强度公式

暴雨强度公式：是用数学形式表达 i（q）—t—T 之间的关系的。可以用来计算降雨量。

按照《室外排水设计规范》在具有 10 年以上的自动雨量记录的地区，一般采用下式：

$$q = \frac{167A_1(1 + c\lg T)}{(t + b)^n}$$

式中　　　q——暴雨强度（L／（s·10^4m^2））；

　　　　　T——重现期（年）；

　　　　　t——降雨历时（min）；

A_1、c、b、n——地方参数，根据统计方法进行计算。全国各城市的暴雨强度公式，可以在给水排水设计手册中查找。

（七）设计暴雨强度 q 的确定

根据暴雨强度公式，只需定出设计重现期 T 和设计降雨历时 t，就可求得设计暴雨强

度 q 值。

(1) 雨水管渠设计重现期 T 的选用，应根据汇水面积的地区建设性质（广场、干道、厂区、居住区）、地形特点，汇水面积和气象特点等因素确定，一般选用 1～3 年。对于重要干道、立交道路的重要部分，重要地区或短期积水即能引起较严重损失的地区，宜采用较高的设计重现期，一般选用 2～5 年。

(2) 集水时间（设计降雨历时）t 的求定

设计中通常用汇水面积最远点雨水流到设计断面时的集水时间作为设计降雨历时。对管道的某一设计断面来说，集水时间 t 由两部分组成，即从汇水面积最远点流到第 1 个雨水口的地面集水时间 t_1，和从雨水口流到设计断面的管内雨水流行时间 t_2 组成，可用公式表述如下：

$$t = t_1 + mt_2$$

式中　　m——折减系数，管道采用 2，明渠采用 1.2。

二、雨水管渠设计流量的确定

雨水落到地面，由于地表面覆盖情况的不同，一部分渗透到地下，一部分蒸发了，一部分滞留在地面低洼处，而剩下的雨水则沿地面的自然坡度形成地面径流进入附近的雨水口，并在管渠内继续流行，通过出水口排入附近的水体。所以合理地确定雨水设计流量是设计雨水管渠的重要内容。

雨水管渠的设计流量公式为：

$$Q = \psi qF$$

式中　　Q——雨水设计流量（L/s）；

　　　　ψ——径流系数、其数值小于 1；

　　　　F——汇水面积（10^4m^2）；

　　　　q——设计暴雨强度（L/（s·10^4m^2））。

影响径流系数 ψ 值的因素很多，地面种类、渗透能力、坡度大小、降雨历时等。要精确计算十分困难，一般按地面覆盖种类确定经验数值（可参照表 2-3）。

径流系数 ψ 值　　　　　　　　　　　　　　　　　　　表 2-3

地　面　种　类	ψ 值	地　面　种　类	ψ 值
各种屋面、混凝土及沥青路面	0.90	干砌砖石及碎石路面	0.40
块石路面及沥青表处路面	0.60	非铺砌土路面	0.30
级配碎石路面	0.45	公园及绿地	0.15

通常汇水面积是由各种性质的地面覆盖所组成，随着它们占有的面积比例变化，ψ 值也各异，所以整个汇水面积上的平均径流系数 ψ 平均值是按各类地面面积用加权平均法计算而得到。即：

$$\psi_{\text{平均}} = \frac{\sum f_i \psi_i}{F}$$

式中　　f_i——汇水面积上各类地面的面积；

　　　　ψ_i——相应于各类地面的径流系数；

　　　　F——全部汇水面积。

第五节 排水管道的水力计算

一、水力计算的基本方式

在完成管道的平面布置之后，便可进行污水管道的水力计算，污水管道水力计算的目的在于合理经济地选择管道断面尺寸、坡度和埋深。由于这种计算是根据水力学规律，所以称作管道的水力计算。

采用水力学方式计算排水管道时，常假定管内污水的流动为均匀流。但实测管内水流资料表明管道内水流一般不是均匀流。但为了简化计算工作，目前在排水管道的水力计算中仍采用均匀流公式。

流量公式：

$$Q = \omega v$$

流速公式：

$$v = C(RI)^{1/2} \tag{1}$$

式中
  Q——流量（m^3/s）；

    ω——过水断面面积（m^2）；

    v——流速（m/s）；

  R——水力半径（过水断面面积与湿周的比值）（m）；

   I——水力坡度（即水面坡度；等于管底坡度）；

  C——流速系数或称谢才系数。

C 值一般按曼宁公式计算，即：

$$C = \frac{1}{n}R^{1/6}$$

将上述公式代入流速公式，得

$$v = \frac{1}{n}R^{2/3}I^{1/2}$$

则

$$Q = \frac{1}{n}\omega R^{2/3}I^{1/2} \tag{2}$$

式中
  n——管壁粗糙系数。该值根据管壁材料而定。可从表2-4中查得。

表 2-4

管 渠 种 类	n 值	管 渠 种 类	n 值
陶土管	0.013	浆砌砖渠道	0.015
混凝土及钢筋混凝土管	0.013 ~ 0.014	浆砌块石渠道	0.017
石棉水泥管	0.012	干砌块石渠道	0.020 ~ 0.025
铸铁管	0.013	土明渠（带或不带草皮）	0.025 ~ 0.030
钢管	0.012	木槽	0.012 ~ 0.014
水泥砂浆抹面渠道	0.013 ~ 0.014		

二、管道水力计算的方法

在具体计算中，已知设计流量 Q 及管道粗糙系数n，需要求管径 D、水力半径 R、充满度 h/D。管道坡度 i 和流速v，在两个方程式（1）、（2）中，有五个未知数，因此必须假定三个求其他两个，这样的数学计算极为复杂。为了简化管道的水力计算，一般采用水力计算图，具体计算在后面的小节详述。

第六节　排水管道的有关参数及设计规定

一、污水管道计算中的计算数据

（一）设计充满度

在设计流量下，污水在管道中的水深 h 和管道直径 D 的比值称为设计充满度（或水深比），如图 2-1 所示。

当 $h/D = 1$ 时，称为管道满流。

当 $h/D < 1$ 时，称为管道不满流。

《室外排水设计规范》规定，污水管道应按不满流进行设计，其最大设计充满度如表 2-5 所示。

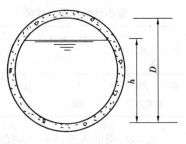

图 2-1

最大设计充满度表 表 2-5

管径（D）或暗渠高（H）（mm）	最大设计充满度	管径（D）或暗渠高（H）（mm）	最大设计充满度
200~300	0.60	500~900	0.75
350~450	0.70	≥1000	0.80

规定最大设计充满度的原因是：

1. 水量时刻在变化，很难精确计算，而且雨水或地下水可以渗入管道，因此必须留一部分断面，避免污水溢出妨碍环境卫生。

2. 污水管内沉积的污泥可能分解析出一些有害气体。污水中如含有汽油、苯、石油等易燃液体时，可能形成爆炸气体。应留出适当的空间，以利管道的通风和排除有害气体。

3. 管道部分充满时，管道内水流速度在一定条件下比满流时大一些。例如当 $h/D = 0.813$ 时，流速 v 达到最大值；$h/D = 1$ 与 $h/D = 0.5$ 时的流速相等；而在 $h/D = 0.95$ 时，流量 Q 最大，然后降低。

（二）设计流速

和设计流量、设计充满度相应的水流平均速度叫做设计流速。污水在管内流动缓慢时，污水中所含杂质可能下沉，产生淤积；当污水流速增大时，可能产生冲刷现象，甚至损坏管道。为了防止管道中产生淤积或冲刷，设计流速不宜过小或过大，应在最大和最小允许流速范围内。

保证管道内不发生淤积的流速，称最小允许流速。目前，最小允许流速的限值，《室外排水设计规范》规定为 0.7m/s（管径小于或等于 500mm 时）和 0.8m/s（管径大于 500mm 时）。

设计的最大允许流速是根据管道材料确定的，《室外排水设计规范》规定，金属管道的最大允许流速为 10m/s，非金属管道的最大允许流速为 5m/s。

（三）最小管径

一般在污水管道系统的上游部分，设计污水流量很小，若根据流量计算，则管径会很小。养护经验证明，管径过小极易堵塞。比如150mm支管的堵塞次数，有时达到200mm支管堵塞次数的两倍。而200mm与150mm的管道在同样埋深下，施工费用相差不多。所以为了养护工作方便，常规定一个允许的最小管径。按计算所得的管径，如果小于最小管径，则采用规定的最小管径，而不采用算得的管径。表2-6是规范中规定的最小管径和最小坡度。

最小管径和最小坡度　　表2-6

污水管道的位置	最小管径（mm）（深圳地区）	最小设计坡度
在街坊和厂区内	150　　（200）	0.007
在街道下	200　　（300）	0.004

（四）最小设计坡度

在均匀流情况下，水力坡度等于水面坡度，也等于管底坡度。而从流速公式中可以看出坡度与流速存在一定的关系，而相应于最小允许流速的坡度，也就是最小设计坡度。

各种断面的管道应有不同的最小设计坡度，表2-6中已经根据列出，所以当采用最小管径时，即可不进行水力计算而直接采用最小设计坡度。

（五）埋设深度

埋设深度对管道系统的造价和施工工期影响很大。因此，确定经济合理的管道埋深是十分重要的。

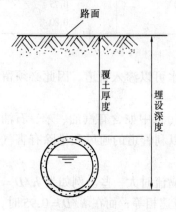

图2-2　埋设深度

1. 管道埋设深度有两个意义：
（1）覆土厚度——指管道外壁顶部到地面的距离；
（2）埋设深度——指管道内壁底到地面的深度。

这两个数值都能说明管道的埋设深度。为了降低造价、缩短施工期，管道埋设深度越小越好。但覆土的厚度应有一个最小的限值，否则就不能满足技术上的要求。这个最小限值称为最小覆土厚度（见图2-2）。

2. 污水管道的最小覆土厚度应满足下述三个因素：
（1）必须防止管道内的污水冰冻和因土壤冰冻膨胀而损坏管道。
（2）必须防止管壁因地面荷载而受到破坏。
（3）必须满足街道连接管在衔接上的要求。

在深圳地区的最小覆土深度不应小于0.7m。

二、雨水管渠水力计算中的设计数据

为了使雨水管渠正常工作，避免发生淤积、冲刷等现象，对雨水管渠水力计算的基本数据做如下的技术规定。

（一）设计充满度

雨水中主要含有泥砂等无机物质，不同于污水，加以暴雨径流量大，而相应较高设计重现期的暴雨强度的降雨历时一般不会很长，故管道设计充满度按满流考虑，即 $h/D=1$。明渠则应有等于或大于0.2m的超高。街道边沟应有等于或大于0.03m的超高。

（二）设计流速。

为避免雨水所挟带的泥沙等无机物质在管渠内沉淀下来而堵塞管道，《室外排水设计规范》规定，满流时管道内最小流速应等于或大于0.75m/s；明渠内最小流速应等于或大于 0.40m/s。

为防止管壁受到冲刷而损坏，影响及时排水，《室外排水设计规范》规定：金属管最大流速为 10m/s；非金属管最大流速为 5m/s；明渠则按表 2-7 所示数值选用。因此，管渠设计流速应在最小流速和最大流速范围内。

明渠最大设计流速表

表 2-7

明渠类别	最大设计流速（m/s）	明渠类别	最大设计流速（m/s）
粗砂及砂质黏土	0.80	草皮护面	1.60
砂质黏土	1.00	干砌块石	2.00
黏土	1.20	浆砌块石或浆砌砖	3.00
石灰岩及中砂岩	4.00	混凝土	4.00

（三）最小设计管径和最小设计坡度（按表 2-8 采用）

按最小设计管径选用的管径往往偏小，200~600mm 管径的管材在同等条件下的造价差别不大，而以后再改造或新铺另一条的费用更高。因此建议污水管的最小设计管径为 400mm，雨水管的最小设计管径为 600mm，这也有利于管理和维护。

最小设计管径和最小设计坡度表

表 2-8

管别	位置	最小管径（mm）	最小设计坡度
雨水管和合流管	在街坊和厂区内	200	0.004
雨水管和合流管	在街道下	300	0.003
雨水口连接管		200	0.010

三、渠的断面形式

排水管渠的断面形式必须满足静力学、水力学以及经济上和养护管理上的要求。在静力学方面，管道必须有较大的稳定性，在承受各种荷载时保持稳定和坚固。在水力学方面，管道断面应具有最大的排水能力，并在一定的流速下不产生沉淀物。在经济方面，管道造价应该是最低的，在养护方面，管道断面应便于冲洗和清通，没有淤积。

常用管渠断面形式有圆形、半椭圆形、马蹄形、矩形、蛋形和梯形等，如图 2-3 所示。

圆形断面有较好的水力性能，在一定的坡度下，指定的断面面积具有最大的水力半径，因此流速大，流量也大。此外，圆形管便于预制，使用材料经济，对外力的抵抗力较强，若挖土的形式与管道相称时，能获得较高的稳定性，在施工、运输和养护方面也较方便。因此是最常用的一种断面形式。

半椭圆形断面，在土压力和活荷载较大时，可以更好地分配管壁压力，因而可减小管壁厚度，在污水流量无大变化及管渠直径大于 2m 时，采用此种形式的断面较为合适。

马蹄形断面，其高度小于宽度。在地质条件较差或地面平坦，受下游河水位限制时，要尽量减少管道埋深，以降低造价，可采用此种形式的断面。但由于马蹄形断面的下部较大，对于排除流量无大变化的大流量污水，较为适宜。

蛋形断面由于底部较小。从理论上看，在小流量时可以维持较大的流速，因而可以减小淤积。但实践证明，这种断面施工和养护维修都较为困难，因此很少采用。

带低流槽的矩形断面是复合形断面，适用于合流管，在排污水时只用流槽部分，在大雨时可用全断面。

梯形断面适用于明渠，它的边坡决定于土壤性质和铺砌材料。

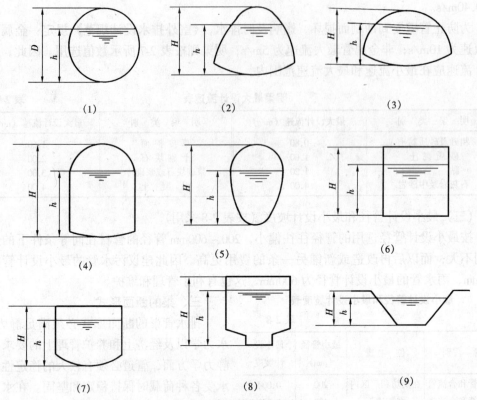

图 2-3 常用管渠断面形式

(1) 圆形；(2) 半椭圆形；(3) 马蹄形；(4) 拱顶矩形；(5) 蛋形；(6) 矩形；

(7) 弧形流槽的矩形；(8) 带低流槽的矩形；(9) 梯形

第七节 排水管道水力计算图表法

在实际工作中为了简化管道的水力计算，常采用水力计算图。

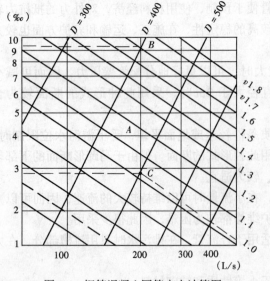

图 2-4 钢筋混凝土圆管水力计算图

一、排水管道的水力计算图表法

在进行水力计算时，对于每一管段讲，有六个水力因素：管径 D、粗糙系数 n、充满度 h/D、水力坡度 i、流量 Q 和流速 v。对每一张图来讲，D 和 n 是已知数，图上的曲线表示 Q、v、i、h/D 之间的关系（如图 2-4 所示）。这四个因素中，只要知道两个就可以查出其他两个。现举例说明这些图的用法。

【例 1】 已知：$n = 0.013$，设计流量经计算为 $Q = 200\text{L/s}$，该管段地面坡度为 $i = 0.004$，试计算该管段的管径 D，底坡度 i 及流速 v。

【解】 设计采用 $n = 0.013$ 的水力计

算图（见图2-4）。

先在横座标轴上找到 $Q = 200$ L/s 值，做竖线；在纵座标轴上找到 $i = 0.004$ 值，做横线。将此两线相交于 A 点，找出该点所在的 v 及 D 值。得到 $v = 1.17$ m/s，符合水力计算的设计数据的规定；而 D 值则界于 $D = 400 \sim 500$ mm 两斜线之间，显然不符合管材统一规格，因此管径 D 必需进行调整。

设采用 $D = 400$ mm 时，则将 $Q = 200$ L/s 的竖线与 $D = 400$ mm 的斜线相交，从图中得出交点处的 $i = 0.0092$ 及 $v = 1.6$ m/s。此结果 v 符合要求，而 i 与原地面坡度相差很大，势必增大管道的埋深，不宜采用。

若采用 $D = 500$ mm 时，则将 $Q = 200$ L/s 的竖线与 $D = 500$ mm 的斜线相交于 C 点，从图中得出交点处的 $i = 0.0028$ 及 $V = 1.02$ m/s，此结果合适。

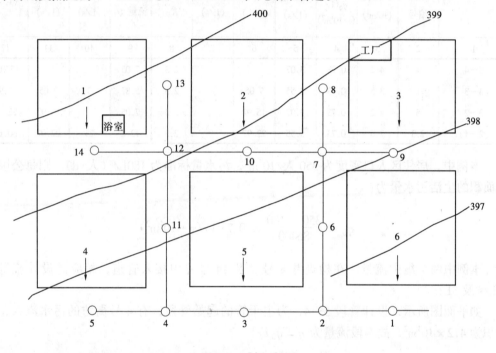

图 2-5　［例 1］图

二、管道干管水力计算示例

图 2-5 所示是一个城市小区的污水管平面布置图。现以该图为例说明污水管的水力计算的方法和步骤。从该地区的地形看，自西北向东南倾斜，无明显的分水线，可划分为一个排水流域，街道干管布置在街坊地势较低的一侧，支管基本上与等高线垂直，主干管布置在小区南侧，与等高线平行，居住区街坊人口密度为 350 人/10^4m²。污水量标准为 180L/（人·d）。浴室的设计污水量为 3L/s 和工厂污水流量为 25L/s。

在进行水力计算之前，首先将主干管划分为若干设计管段。

本例的主干管约为 650m，根据设计流量变化情况，将凡有设计流量流入或旁侧为管道接入的检查井，作为设计管段的起止点，并编上号码。这样主干管可划为 0~1、1~2、2~3、3~4、4~5 五个设计管段。然后将各设计管段服务的街坊编上号码，并按各街坊的平面范围计算它们的面积，并列表如下：

1号街坊	3.5 10^4m^2	2号街坊	3.6 10^4m^2
3号街坊	4 10^4m^2	4号街坊	4.2 10^4m^2
5号街坊	4.2 10^4m^2	6号街坊	4.1 10^4m^2

各设计管段的设计流量应列表进行计算。在初步设计中，只计算干管和主干管的流量（见表2-9）。

污水干管设计流量计算表 表2-9

管段编号	居住区生活污水量 Q_1								集中流量		计流量 (L/s)
	本段流量				转输流量 q_2 (L/s)	合计平均流量 (L/s)	总变化系数 $K_总$	生活污水设计流量 Q_1	本段 (L/s)	转输 (L/s)	
	街坊编号	街坊面积 (10^4m^2)	比流量 q_0(L/(s·10^4m^2))	流量 q_1 (L/s)							
1	2	3	4	5	6	7	8	9	10	11	12
5—4	4	4.2	0.73	3.07			2.3	7.05			7.05
4—3	1	3.5	0.73	2.55	7.05		2.3	5.87	3	7.05	15.92
3—2	5	4.2	0.73	3.07	15.92		2.3	7.05		15.92	22.97
2—1	2.3	7.6	0.73	5.55	22.97		2.3	12.2	25	22.97	60.18

本例中，居住区人口密度为350人/10^4m^2，污水量标准为180L/（人·d），则每公顷街坊面积的生活污水量为：

$$q_0 = \frac{350 \times 180}{86400} = 0.73\ L/(s \cdot 10^4m^2)$$

本例中两个集中流量，在检查井8号 及14号井中接入管道，相应的设计流量为25L/s及3L/s。

如平面图所示，设计管段5—4，为主干管的起始管段，有4号街坊的污水流入，其面积为$4.2 \times 10^4m^2$，故本段流量为 $q = q_0F$

故

$$q = 0.73 \times 4.2 = 3.07L/s$$

设计管段4—3除转输管段5—4的流量3.07L/s外，还有从4号井中接入的支管流量。

如5—4转输流量为 $q_1 = 3.07L/s$

则支管流量有1号街坊的污水、集中排水3L/s，支管流量为 q_2。

$$q_2 = 0.73 \times 3.5 + 3 = 5.56L/s$$

则4—3管段流量为 $q_1 + q_2 = q$　$q = 5.56 + 3.07 = 8.63L/s$

查出总变化系数 $K = 2.3$

则该段设计流量为 $q =（2.56 + 3.07）\times 2.3 + 3 = 15.92L/s$

其余管段的设计流量计算方法相同。

确定设计流量后，可从上游管段开始进行各设计管段的水力计算。其结果见表2-10，计算过程略。

管段编号	管道长度 L (m)	设计流量 Q (L/s)	管径 D (mm)	坡度 i (m)	流速 v (m/s)	充满度		降落量 iL (m)	标 高 (m)						埋设深度 (m)	
						H/D	H (m)		地 面		水 面		管内底			
									上端	下端	上端	下端	上端	下端	上端	下端
1	2	3	4	5	6	7	8	9	10	11	12	13	14	15	16	17
5—4	125	7.05	200	0.005	0.605	0.4	0.08	0.625	400.2	399.9	394.89	394.26	394.81	394.18	5.17	5.5
4—3	126	15.92	250	0.004	0.7	0.5	0.125	0.504	399.9	398.7	394.26	394.76	394.18	393.63	5.5	4.79
3—2	125	22.97	250	0.004	0.75	0.6	0.15	0.5	398.7	397.6	394.76	393.28	393.63	393.13	4.79	4.19
2—1	120	60.18	400	0.0025	0.85	0.6	0.24	0.3	397.6	396.5	393.28	392.92	392.98	392.68	4.19	3.37

第八节　排水管渠的设计基本步骤

一、雨水管渠系统的设计基本步骤

首先要收集和整理设计地区的各种原始资料,包括地形图,城市和工业企业的发展规划,水文、地质、暴雨等资料作为基本的设计数道据。然后根据具体情况进行设计。现以图 2-6 为例,一般雨水管道设计按下列步骤进行。

(一)划分排水流域及管道定线

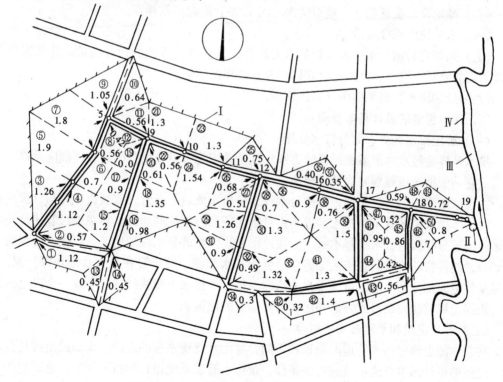

图 2-6　设有雨水泵站的雨水管布置

Ⅰ—排水分界线；Ⅱ—雨水泵站；Ⅲ—河流；Ⅳ—河堤岸

注：图中圆圈内数字为汇水面积编号；其旁数字为面积数值,以 10000m² 计。

根据城市总体规划图或工厂总平面布置图，按地形的实际分水线划分成几个排水流域。由于地形平坦，无明显分水线，故排水流域的划分是按城市主要街道的汇水面积拟定的。

结合建筑物分布及雨水口分布，充分利用各排水流域内的自然地形，布置管道走向，使之以最短距离按重力流就近排入水体。在总平面图上绘出各流域的干管和支管的具体平面位置。

（二）划分设计管段

根据管道的具体位置，在管道转弯处、管径或坡度改变处，有支管接入处或两条以上管道交汇处以及超过一定距离的直线管段上都应设置检查井。把两个检查井之间流量没有变化且预计管径和坡度也没有变化的管段定为设计管段，并从管段上游往下游按顺序进行检查井的编号。

（三）划分并计算各设计管段的汇水面积

各设计管段汇水面积的划分应结合地形坡度、汇水面积的大小以及雨水管道布置等情况而划定。地形较平坦时，可按就近排入附近雨水管道的原则划分汇水面积；地形坡度较大时，应按地面雨水径流的水流方向划分汇水面积，并将每块面积进行编号，计算其面积的数值注明在图中。

（四）确定各排水流域的平均径流系数值

若城市中各区域内建筑分布情况差异不大时，可采用统一的平均径流系数值。

（五）确定设计重现期 T、地面集水时间 t_1 及管道起点的埋深。

（六）求单位面积径流量 q_0。

（七）列表进行雨水干管及支管的水力计算，以求得各管段的设计流量。并确定出各管段所需的管径、坡度、流速、管底标高及管道埋深等值。

（八）绘制雨水管道平面图及纵剖面图。

二、污水管道的设计基本步骤

（一）确定排水区界、划分排水流域

排水区界是污水排水系统设置的界线。凡是采用完善卫生设备的建筑区都应设置污水管道。它是根据城镇规划的设计规模决定的。

在排水区界内，一般根据地形按分水线划分排水流域。通常，流域边界应与分水线相符。每一个排水流域就是在排水区界内由分水线所局限而成的地区。如在地形起伏及丘陵地区，流域分界线与分水线基本一致。在地形平坦无显著分水线的地区，可依据面积的大小划分，使各相邻流域的管道系统能合理分担排水面积，使干管在最大合理埋深情况下，以尽量使绝大部分污水能以自流排水为原则。每一个排水流域往往有一个或一个以上的干管，根据流域就能查明水流方向和污水需要抽升的地区。

（二）管道定线和平面布置的组合

在总体图上确定污水管道的位置和走向，称污水管道系统的定线。正确的定线是合理的、经济的设计污水管道系统的先决条件，是污水管道系统设计的重要环节。管道定线一般按主干管、干管、支管顺序依次进行。定线应遵循的主要原则是：应尽可能地在管线较短和埋深较浅的情况下，让最大区域的污水能自流排出。为了实现这一原则，在定线时必须很好地研究各种条件，使拟定的路线能因地制宜地利用其有利因素而避免不利因素。定线时通常考虑的几个因素是：地形和竖向规划；排水体制和线路数目；污水厂和出水口位置；水文地质条件；道路宽度；地下管线及构筑物的位置；工业企业和产生大量污水的建筑物的分布情况。应对不同的设计方案在同等条件和深度下，进行技术经济比较，选用一个最好的管道定线方案。管道系统的方案确定后，便可组成污水管道平面布置图。

（三）控制点的确定和泵站的设置地点

在污水排水区域内，对管道系统的埋深起控制作用的地点称为控制点。如各条管道的起点大都是这条管道的控制点。这些控制点中离出水口最远的一点，通常就是整个系统的控制点。具有相当深度的工厂排出口或某些低洼地区的管道起点，也可能成为整个管道系统的控制点。这些控制点的管道埋深，影响整个污水管道系统的埋深。

确定控制点的标高，一方面应根据城市的竖向规划，保证排水区域内各点的污水都能够排出，并考虑发展，在埋深上适当留有余地。另一方面，不能因照顾个别控制点而增加整个管道系统的埋深。对此通常采取一些措施，例如：加强管材强度；填土提高地面高程以保证最小覆土厚度；设置泵站提高管位等方法，减小控制点管道的埋深，从而减小整个管道系统的埋深，降低工程造价。

（四）设计管段及设计流量的确定

在进行污水管道水力计算之前，首先要确定设计管段的起讫点，然后计算设计管段的设计流量，确定设计管段的直径、坡度和管底标高。

1. 设计管段的划分

两个检查井之间的管段采用的设计流量不变，且采用同样的管径和坡度时，称为设计管段。但在划分设计管段时，为了简化计算，不需要把每个检查井都作为设计管段的起讫点。因为在直线管段上，为了疏通管道，需在一定距离处设置检查井。估计可以采用同样管径和坡度的连续管段，就可以划作一个设计管段。根据管道平面布置图，凡有集中流量进入，有旁侧管道接入的检查井均可作为设计管段的起讫点。设计管段的起讫点应编上号码，然后计算每一设计管段的设计流量。

2. 确定设计管段的设计流量

每一设计管段的污水设计流量可能包括本段流量 q_1，转输流量 q_2，集中流量 q_3 三种流量。初步设计时，只计算干管和主干管的流量。技术设计时，应计算全部管道的流量。

（五）污水管道的衔接

污水管道在管径、坡度、高程、方向发生变化及支管接入的地方都需要设置检查井。在设计时必须考虑在检查井内上下游管道衔接时的高程关系问题。管道在衔接时应遵循两

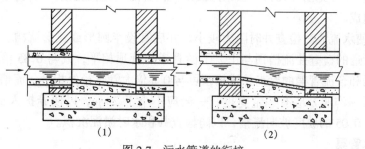

(1)　　　　　　　　　　(2)

图 2-7　污水管道的衔接

(1) 水面平接；(2) 管顶平接

个原则：

1. 尽可能提高下游管段的高程，以减少管道埋深，降低造价；
2. 避免上游管段中形成回水而造成淤积。

管道衔接的方法，通常有水面平接和管顶平接两种，如图2-7所示。

第九节 排水构筑物设计

一、雨水口

（一）雨水口是在雨水管渠或合流管渠上收集雨水的构筑物。街道路面上的雨水首先经雨水口通过连接管流入排水管渠。

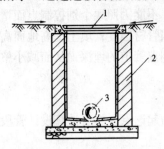

（二）雨水口的设置位置，应能保证迅速有效地收集地面雨水。一般应在交叉路口、路侧边沟的一定距离处以及没有道路边石的低洼地方设置，以防止雨水漫过道路或造成道路及低洼地区积水而妨碍交通。

（三）道路上雨水口的间距一般为25～50m（视汇水面积大小而定），在低洼和易积水的地段，应根据需要适当增加雨水口的数量。

（四）雨水口的构造包括进水算、井筒和连接管三部分。

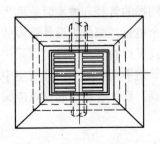

（五）雨水口按进水算在街道上的设置位置可分为：(1) 边沟雨水口，进水算稍低于边沟底水平放置（见图2-8）；(2) 边石雨水口，进水算嵌入边石垂直放置；(3) 联合式雨水口，在边沟底和边石侧面都安放进水算（见图2-9）。为提高雨水口的进水能力，目前我国许多城市已采用双算联合式或三算联合式雨水口，由于扩大了进水算的进水面积，进水效果良好。

图 2-8 平算边沟雨水口

1—进水算；2—井筒；3—连接管

二、检查井

（一）检查井通常设在管渠交汇、转弯、管渠尺寸或坡度改变、跌水等处以及相隔一定距离的直线管渠段上。检查井在直线管渠段上的最大间距，一般可按表2-10采用。

（二）检查井（见图2-10）一般采用圆形，由井底（包括基础）、井身和井盖（包括盖座）三部分组成。

（三）为使水流流过检查井时阻力较小，井底宜设半圆形或弧形流槽。流槽直壁向上升展。污水管道的检查井流槽顶与上、下游管道的管顶相平，或与0.85倍大管管径处相平，雨水管渠和合流管渠的检查井流槽顶可与0.5倍大管管径处相平。流槽两侧至检查井壁间的底板（称沟肩）应有一定宽度，一般应不小于20cm，以便养护人员下井时立足，并应有0.02～0.05的坡度坡向流槽，以防检查井积水时淤泥沉积。

三、排水管渠

（一）对管渠材料的要求

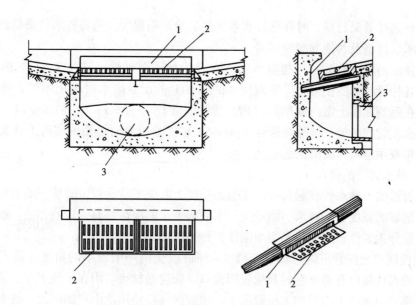

图 2-9　双箅联合式雨水口
1—边石进水箅；2—边沟进水箅；3—连接管

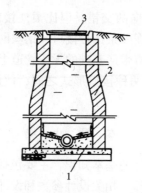
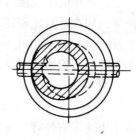

图 2-10　检查井
1—井底；2—井身；3—井盖

检查井的最大间距　　　　　　　　　　　　　表 2-11

管　别	管径或暗渠净高（mm）	最大间距（m）	管　别	管径或暗渠净高（mm）	最大间距（m）
污水管道	< 500	40	雨水管渠和合流管渠	< 500	50
	500 ~ 700	50		500 ~ 700	60
	800 ~ 1500	75		800 ~ 1500	100
	> 1500	100		> 1500	120

　　排水管渠必须具有足够的强度，以承受外部的荷载和内部的水压。外部荷载包括土壤的重量——静荷载，以及由于车辆运行所造成的动荷载。压力管及倒虹管一般要考虑内部水压。自流管道发生淤塞时或雨水管渠系统的检查井内充水时，也可能引起内部水压。此外，为了保证排水管道在运输和施工中不致破裂，也必须使管道具有足够的强度。

　　（二）管渠材料的选择

合理地选择管渠材料，对降低排水系统的造价影响很大。选择排水管渠材料时，应综合考虑技术、经济及其他方面的因素。

根据排除的污水性质，当排除生活污水及中性或弱碱性（pH = 8 ~ 11）的工业废水时，上述各种管材都能使用。排除碱性（pH > 10）的工业废水时可用木管、铸铁管或砖渠，也可在钢筋混凝土渠内做塑料衬砌。排除弱酸性（pH = 5 ~ 6）的工业废水可用陶土管、石棉水泥管或砖渠。排除强酸性（pH < 5）的工业废水时可用耐酸陶土管及耐酸水泥砌筑的砖渠或用塑料衬砌的钢筋混凝土渠。

（三）排水管道的接口

排水管道的不透水性和耐久性，在很大程度上取决于敷设管道时接口的质量。管道接口应具有足够的强度、不透水、能抵抗污水或地下水的浸蚀并有一定的弹性。根据接口的弹性，一般分为柔性、刚性和半柔半刚性三种接口形式。

1. 柔性接口允许管道纵向轴线交错 3 ~ 5mm 或交错一个较小的角度，而不致引起渗漏。常用的柔性接口有沥青卷材及橡胶圈接口。沥青卷材接口用在无地下水、地基软硬不一、沿管道轴向沉陷不均匀的无压管道上。橡胶圈接口使用范围更加广泛，特别是在地震区，对管道抗震有显著作用。柔性接口施工复杂，造价较高，但在地震区采用有它独特的优越性。

2. 刚性接口不允许管道有轴向的交错，但比柔性接口施工简单、造价较低，因此采用较广泛。常用的刚性接口有水泥砂浆抹带接口、钢丝网水泥砂浆抹带接口。刚性接口抗震性能差，用在地基比较良好，有带形基础的无压管道上。

3. 半柔半刚性接口介于上述两种接口形式之间，使用条件与柔性接口的类似。常用的是预制套环石棉水泥接口。

本 章 小 结

本章讲述了室外排水管道设计的基本知识，主要包括：排水管道设计资料的收集，水文气象常识；雨、污水流量的计算，相关设计参数和设计规定；排水管道水力计算的方法及排水管道设计的基本步骤。

复 习 思 考 题

1. 排水工程设计通常需要收集哪几方面的资料？
2. 深圳市的台风信号有哪几类？暴雨信号有哪几种？
3. 什么是满流和不满流？
4. 生活和工业污水量如何计算？各自的总变化系数如何确定？
5. 《室外排水设计规范》规定的最小设计流速是多少？

第三章　排水工程识图基本知识

第一节　排水工程图用途概述

工程设计图纸是指导整个施工过程的根本依据和基础，我们通过它可以形象地理解设计师的意图和要求，准确地把设计落实到工作现场，科学地编制材料用料计划，安排材料的采购、规格、品种和进入施工现场的先后次序及堆放地点；可以科学地组织劳动力的调配和使用，防止人力浪费和窝工；可以合理地调配和使用机械设备，发挥机械设备的最佳效益；能准确地编制施工计划和工艺流程；可以精确地编制工程预算投资，有计划地发挥有限资金的最大经济效益。

一份完整的设计图纸，经过工程施工实践考验后，将施工过程中的有关技术变更补充进去，则成为一份完整的存档竣工图纸。排水工程竣工图是经过实践鉴定的城建档案，是今后进行查寻、改造或扩建的重要依据，是进行维护和管理的基础参考资料。

我们了解了工程设计图的重要性和它的广泛使用特点，作为市政排水设施维护管理的一员，就必须对工程图的知识有所掌握，对工程图的内容有所认识，这样我们才能够在排水工程日常维护管理中把工作做好。同时掌握排水工程制图的基本知识也是对下水道技术工人的基本要求。

第二节　制　图　基　础　知　识

一、图纸幅面、线型、字体、尺寸标注、比例

为了使房屋建筑制图规格基本统一，图面清晰简明，有利于提高制图效率，保证图面质量，符合设计、施工、存档的要求，以适应国家工程建设的需要，由建设部会同有关部门共同对《房屋建筑制图统一标准》等六项标准进行修订。经有关部门会审，批准并颁布了6种有关建筑制图的国家标准，包括总纲性质的《房屋建筑制图统一标准》（GB/T 50001—2001）和专业部分的《总图制图标准》（GB/T 50103—2001）、《建筑制图标准》（GB/T 50104—2001）、《建筑结构制图标准》（GB/T 50105—2001）、《给水排水制图标准》（GB/T 50106—2001）、《暖通空调制图标准》（GB/T 50114—2001），以及相应的《条文说明》，并自 2002 年 3 月 1 日起施行。

国家制图标准（简称国标）是一项所有工程人员在设计、施工、管理中必须严格执行的国家条例。我们从学习制图的第一天起，就应该严格地遵守国标中每一项规定，养成一切遵守国家条例的优良品质和良好作风。

（一）图幅

图纸的幅面是指图纸本身的大小规格。图框是图纸上所供绘图的范围的边线。图纸的幅面和图框尺寸应符合表 3-1 的规定和图 3-1 的格式，从表中可以看出，A1 幅面是 A0 幅

面的对裁，A2 幅面是 A1 幅面的对裁，其余类推。表中代号的意义如图 3-1 所示。同一项工程的图纸，不宜多于两种幅面。以短边作为垂直边的图纸称为横式幅面（图 3-1a），以短边作为水平边的称为立式幅面（图 3-1b）。一般 A0-A3 图纸宜用横式。图纸短边不得加长，长边可以加长，但加长的尺寸必须按照国标 GBJ/T 1—1986 的规定。

幅面及图框尺寸（mm） 表 3-1

幅面代号 尺寸代号	A0	A1	A2	A3	A4
$b \times l$	841 × 1189	594 × 841	420 × 594	297 × 420	210 × 297
c	10			5	
a	25				

图纸的标题栏（简称图标）和会签栏的位置、尺寸和内容如图 3-1、图 3-2 和图 3-3 所示。涉外工程的图标应在内容下方附加译文，设计单位名称应加"中华人民共和国"字样。

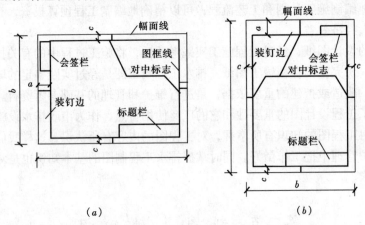

（a）　　　　　　　　　　　　（b）

图 3-1　幅面代号的意义

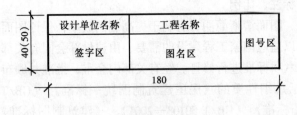

图 3-2　标题栏

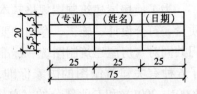

图 3-3　会签栏

（二）图线

画在图纸上的线条统称图线。图线有粗、中、细之分。各类线型、宽度、用途如表 3-2 所示。

线型、宽度、用途 表 3-2

名　称	线　型	线　宽	用　　途
粗实线	——————	b	新设计的各种排水和其他重力流管线
粗虚线	------	b	新设计的各种排水和其他重力流管线的不可见轮廓线

名　称	线　型	线　宽	用　途
中粗实线	——————————	$0.75b$	新设计的各种给水和其他压力流管线；原有的各种排水和其他重力流管线
中粗虚线	— — — — —	$0.75b$	新设计的各种给水和其他压力流管线及原有的各种排水和其他重力流管线的不可见轮廓线
中实线	——————————	$0.50b$	给水排水设备、零（附）件的可见轮廓线；总图中新建的建筑物和构筑物的可见轮廓线；原有的各种给水和其他压力流管线
中虚线	— — — — —	$0.50b$	给水排水设备、零（附）件的不可见轮廓线；总图中新建的建筑物和构筑物的不可见轮廓线；原有的各种给水和其他压力流管线的不可见轮廓线
细实线	——————————	$0.25b$	建筑的可见轮廓线；总图中原有的建筑物和构筑物的可见轮廓线；制图中的各种标注线
细虚线	— — — — —	$0.25b$	建筑的不可见轮廓线；总图中原有的建筑物和构筑物的不可见轮廓线
单点长画线	— · — · — · —	$0.25b$	中心线、定位轴线
折断线	—————／\／—————	$0.25b$	断开界线
波浪线	∼∼∼∼∼∼	$0.25b$	平面图中水面线；局部构造层次范围线；保温范围示意线等

每个图样应先根据形体的复杂程度和比例的大小，确定基本线宽 b。b 值可从以下的线宽系列中选取，即 0.18、0.25、0.35、0.5、0.7、1.0、1.4、2.0mm；常用的 b 值为 0.35～1mm。决定 b 值之后，例如 1.0mm，则粗线的宽度按表 3-2 的规定应为 b，即 1.0mm；中线的宽度为 $0.5b$，即 0.5mm；细线的宽线度为 $0.35b$，即 0.35mm。每一组粗、中、细线的宽度，如 1.0、0.5、0.35mm 称为线宽组。

画线时还应注意下列几点：

1. 在同一张图纸内，相同比例的各图样，应采用相同的线宽组。

2. 虚线的画和间隔应保持长短一致。画长约 3～6mm，间隔约为 0.5～1mm。点画线或双点画线画的长度应大致相等，约为 15～20mm。

3. 虚线与虚线、点画线与点画线、虚线或点画线与其他线相交时，应交于画线处。实线与虚线连接时，则应留一间隔。它们的正确画法和错误画法如图 3-4 所示。

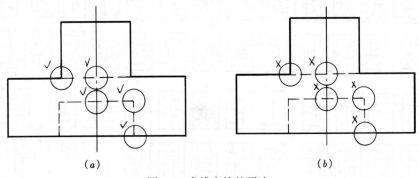

图 3-4　虚线交接的画法

（a）正确；（b）错误

4.点画线或双点画线的两端不应是点。

5.图线不得与文字、数字、或符号重叠、相交。不可避免时，应首先保证文字等的清晰。图纸的图框线、标题栏线和会签线可采用表3-3所示的线宽。

各种线型在房屋平面图上的用法，如图3-5所示。

图框线、标题栏线和会签栏线的宽度（mm）   表3-3

幅面代号	图框线	标题栏外框线	标题栏分格线、会签栏线
A0、A1	1.4	0.7	0.35
A2、A3、A4	1.0	0.7	0.35

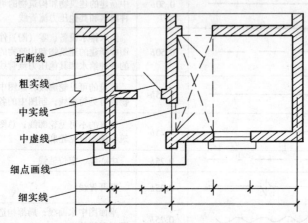

折断线
粗实线
中实线
中虚线
细点画线
细实线

图3-5　各种线型示例

（三）字体

图纸上有各种符号、字母代号、尺寸数字及文字说明。各种字体必须书写端正，排列整齐，笔画清晰。标点符号要清楚正确。

1.汉字

汉字应采用国家公布的简化汉字，并用长仿宋字体。长仿宋字体的字高与字宽的比例大约为1：0.7，如图3-6所示。字体高度分20、14、10、7、5、3.5、2.5mm等七级，一般应不小于3.5mm。字体宽度相应为14、10、7、5、3.5、2.5、1.8mm。长仿宋字体的示例如图3-6。

从字例可以看出，长仿宋字有如下特点：

工业民用建筑厂房屋平立剖面详图
门窗基础地层楼板梁柱墙厕浴标号
土木平面金上正水车审三曲垂直量
比料机部轴混梯钢墙凝以砌设动泥

图3-6　长仿宋字示例

（1）横平竖直　横笔基本要平，可稍微向上倾斜一点。竖笔要直，笔画要刚劲有力。

（2）起落分明　横、竖的起笔和收笔，撇的起笔，钩的转角等，都要顿一下笔，形成小三角。几种基本笔画的写法如表3-4所示。

长仿宋字基本笔画　　　　　　　　　　　　　　　　　　　　　　　　　表3-4

名称	横	竖	撇	捺	挑	点	钩
形状	一	丨	ノ	＼	✓	、	八	丁乚
笔法	一	丨	ノ	＼	✓	、	八	丁乚

（3）笔锋满格　上下左右笔锋要尽可能靠近字格，但也有例外的，如日、口等字，都要比字格略小。

（4）布局均匀　笔画布局要均匀紧凑，并注意下列各点：

①字形基本对称的应保持其对称，如图3-6中的土、木、平、面、金等。

②有一竖笔居中的应保持该笔竖直而居中，如图中的上、正、水、车、审等。

③有三四横竖笔画的要大致平行等距，如图中的三、曲、垂、直、量等。

④要注意偏旁所占的比例，有约占一半的，如图中的比、料、机、部、轴、等；有约占1/3的，如混、梯、钢、墙等；有约占1/4的，如凝。

⑤左右要组合紧凑，尽量少留空白，如图中的以、砌、设、动、泥等。

要写好长仿宋字，初学时要先按字的大小打好格子，然后书写。平时应多看、多摹、多写，持之以恒，自然熟能生巧。

目前的计算机辅助设计绘图系统，已经能够生成并输出各种字体和各种大小的汉字，快捷正确，整齐美观，可以节省大量手工写字的时间。

2. 拉丁字母和数字

拉丁字母和数字都可以用竖笔铅垂的正体字或竖笔与水平线成75度的斜体字。拉丁字母、少数希腊字母和数字如图3–7所示。字高 h 不宜小于2.5mm。小写的拉丁字母的高度应为大写字高 h 的7/10，字母间隔为（2/10）h，上下行的净间距最小为（4/10）h。

（四）尺寸标注

图样除了画出建筑物及其各部分的形状外，还必须准确、详尽和清晰地标注尺寸，以确定其大小，作为施工时的依据。

图样上的尺寸由尺寸界线、尺寸线、尺寸起止符号和尺寸数字组成（图3-8）。尺寸界线应用细实线绘画，一般应与被注长度垂直，其一端应离开图样的轮廓线不小于2mm，另一端宜超出尺寸线2～3mm。必要时可利用轮廓线作为尺寸界线（图3-8中的尺寸3060）。尺寸线也应用细实线绘画，并应与被注长度平行，但不宜超出尺寸界线之外。图样上任何图线都不得用作尺寸线。尺寸起止符号一般应用中粗短斜线绘画，其倾斜方向应与尺寸界线成顺时针45°角，长度宜为2～3mm。在轴测图中标注尺寸时，其起止符号宜用小圆点。

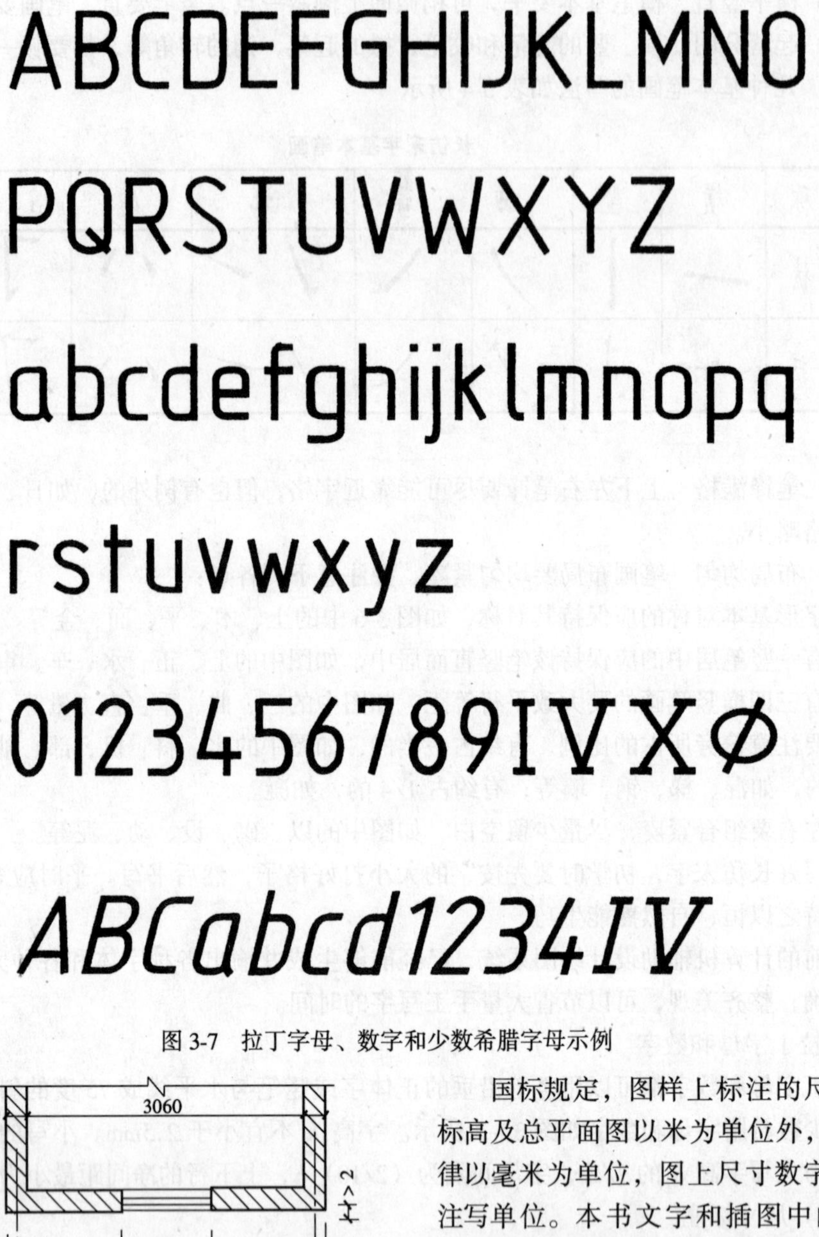

ABCDEFGHIJKLMNO
PQRSTUVWXYZ
abcdefghijklmnopq
rstuvwxyz
0123456789IVXØ
ABCabcd1234IV

图 3-7　拉丁字母、数字和少数希腊字母示例

240
3060
尺寸界线
尺寸起止符号
20
1150
1000
1150
20
3300
3540
尺寸线
尺寸数字
≥2
2~3

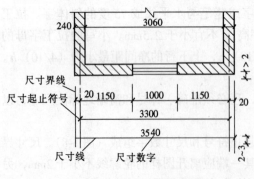

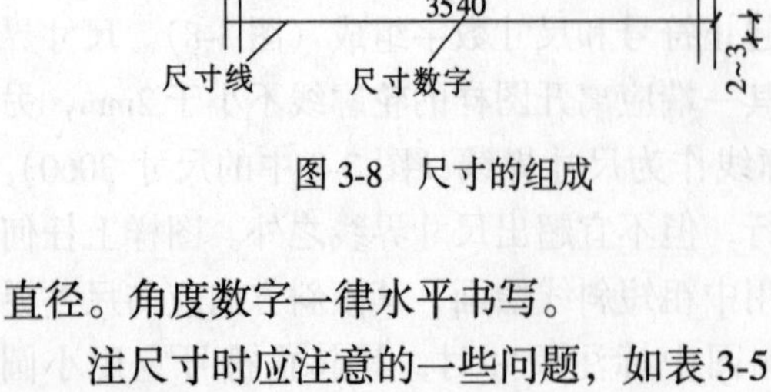

图 3-8　尺寸的组成

国标规定，图样上标注的尺寸，除标高及总平面图以米为单位外，其余一律以毫米为单位，图上尺寸数字都不再注写单位。本书文字和插图中的数字，如没有特别注明单位的也一律以毫米为单位。图样上的尺寸，应以所注尺寸数字为准，不得从图上直接量取。

标注半径、直径和角度，尺寸起止符号不用45°短斜线，而用箭头表示，如图3-9所示，图中 R 表示半径，ϕ 表示直径。角度数字一律水平书写。

注尺寸时应注意的一些问题，如表3-5所示。

（五）比例

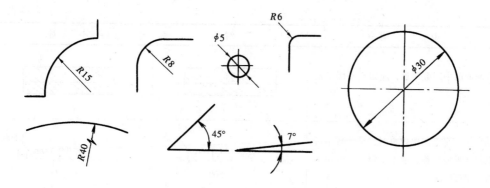

图 3-9　半径、直径、角度的尺寸注法

尺 寸 标 注　　　　　　　　　　　　　　　　　表 3-5

说　明	对	不　对
尺寸数字应写在尺寸线的中间，在水平尺寸线上的应从左到右写在尺寸线上方，在铅直尺寸线上的，应从下到上写在尺寸线左方		
大尺寸在外，小尺寸在内		
不能用尺寸界线作为尺寸线		
轮廓线、中心线可以作为尺寸界线，但不能用作尺寸线		
尺寸线倾斜时数字的方向应便于阅读，尽量避免在斜线范围内注写尺寸		
同一张图纸内尺寸数字应大小一致		

说　　　明	对	不　　对
在断面图中写数字处，应留空不画剖面线	25	25
两尺寸界线之间比较窄时，尺寸数字可注在尺寸界线外侧，或上下错开，或用引出线引出再标注	800 2500 700 1500 500 / 700 / 500	800 2500 700 1500 500 / 700 / 500
桁架式结构的单线图，宜将尺寸直接注在杆件的一侧	1750 3750 3040 3040 3040 3750 4423 / 6000 6000	1750 3750 3040 3040 3040 3750 4423 / 6000 6000

工程制图中，对于建筑工程，必须要缩小绘制在图纸上；而对于一个很小的零件，又往往要放大绘制在图纸上。图样上的图形沿直线方向的长度与该图样所代表的实物上相应的长度之比，称为比例。

比例应用阿拉伯数字来表示，例如 2:1、1:1、1:2、1:5、1:100、1:500、1:1000 等。

比例书写在图名的右侧，字号应比图名字号小一号或两号，图名下画一条（不画两条）横线，其粗度应不粗于本图纸所画图形中的粗实线，同一张图纸上的这种横线粗度应一致。图名下的横线长度，应以所写文字所占长短为准，不要任意画长；例如：

平面图 1:100

当一张图纸中的各图只用一种比例时，也可把该比例单独书写在图纸标题栏内。

绘图时，应根据图样的用途和被绘物体的复杂程度，优先选用表 3-6 中的常用比例。特殊情况下，允许选用"可用比例"。

给水排水专业制图常用的比例　　　　　　　表 3-6

名　　　称	比　　　例	备　　　注
区域规划图 区域位置图	1:50000、1:25000、1:10000 1:5000、1:2000	宜与总图专业一致
总平面图	1:1000、1:500、1:300	宜与总图专业一致
管道纵断面图	纵向：1:200、1:100、1:50 横向：1:1000、1:500、1:300	
水处理厂（站）平面图	1:500、1:200、1:100	
水处理构筑物、设备间、卫生间、泵房平、剖面图	1:100、1:50、1:40、1:30	
建筑给排水平面图	1:200、1:150、1:100	宜与建筑专业一致
建筑给排水轴测图	1:150、1:100、1:50	宜与相应图纸一致
详图	1:50、1:30、1:20、1:10、 1:5、1:2、1:1、2:1	

习惯上所称比例的大小，是指比值的大小，例如：1:50 的比例比 1:100 的大。

二、几何作图

几何作图在建筑制图中应用甚广。下面介绍几种常用的几何作图方法。

1. 分直线段为任意等分（图 3-10）。

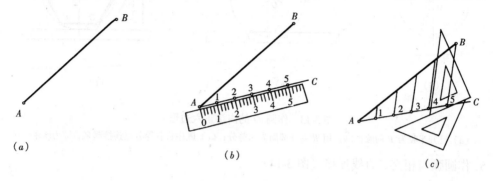

图 3-10　五等分线段 *AB*

（*a*）已知直线段 *AB*；（*b*）过点 *A* 作任意直线 *AC*，用直尺在 *AC* 上从点 *A* 起截取任意长度的五等分，得 1、2、3、4、5 点；（*c*）连接 *B*5，然后过其他点分别作直线平行于 *B*5，交 *AB* 于四个等分点，即为所求

2. 分两平行线之间的距离为已知等分（图 3-11）。

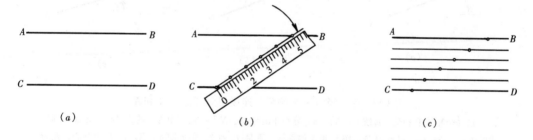

图 3-11　分两平行线 *AB* 和 *CD* 之间的距离为五等分

（*a*）已知平行线 *AB* 和 *CD*；（*b*）置直尺 0 点于 *CD* 上，摆动尺身，使刻度 5 落在 *AB* 上，截得 1、2、3、4 各等分点；（*c*）过各等分点作 *AB*（或 *CD*）的平行线，即为所求

3. 作已知圆的内接正五边形（图 3-12）。

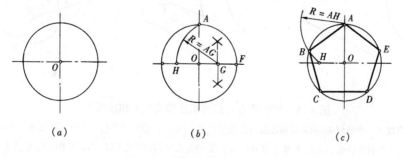

图 3-12　作圆 *O* 的内接正五边形

（*a*）已知圆 *O*；（*b*）作出半径 *OF* 的等分点 *G*，以 *G* 为圆心，*GA* 为半径作圆弧，交直径于 *H*；（*c*）以 *AH* 为半径，分圆周为五等分。顺序连接各等分点 *A*、*B*、*C*、*D*、*E*，即为所求

4．作已知圆的内接正六边形（图 3-13）。

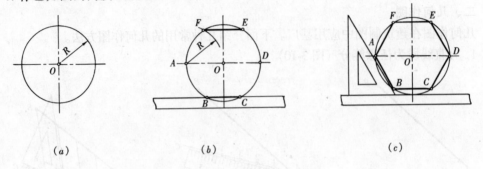

（a）　　　　　　　　　　（b）　　　　　　　　　　（c）

图 3-13　作圆 O 的内接正六边形

（a）已知半径为 R 的圆；（b）用 R 划分圆周为六等分；（c）顺序将各等分点连接起来，即为所求

5．作圆弧与相交二直线连接（图 3-14）。

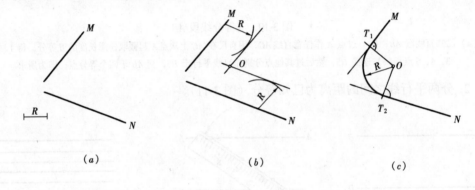

（a）　　　　　　　　　　（b）　　　　　　　　　　（c）

图 3-14　作半径为 R 的圆弧，连接相交二直线 M 和 N

（a）已知半径 R 和相交二直线 M、N；（b）分别作出与 M、N 平行而相距为 R 的二直线，交点 O 即所求圆弧的圆心；（c）过点 O 分别作 M 和 N 的垂线，垂足 T_1 和 T_2 即所求的切点。以 O 为圆心，R 为半径，作圆弧 $\overset{\frown}{T_1 T_2}$ 即为所求

6．作圆弧与一直线和一圆弧连接（图 3-15）。

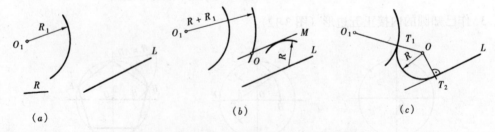

（a）　　　　　　　　　　（b）　　　　　　　　　　（c）

图 3-15　作半径为 R 的圆弧连接直线 L 和圆弧 O_1

（a）已知直线 L、半径为 R_1 的圆弧和连接圆弧的半径 R；（b）作直线 M 平行于 L 且相距为 R；又以 O_1 为圆心，$R + R_1$ 为半径作圆弧，交直线 M 于点 O；（c）连 OO_1 交已知圆弧于切点 T_1，又作 OT_2 垂直于 L，得另一切点 T_2。以 O 为圆心，R 为半径，作 $\overset{\frown}{T_1 T_2}$，即为所求

7．作圆弧与两已知圆弧内切连接（图 3-16）。所谓内切，即各圆心在所作圆弧的同一侧。

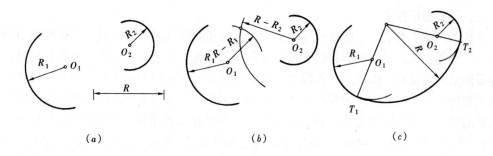

（a）   （b）   （c）

图 3-16　作半径为 R 的圆弧与圆弧 O_1、O_2 内切连接

（a）已知内切圆弧的半径 R 和半径为 R_1、R_2 的两已知圆弧；（b）以 O_1 为圆心，$|R-R_1|$ 为半径作圆弧，又以 O_2 为圆心，$|R-R_2|$ 为半径作圆弧，两弧相交于点 O；（c）延长 OO_1、交圆弧 O_1 于切点 T_1。延长 OO_2，交圆弧 O_2 于切点 T_2。以 O 为圆心，R 为半径，作 $\overparen{T_1T_2}$，即为所求

8. 作圆弧与两已知圆弧外切连接（图 3-17）。所谓外切，即所求圆心与已知两圆心分居所作圆弧两侧。

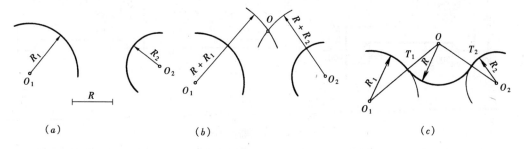

（a）   （b）   （c）

图 3-17　作半径为 R 的圆弧与圆弧 O_1、O_2 外切连接

（a）已知外切圆弧的半径 R 和半径为 R_1、R_2 的两已知圆弧；（b）以 O_1 为圆心，$R+R_1$ 为半径作圆弧，又以 O_2 为圆心，$R+R_2$ 为半径作圆弧，两弧相交于点 O；（c）连 OO_1，交圆弧 O_1 于切点 T_1。连 OO_2，交圆弧 O_2 于切点 T_2。以 O 为圆心，R 为半径，作 $\overparen{T_1T_2}$，即为所求

9. 根据长、短轴作近似椭圆——四心法（图 3-18）。

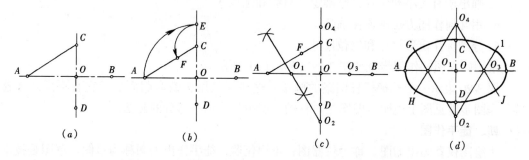

（a）   （b）   （c）   （d）

图 3-18　根据长、短轴 AB、CD 用四心法作近似椭圆

（a）已知长、短轴 AB 和 CD；（b）以 O 为圆心，OA 为半径，作圆弧，交 CD 延长线于点 E。以 C 为圆心，CE 为半径，作 $\overparen{EF}$ 交 CA 于点 F；（c）作 AF 的垂直平分线，交长轴于 O_1，又交短轴（或其延长线）于 O_2。在 AB 上截 $OO_3 = OO_1$。又在 CD 延长线上截 $OO_4 = OO_2$；（d）分别以 O_1、O_2、O_3、O_4 为圆心，O_1A、O_2C、O_3B、O_4D 为半径作圆弧，使各弧在 O_2O_1、O_2O_3、O_4O_1、O_4O_3 的延长线上的 G、I、H、J 四点处连接

三、平面图形画法

平面图形由直线线段、曲线线段、或直线线段和曲线线段共同构成。曲线线段以圆弧为最多。画图之前，要对图形各线段进行分析，明确每一段的形状、大小和相对位置，然后分段画出，连接成一图形。各线段的大小和位置，可根据图中所注尺寸确定。用来确定几何元素的大小的尺寸，称为定形尺寸。用来确定几何元素与基准之间或各元素之间的相对位置的尺寸，称为定位尺寸。有些定形尺寸，同时起定位作用。图 3-19（a）是一个水坝断面图，图中 8000、1400、3300、R1500、R800 等是定形尺寸，1500 是定位尺寸，R5000 既是定形尺寸，又是定位尺寸，一般连接圆弧都可用作图方法确定其圆心，所以不必标出圆心的定位尺寸。

作平面图形的步骤一般如下：

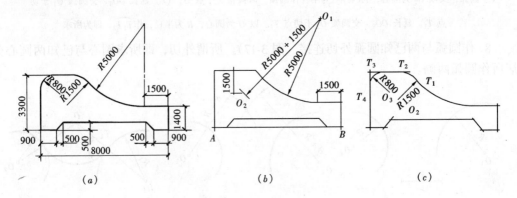

图 3-19　水坝断面画法

（a）已知水坝断面；（b）先画出坝底线 AB 作为基准，然后作出所有已知大小和位置的直线和圆弧 O_1，并作图求出圆心 O_2；（c）用圆弧连接方法，作 $\widehat{T_1T_2}$ 和 $\widehat{T_3T_4}$，即为所求

1. 选定比例，布置图面，使图形在图纸上位置适中。

2. 选定基准线，如水坝断面图可以坝底线作为基准。对称图形一般以对称轴线作为基准。

3. 画出所有大小和位置都已确定的直线和圆弧。

4. 用几何作图方法画连接圆弧。

5. 分别标注定形尺寸和定位尺寸。

水坝断面图的作图步骤如图 3-19（b）、（c）所示。

图 3-20 表示一个楼梯栏杆图案的画法。这栏杆是用扁铁弯制而成，它有不少圆弧连接。作图步骤见图上说明。图案是对称的，图中只表示一部分的画法。

四、徒手作图

用绘图仪器画出的图，称为仪器图；不用仪器，徒手作出的图称为草图。草图是技术人员交谈、记录、构思、创作的有力工具。技术人员必须熟练掌握徒手作图的技巧。

草图的"草"字只是指徒手作图而言，并没有允许潦草的含义。草图上的线条也要粗细分明，基本平直，方向正确，长短大致符合比例，线型符合国家标准。画草图的铅笔要用软些，例如 B 或 2B。画水平线、竖直线和斜线的方法，如图 3-21 所示。

画草图要手眼并用，作垂直线、等分一线段或一圆弧、截取相等的线段等等，都是靠

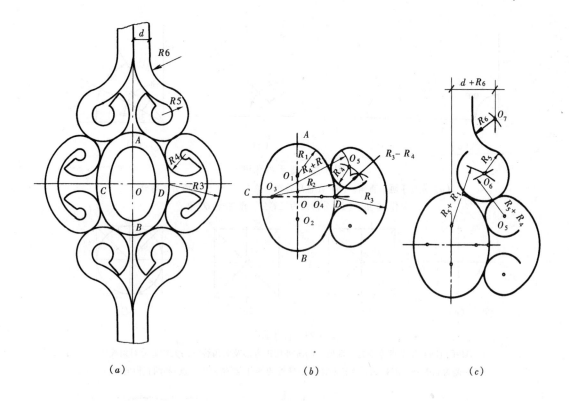

（a） （b） （c）

图 3-20　楼梯栏杆图案画法

（a）已知图案中间随圆的长、短轴 AB 和 CD，各圆弧的半径 R_3（指定以 D 为圆心）、R_4、R_5、R_6，以及扁铁厚度 d；（b）先作两对称轴，然后用四心法求得圆心 O_1、O_2、O_3、O_4 和 R_1、R_2，作出近似椭圆 $ABCD$。再以 D 为圆心，R_3 为半径作弧。然后作圆弧 O_5 连接圆弧 D 和近似椭圆。为此，以 D 为圆心，$R_3 - R_4$ 为半径，又以 O_3 为圆心，$R_2 + R_4$ 为半径，分别作弧相交于圆心 O_5；（c）同样应用圆弧连接方法，以 O_6 为圆心，R_5 为半径作弧连接圆弧 O_5 和椭圆。又以 O_7 为圆心，R_6 为半径作弧连接圆弧 O_6 和直线。然后加上扁铁厚度，完成对称部分

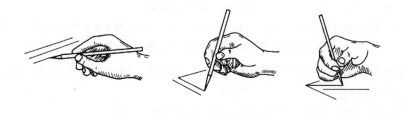

图 3-21　徒手作直线

（a）画水平线；（b）画竖直线；（c）画斜线

眼睛估计决定的。画角度、圆和椭圆的方法，如图 3-22、图 3-23 和图 3-24 所示。

　　徒手画平面图形时，不要急于画细部，先要考虑大局，即要注意图形的长与高的比例，以及图形的整体与细部的比例是否正确。草图最好画在方格纸上。图形各部分之间的比例可借助方格数的比例来解决。

　　例如，徒手画一座摺板屋面房屋（图 3-25）的立面图，可分下列几个步骤：

　　1. 先作一矩形，使其长度与高度之比，等于房屋全长与檐高之比。画上中线，再在矩形之上加画一矩形，表示摺板屋面长度和高度（图 3-25（a））。

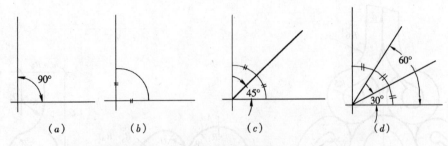

图 3-22 徒手画角度

(a) 先徒手画一直角；(b) 在直角处作一圆弧；(c) 分圆弧分二等分，
作 45°角；(d) 分圆弧为三等分，作 30°和 60°角

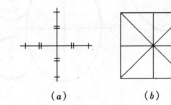 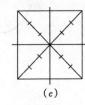 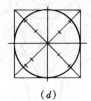

图 3-23 徒手画圆

(a)徒手过圆心作垂直等分的二直径；(b)画外切正方形及对角线；(c)大约等分对角线的
每一侧为三等分；(d)以圆弧连接对角线上最外的等分点(稍偏外一点)和两直径的端点

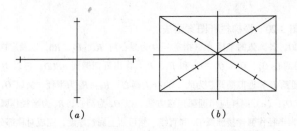 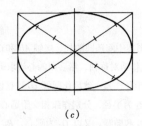

图 3-24 徒手画椭圆

(a) 先徒手画出椭圆的长、短轴；(b) 画外切矩形及对角线，等分对角线的每一侧为三等
分；(c) 以圆滑曲线连对角线上的最外等分点（稍偏外一点）和长、短轴的端点

2. 按摺板的数目划分屋面为若干格。画窗顶线后，划分外墙为五格，最左最右两格
较窄（图 3-25（b））。

3. 画出屋面摺板、窗框、门框和窗台线（图 3-25（c））。

4. 加上门窗、步级及其他细部。最后加深图线（图 3-25（d））。

画物体的立体草图时，可将物体摆在一个可以同时看到它的长、宽、高的位置，如图
3-26 所示，然后观察及分析物体的形状。有的物体可以看成由若干个几何体叠砌而成，例
如图 3-26（a）的模型，可以看作由两个长方体叠成。画草图时，可先徒手画出底下一个
长方体，使其高度方向竖直，长度和宽度方向与水平线成 30°角，并估计其大小，定出其
长、宽、高。然后在顶面上另加一长方体，如图 3-26（a）所示。

有的物体，如图 3-26（b）的棱台，则可以看成从一个大长方体削去一部分而做成。
这时可先徒手画出一个以棱台的下底为底，棱台的高为高的长方体，然后在其顶面画出棱
台的顶面，并将上下面的四个角连接起来。

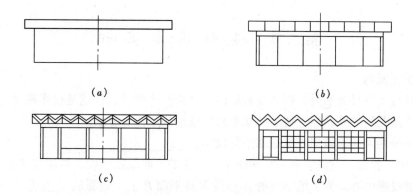

图 3-25 画房屋立面草图

画圆锥和圆柱的草图（图 3-26（c）），可先画一椭圆表示锥或柱的下底面，然后通过椭圆中心画一竖直轴线，定出锥或柱的高度。对于圆锥则从锥顶作两直线与椭圆相切，对于圆柱则画一个与下底面同样大小的上底面，并作两直线与上下椭圆相切。

画立体草图应注意三点：

1. 先定物体的长、宽、高方向，使高度方向铅直，长度方向和宽度方向各与水平线倾斜 30°。

2. 物体上相互平行的直线，在立体图上也应相互平行。

3. 画不平行于长、宽、高的斜线，只能先定出它的两个端点，然后连线，如图 3-26（b）所示。

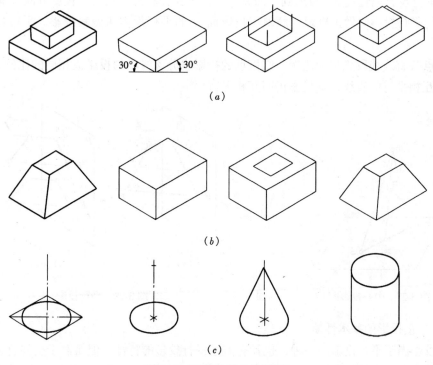

图 3-26 画物体的立体草图

53

第三节 投影基本知识

一、投影概念

物体被灯光或日光照射，在地面和墙面上就会产生影子，这就是投影现象。找出影子和物体之间的几何关系，经过科学的抽象总结就形成了投影方法。

投影法分两大类，即中心投影和平行投影。

（一）中心投影。设空间有一个平面 P（图 3-27）叫做投影面，取不在平面 P 内的任一点 S 叫做投影中心。为了把空间的 A 点投射到平面 P 上，则需从 S 点引出一条直线通过 A 点，此直线叫做投影线，它和平面 P 的交点 $A1$ 就是空间 A 点在平面 P 上的投影。用同样方法，可以做出空间 B 点和 M 点的投影 $B1$ 和 $M1$。

由于这种投影法，是从一个固定的中心引出投影线（如同电灯放出光线那样），所以叫做中心投影法。

中心投影有两条基本特性：

1. 直线的投影，在一般情况下仍是直线。

2. 点在直线上，则该点的投影必位于该直线的投影上。

（二）平行投影。如果把（图 3-27）中的投影中心 S 移到离投影面 P 无限远的地方（用 S 表示），则投射直线 AB 的投影线就互相平行（图 3-28）这种投影法，投影线是互相平行的（如同照到地面上的太阳光那样），所以叫做平行投影法。可见平行投影是中心投影的特殊情况。

用平行投影把直线 AB 投射到平面 P 上，应先给出投影方向 L。投影方向 L 垂直于投影面 P 的平行投影叫做正投影；倾斜于投影面 P 的平行投影叫做斜投影。平行投影有两条特性。

1. 点分直线线段成某一比例，则该点的投影也分该线段的投影成相同的比例；

2. 互相平行的直线，其投影仍旧互相平行。

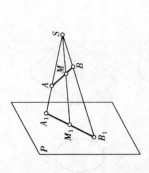

图 3-27 中心投影图

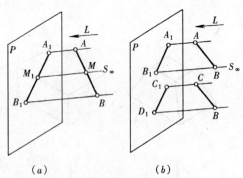

图 3-28 平行投影

（三）正投影的基本性质

正投影属于平行投影的一种，也具有前述平行投影的特性。但是对于空间有长度的直线线段，或有大小的平面图形，根据它们对投影面所处的相对位置不同，又具有下述投影特性（为叙述简便起见，以后正投影除特别指明外，一律简称投影。直线线段或平面图形简称直线或平面）。

1. 空间直线对投影面的位置分平行、垂直、倾斜等三种。图3-29表明直线 *AB* 对水平投影面 *H* 的三种不同位置的投影特性。

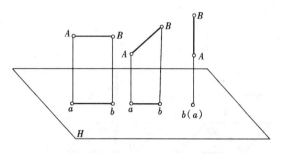

图3-29　直线正投影的三种特性

①直线平行于投影面，它的投影反映实长；

②直线垂直于投影面，它的投影成为一点；

③直线倾斜于投影面，它的投影不反映实长，且缩短。

2. 空间平面对投影面的位置也可分平行、垂直、倾斜等三种。图3-30表明平面 *ABCD*（长方形）对投影面 *H* 的三种不同位置的投影特性。

①平面平行于投影面，它的投影反映实形。

②平面垂直于投影面，它的投影成为直线。

③平面倾斜于投影面，它的投影不反映实形，且变小。

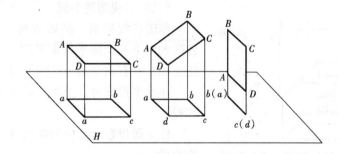

图3-30　平面正投影的三种特性

以上讨论说明，给定投影条件，在投影面上，总是可以做出已知形体惟一确定的投影，并且知道形体的哪些几何性质在投影图上保持不变，哪些是改变的。但是，相反的问题，即由投影重现它的原形，答案则不是惟一的，如图3-31，给出空间一点 *A*（图3-31*a*），为做出 *A* 点在水平投影面 *H* 上的正投影，我们过 *A* 点向 *H* 面引垂线，所得垂足 *a*，即是 *A* 点的正投影。相反，如果要投影 *a*（图3-31（*a*））重定它的空间位置，则不能。因为，投影线上的所有点，如 *A*、*B*、*C*……，都可以作为投影 *a* 在空间的位置。

再看图3-32，投影面 *H* 上的正投影，可以是双坡房屋的投影，也可以是锯齿形房屋的投影，还可以是一个台阶的投影，或其它形体的投影。这就是说，投影图还不具有"可逆性"，为使投影图具有"可逆性"，在正投影的条件下，可以采用多面正投影的方法来解决。

二、立体的三面投影图

（一）三面投影的建立

55

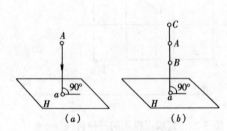

图 3-31 点的单面正投影及
其可逆性问题

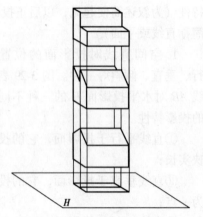

图 3-32 立体的单面正投影
及其可逆性问题

具有可逆性的投影图，在工程实践中被广泛应用的是物体三面投影图。物体三面投影图是利用平行投影中的正投影法画出来的。这三个互相垂直的投影面为：水平面（H）、正立面（V）、侧立面（W），如图 3-33 所示。物体在这三个投影面上的投影分别称为水平投影、正面投影和侧面投影。投影面之间的交线称为投影轴。H、V 面交线为 X 轴，H、W 面交线为 Y 轴，V、W 面交线为 Z 轴。三轴交于一点 O，称原点。

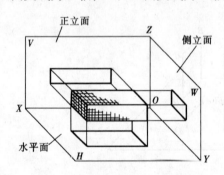

图 3-33 物体的三通投影图

（二）三视图的形成

作砖的投影时，把砖放在三面之间的空间，使砖的上下两个面平行水平面，前后两个正平行正立面，左右两个面平行侧平面。

作水平投影时，投影线垂直 H 面，由上向下作投影。

作正面投影时，投影线垂直 V 面，由前向后作投影。

作侧面投影时，投影线垂直 W 面，由左向右作投影。

砖的三个投影都是长方形，它们分别反映了砖上下面，前后面及左右面的实形。

物体的三面投影又称为三视图。

水平投影称俯视图；

正面投影称正视图；

侧面投影称侧视图。

画图时，要把三个投影面展开成一个平面。方法如图 3-33 所示：取空间物体，将 H 面与 W 面沿 Y 轴分开，然后 H 面连同俯视图绕 X 轴向下旋转，W 面连同侧视图绕 Z 轴向右旋转，直至与 V 面在同一平面上。这时 Y 分为两条，随 H 面旋转的一条标以 Y_H，随 W 旋转的一条标以 Y_W。

展开后的三视图（如图 3-34）所示：左上方是正视图，俯视图在正视图下方，侧视图在正视图右方。通常不在图上注出视图名称。

（三）三视图的基本规律

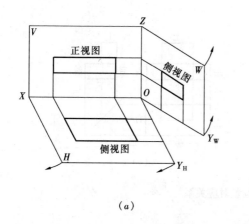

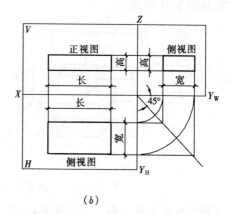

（a）　　　　　　　　　　　　　（b）

图 3-34　展开后的三视图

现在研究三视图如何反映物体的长、宽、高与上、下、左、右、前、后关系，以及三视图之间的相互联系。

1. 度量对应关系

我们把 X 轴向尺寸称为长，y 轴向尺寸称为宽，Z 轴向尺寸称为高。

正视图反映物体的长和高；

俯视图反映物体的长和宽；

侧视图反映物体的高和宽。

因为三个视图表示的是同一物体，所以：

正视图与俯视图长度对正相等；

正视图与侧视图高度平齐相等；

俯视图与侧视图宽度相等。

画图时，俯视图与侧视图之间宽度相等的关系，可以用以 O 为圆心的圆弧作出，也可借助从 O 点引出的 45°线作出，如图 3-34 所示。实际作图时，常不画投影面边框及投影轴，这时俯视图与侧视图宽度相等的关系可用尺或分规直接量取（图 3-35）。

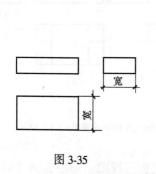

图 3-35

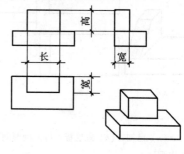

图 3-36

三视图之间的这种量度对应关系可以简称为：长对正、高平齐、宽相等。整个物体以及物体上每个部分的三个投影之间，都应符合这一关系，如图 3－36 所示。在砖的上面加一半砖，这个半砖的三个投影之间也应保持这一关系。

2. 位置对应关系

观察图 3-37 可知：

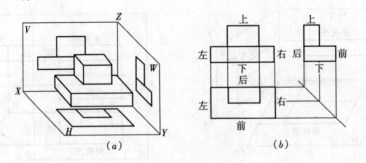

图 3-37 位置对应关系

正视图反映物体左右、上下关系；

俯视图反映物体左右、前后关系；

侧视图反映物体上下、前后关系。

应该注意，俯视图与侧视图靠近正视图的一方反映物体后方，远离正视图的一方反映物体的前方。在俯视及侧视图上量取宽度时，不仅要注意"宽相等"，而且要注意前后方向一致。

（四）三视图的利用

1. 画图

画物体三视图时，首先应使物体的主要面尽量平行于投影面。画图时注意分析物体上各个面与投影面的相对位置（平行、垂直和倾斜）和它们的投影形状，所画的三视图必须符合基本规律。

下面介绍一个画图方法及步骤的例题。

已知物体图 3-38（a）画出所示物体的三视图。

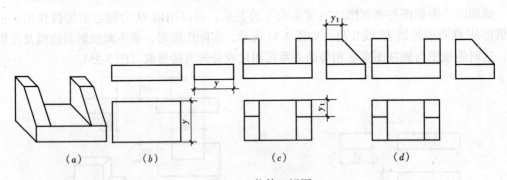

图 3-38 物体三视图

（a）已知；（b）画底板；（c）画两侧墙。先画侧视图，再画正视图及俯视图；（d）加深

画法步骤：

1）应用长对正、高平齐、宽相等基本规律先画出底板三视图。如图 3-38（b）。

2）再画出侧墙三视图（图 3-38（c））

3）最后检查对正无误将所要线条加深即成（图 3-38（d））

2. 看图就是根据视图想像出空间物体的形状。掌握了投影规律和看图方法，通过多看，多想，看图能力定能逐步提高。

1）看图时必须弄清每个视图的投影方向。

2）要根据三视图基本规律，几个视图配合起来看。如图 3-39 中三组视图的正视图和俯视图都相同，由于侧视图形状及虚实线的不同变化，所表示的物体也各不相同。所以看图时一定要几个视图配合起来看，而且要注意虚实线的变化。

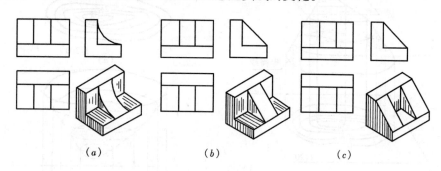

（a）　　　　　　　　（b）　　　　　　　　（c）

图 3-39　看图的投影方向

三、标高投影

（一）标高投影的概念

道路工程的设计和施工，常需画出地面形状和地面上的结构建筑物，以便从图上来解决有关工程上的问题。但地面不是一个简单的平面，而是一个形状起伏的复杂形体，如采用前面所讲的多面正投影法来表示，就会感到非常复杂和很不方便。为了简单而方便地表达出地面复杂的形状，就需要用标高投影法来解决这一课题。

1. 什么叫标高投影

当物体的水平投影（即 H 面）确定以后，它的正面投影主要是提供物体上各点的高度。如果能知道各点的高度，那么只用物体的一个水平投影，也可确定物体的形状和大小。如图 3-40 所示，A 点在基准面以上有 4 个单位，在 A 点的水平投影 a 的旁边

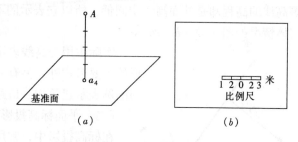

（a）　　　　　　　（b）

图 3-40　标高投影

标明高度为 4 单位，那 a_4 虽然只是一个投影点，却可决定 A 点的空间位置。这种由水平投影与标高数字注记结合起来表示物体的方法称标高投影法。

要根据 a_4 来确定 A 点的空间位置，还必须知道基准面，尺寸单位和画图的比例。这样才能自 a_4 引基准面的垂直线，并按照比例尺的大小来量取 4 个单位，定出 A 点的高度。在道路工程中一般采用国家测绘局规定的全国测量高程基准面，即以我国黄海海平面多年观测的平均高度为高程起零点。高程以米为单位来表示，在图上不必注记单位，但需注出比例或画出比例尺，如图 3-40（b）所示。

2. 等高线

假想用一个平行于高程基准面的水平面 H 截割小山丘，如图 3-41（a）所示，可以得到一条形状不规则的截交线。因为这条线上每个点的高程都相等，所以称为等高线。例如静止的水面与岸边的交线就是地面上的一条等高线。

假想用一组高差相等的水平面截割地面，就可以得到一组高程不同但是高差相等的等

高线。画出这些等高线的水平投影，并注出每条等高线的高程和画图比例，就得到地面的标高投影图。图 3-41（b）就是图 3-41（a）所示的小山丘的标高投影地形图。图上相邻等高线之间的高度差都相等。

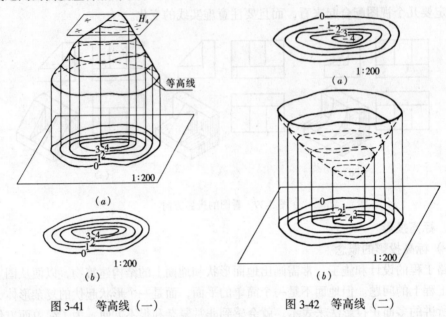

图 3-41　等高线（一）　　　　图 3-42　等高线（二）

图 3-42（a）所示的地形，粗看起来和图 3-41（b）相同，但仔细一分析，恰恰相反，等高线的高程却是外面高，中间低。所以它表示的不是小山丘，而是一块凹地。它的空间实体情况如图 3-42（b）所示。

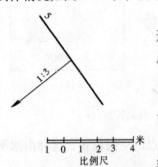

图 3-43　平面标高投影

实际中用等高线表示的地形图，除了用等高线作为表示地形的主要形式外，另有一些用特定的符号来表示地形的，例如用图例表示建筑物、道路、桥梁、农作物等地物。

（二）平面标高投影

在标高投影中，常用一条等高线和一条坡度线表示一个平面，如图 3-43 所示。

平面内相同高程点的连线是水平线，也就是平面上的等高线，如图 3-44（a）中直线 BC。平面上垂直于等高线的直线称坡度线，如图 4-45（a）中直线 AB。因 $AB \perp BC$，$aB \perp BC$，所以坡度线对水平的倾角 a（$\angle Aba$）等于平面对水平面的倾角。如果平面上的等高线互相平行，当相邻等高线的高差相等时，它们的水平距离也相等。如图 3-44（b）中相邻等高线的高差为 1m，其水平距离 $L =（1/i）\times 1$（m）就是坡度线上高差为 1m 时两线间的距离。

【例】试画出图 3-45（a）所示平面上高程为零的等高线。

分析：本题中，平面是用一条高程为 4m 的等高线和一条坡度线表示的。这个平面可看成是图 3-46 中的 I 面。平面上高程为零的等高线可看成是图 3-46 中 I 面与高程为 O 的地面的交线，这条交线称坡脚线。只要找到坡度线上高程为零的点，就可过此点画出平面 I 上高程为零的等高线。

60

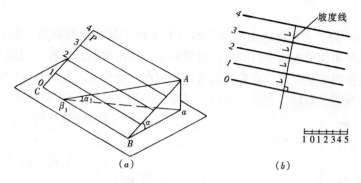

图 3-44　平面上的等高线

【解】①坡度线上高程 4 和高程 O 两点的高差为 4m，它们的水平距离 $L = (1/i) \times 4 = 1 \times 4 = 4m$。自坡度线的端点沿箭头方向量取 4m，得点 f_0，见图 3-45（b）。

②过 f_0 作直线与高程为 4m 的等高线平行，此直线就是平面上高程为零的等高线。

四、工程中常用的几种图示法

前面讲了正投影的基本原理和三视图表示物体的方法。但是，仅用三视图还不能满足表达各种物体的需要，现将几种工程中常用图示法介绍如下：

（一）局部视图（图 3-46）

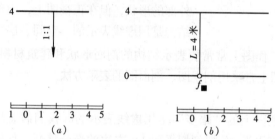

图 3-45　平面高程为零的等高线

图 3-46　局部视图（一）

只需要表示物体上某一部分形状时，可以只画出基本视图的一部分。如图 3-47 所示的物体有了正视图和俯视图，物体的形状大部分已表示清楚。这时可以不画出物体的侧视图，而只需画出没有表示清楚的那一部分。这种图称为局部视图。

画局部视图时，应进行标注。标注的方法是：在基本视图上画一箭头，指向投影部位和投影方向，并注以字母（如 A、B……）；在画出的局部视图上用波浪线表示其范围，并注以"X 向"，如图 3-48 的 A 向。

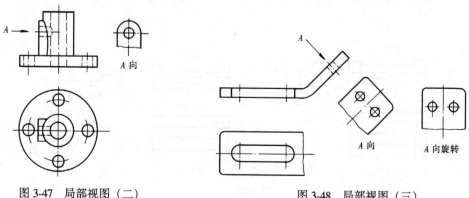

图 3-47　局部视图（二）　　　　　图 3-48　局部视图（三）

（二）斜视图

如图 3-48 所示。为了表示物体上倾斜表面（不平行于基本投影面的表面）的真实形状，可以把它投影在和倾斜表面平行的辅助投影面上，画出视图，这种视图称为斜视图。

斜视图一般按投影关系配置，必要时也可以配置在其他位置，或将图形转正画出，但图形转正时，应在视图名称后面加注"旋转"二字，如图 3-48 中的 A 向旋转。

斜视图的标注方法同局部视图一样。

（三）剖视图和剖面图的基本概念

画物体的视图时，看得见的轮廓线，画成实线；看不见的轮廓线，画成虚线。当物体内部结构比较复杂或被遮挡部分较多时，视图上就会出现较多的虚线。如图 3-49（a）是船闸闸首的一组视图，它们虽然也能完整地表示出闸首内、外部的形状，但在正视图上，内部结构是用虚线表示的。空间、层次

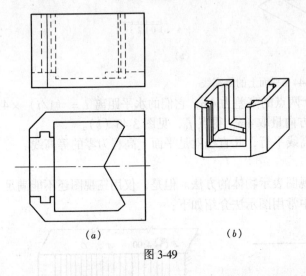

图 3-49

都不够分明，给看图增加了困难。同时在工程图上常常要表示结构的剖面形状和建筑材料，在视图上也无法表示清楚。因此，在工程图上常采用剖视图、剖面图的表示方法。

1. 什么是剖视图和剖面图

图 3-50（a）是台阶的一组视图。侧视图上的"踏步"是用虚线表示的。我们假想用一个平行于侧面的剖切平面 1-1 将台阶"切开"，并把剖切平面 1-1 左边的部分移开，如图 3-50 所示。然后从左向右投影，把剩下的部分画成视图并将剖切平面与台阶的接触部分画上剖面材料符号，这种视图称为剖视图。如图 3-50（c）中的 1-1 剖视图。

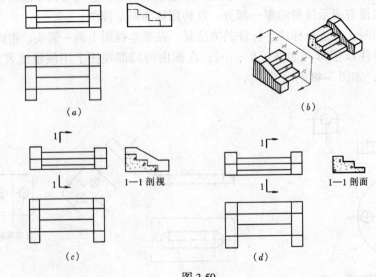

（a）

（b）

1—1 剖视

1—1 剖面

（c）

（d）

图 3-50

如果剖切平面"切开"物体后，只画出剖切平面与台阶接触部分的图形，并画上剖面材料符号，这种图形称为剖面图（或称断面），如图3-50（d）中的1-1剖面图。

2. 剖视图与剖面图的标注

用剖视图、剖面图配合其他视图来表示物体时，为了明确视图之间的投影关系，便于看图，对所画的剖视图和剖面图，一般均应加以标注。所谓标注就是注以剖切位置、投影方向和剖视（剖面）名称，如图3-50（c）、（d）。

1）剖切位置：用剖切符号表示。即在剖切平面的起止处各画一短粗实线，此线尽可能不与物体的轮廓线相交。

2）投影方向：在剖切位置线的两端，用箭头表示剖切后的投影方向。

3）剖视（剖面）名称：用相同的数字或字母注写在剖切符号的附近，并在相应的剖视图或剖面图的下方及上方注出相同的两个数字或字母，中间加一条横线，如1-1、A-A等。

3. 画剖视图和剖面图的注意事项

1）剖视图或剖面图都是物体被假想"切开"后所画出的图形，并不是物体真正被"切开"和移开了一部分。所以画剖视图或剖面图后，并不影响其他视图的完整性。即在画其他视图时，仍需要画出完整的图形。如图3-50（c）、（d）中的正视图和俯视图，并不因为画了1-1剖视图而使1-1剖面图只画一半。

2）为了在剖视图和剖面图上表示物体内部结构的真实形状和相互位置，选取的剖切平面，一般应平行于基本投影面，并应通过物体内部结构的主要轴线。有时，也可以用投影面、垂直面作为剖切平面。

3）画剖视图时，在剖切面后方的可见轮廓线均应画出，不能遗漏。画剖面图时，只画剖切平面与物体的接触部分。

（四）剖视图

画剖视图时，应根据物体的具体情况，选取剖切平面的数量和确定剖切平面的位置。下面介绍几种常用的剖视图以及剖视图的尺寸注法。

1. 全剖视图：用一个剖切平面，把物体全部"切开"后，画出的剖视图，称全剖视图，如图3-51视图能清楚地表示物体的内部结构，当物体的外形比较简单而内部结构较

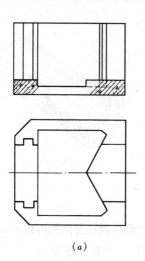

（a）

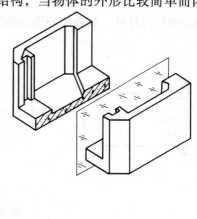

（b）

图 3-51

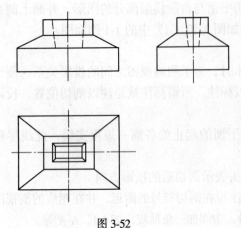

复杂或主要为了表示物体的内部结构时，采用全剖视图。

2. 半剖视图：图 3-52 为混凝土基础的一组视图。正视图和侧视图都是左右对称。

画剖视图时，可以对称线为界，一半画剖视图，另一半画视图，如图 3-53 所示。这种图形称为半剖视图。半剖视图既能表示物体的内外形状，又能节省视图的数量。

如果剖视图与视图的分界线是图形的对称线，则对称线不应画成粗实线。一般半剖视图画在对称线的右边（视图左右对称时）或下边（视图上下对称时），如图 3-53（a）所示。

图 3-52

3. 局部剖视图。当只要表示物体局部的内部结构时，可以只"切开"物体的一部分，画出其剖视图，其余部分仍画外形视图，这种剖视图称为局部剖视图。

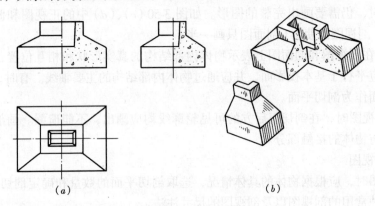

（a）　　　　　　　　　　　（b）

图 3-53

图 3-54 是混凝土管的一组视图。正视图采用了局部剖视，在被切开部分画出管子的内部结构和剖面材料符号，其余部分仍画外形视图。

（a）　　　　　　　　　　　（b）

图 3-54

在局部剖视图上，用波浪线表示被剖切的范围。剖切位置明显的局部剖视可以不标注。波浪线不应和其他图线重合，也不能超出视图的轮廓线。如图 3-55 所示。

4. 斜剖视图。图 3-56 是带坡度的一组管道，为了表示管道及雨水井口的真实形状，采用了正垂面 1-1（倾斜于水平面）作剖切平面。将管道切开后，投影到与切平面平行的辅助投影面上，得到 1-1 剖视图，这种剖视图称为斜剖视图，画斜剖视图时，应进行标注。

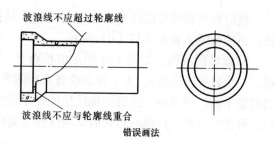

图 3-55

斜剖视图可按投影关系配置，也可以转正绘出。如图 3-56 中的 1-1 剖视图就是转正后绘出的。

5. 阶梯剖视图：如图 3-57 所示的水箱，两个孔轴线在同一个正平面内。为了表示水箱和两个孔内部结构的真实形状，用了两个相互平行的剖切面，把水箱切开，这样所得到的剖视图称为阶梯剖视图。

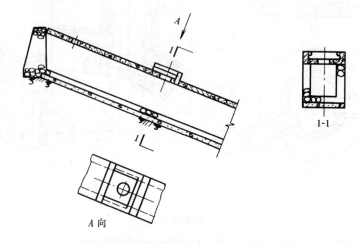

图 3-56

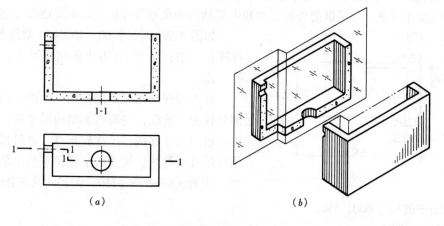

图 3-57

采用阶梯剖视图时，在剖切平面的起止处和转折处均应进行标注。

画阶梯剖视图时应注意，由于剖切物体是假想的，所以在剖视图上剖切平面的转折处，不应画线，如图3-57（a）所示。

6. 旋转剖视图：如图3-58所示的检查井，两个水管的轴线是斜交的（一个平行于正面，一个斜交于正面）。为了表示检查井和两个水管内部结构的真实形状，用了两个相交的剖切平面，沿着两个水管的轴线把检查井切开，把与正面倾斜的水管旋转到与正面平行后，再进行投影，这样所得到的剖视图称为旋转剖视图。

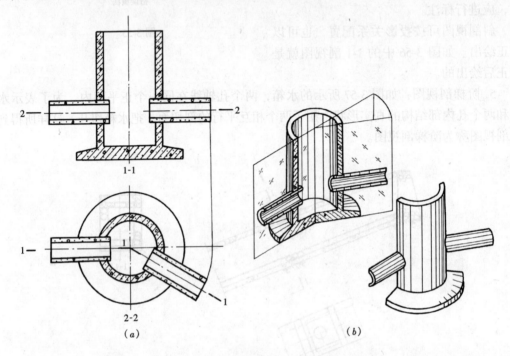

图3-58

画旋转剖视图时，在剖切平面的起迄和转折处均应进行标注。

7. 剖视图的尺寸标注：在剖视图上标注尺寸的方法和规则与组合体的尺寸标注相同。但为了使尺寸清晰，应尽量把外形尺寸和内部结构的尺寸分开标注，不要混在一起。

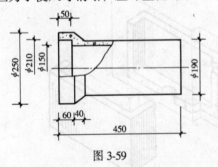

图3-59

如图3-59中尺寸60、40、450为外形尺寸，标注在一边；尺寸50为内部结构尺寸，应注在另一边。

在半剖视图和局部剖视图上，由于图上对称部分省去了虚线，注写内部结构尺寸时，只能画出一边的尺寸界线和尺寸起止点。这时尺寸线要稍许超过对称线，尺寸数字应注写整个结构的尺寸，如图3-59中的$\phi150$、$\phi210$。又如图3-60上部正视图中的尺寸600、550。

（五）剖面图

剖面图主要用来表示物体的剖面形状。根据剖面图在视图上的位置不同，分别有移出剖面和重合剖面两种。

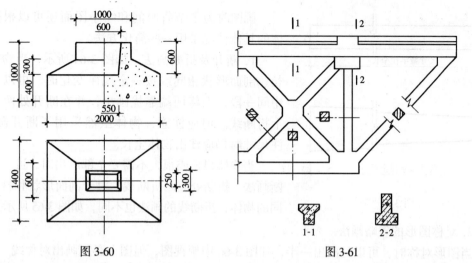

图 3-60   图 3-61

1. 移出剖面：如图 3-61 所示，剖面图画在视图轮廓线外面的称为移出剖面，移出剖面的轮廓线用粗实线画出。移出剖面可以画在剖切平面的延长线上，视图的中断处或其他适当的位置。

画移出剖面时，根据需要，允许把剖面图形转正后画出。如图 3-62 为翼墙的俯视图与剖面图，为了表示翼墙的正常工作位置，画 1-1 剖面图时，把底板画成水平位置。

当移出剖面图在剖切平面的延长线上或画在视图的中断处，而剖面图形状又对称时，可以只画点划线表示剖切位置，不进行其他标注，如图 3-61 所示。

当移出剖面不画在上述位置，剖面图形又不对称时，应进行标注，如图 3-62 所示，如剖面图形对称时，可省画箭头，如图 3-61 中的 1-1、2-2 剖面图。

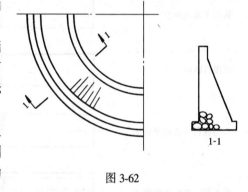

图 3-62

2. 重合剖面：如图 3-63 所示，在不影响视图清晰的情况下，剖面图也可以画在视图轮廓线范围内，这种剖面称为重合剖面。重合剖面的轮廓线用细实线画出。当重合剖面的轮廓线与视图的轮廓线重合时，视图的轮廓线可不间断。

重合剖面图形对称时，可不进行标注，如图 3-63（a）所示。图形不对称时，应标注剖切位置和投影方向，如图 3-63（b）。

（六）简化画法

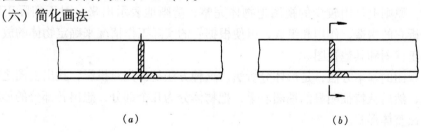

（a）   （b）

图 3-63

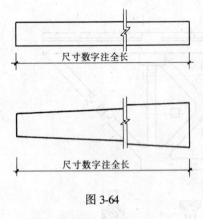

尺寸数字注全长

尺寸数字注全长

图 3-64

画图时为了节省时间和缩小图面还可以根据物体的具体情况采用一些简化方法。

1. 断开及折断画法：如图 3-64 所示，当物体很长、剖面形状相同或按一定规律变化时，可以截去中间一段，而将两端靠拢画出，并在断开处两边画上折断线。但应注意，物体虽然采用了断开画法，注尺寸时仍应注出物体全长。

当物体很长或很大不需要全部画出时，可采用折断画法。折断处应画折断线。对于剖面形状和材料不同的物体，折断线的画法也不同，如图 3-65 所示。

2. 对称图形的省略画法

当图形对称时，可以只画出一半，如图 3-66 中俯视图，但图上必须画出对称线。

五、视图的综合应用

前面介绍了表示物体形状的一些常用画法。在具体表示一个物体时，要根据物体的实际情况进行视图选择，即综合运用上述各种方法（包括剖视图、剖面图和简化画法等）将物体完整、清楚地表示出来。

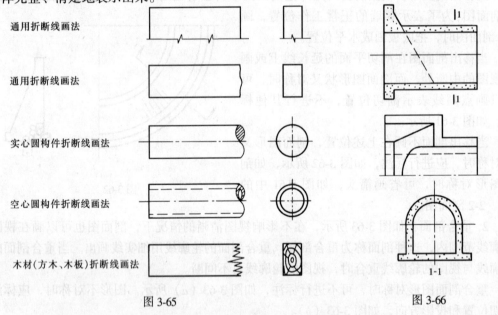

通用折断线画法

通用折断线画法

实心圆构件折断线画法

空心圆构件折断线画法

木材(方木、木板)折断线画法

图 3-65

1-1

图 3-66

视图选择，原则上是用较少的视图把物体完整、清晰地表示出来。对于实际工程结构，应注意分析它的构造、作用和组成，以便根据它的实际工作情况来确定物体的放置位置，正确选择正视图和其他视图。

看综合体视图的基本方法，是形体分析法。这种方法是：先对投影，找出视图之间的投影对应关系，然后从特征明显的视图着手，把物体分为几个部分，想出各部分的形状和位置后，再想出整体形状。

举例说明综合运用各种视图表示物体的方法和看图方法。

图 3-67（a）所示是涵洞的轴测图，各部分的名称和构造如图所示。图 3-67（b）是

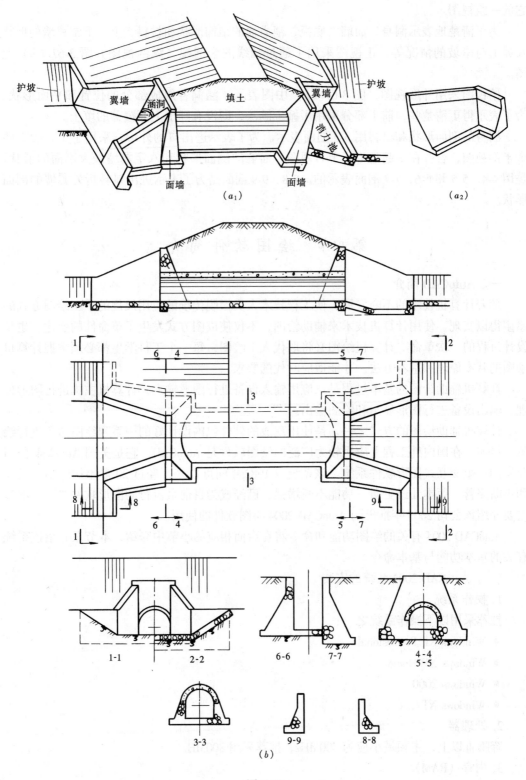

护坡　翼墙　涵洞　填土　翼墙　护坡

面墙　面墙　消力池

（a_1）　　　　　　　　　（a_2）

1-1　2-2　6-6　7-7　4-4 5-5

3-3　9-9　8-8

（b）

图 3-67

它的一组视图。

为了清楚地表示洞身、面墙、底板、消力池的结构形状和材料，上、下游翼墙的形状及堤上与岸坡的情况等，正视图采用了通过轴线的全剖视（纵剖视图）图 3-67（b）上图。

俯视图采用外形视图，图 3-67（b）中图表示了涵洞各组成部分的位置和平面形状。为了表示得更清楚些，前半部分采用了掀土画法，即没有画出上面覆盖的填土。

洞身的剖面形状和材料用 3-3 剖面表示。为了表示进出口的外形，采用了 1-1、2-2 两个半剖视图，合并在一起是为了节省视图。面墙的侧面形状和八字翼墙最大剖面的形状，是用 4-4，5-5 和 6-6，7-7 剖面表示的。8-8、9-9 剖面是为了表示进出口转折处翼墙的剖面形状。

第四节　绘图软件简介

一、AutoCAD 简介

随着计算机技术的不断发展，使工程技术人员摆脱传统的应用尺规的手工绘图方式的愿望得以实现。使用计算机技术来辅助绘图，不仅使成图方式发生了革命性的变化，也是设计过程的一次革命。计算机绘图必将取代人工绘图，每一个工科学生都必须掌握计算机绘图的基本原理和基本方法，才能适应时代的要求。

计算机辅助绘图的基本过程是：应用输入设备进行图形输入；计算机主机进行图形处理；输出设备进行图形显示和绘图输出。

计算机辅助绘图的方式之一，是使用现成的软件包内设计好的一系列绘图命令进行绘图。目前，在国内外工程上应用较为广泛的绘图软件是 AutoCAD，它是美国 Autodesk 公司开发的一个交互式图形软件系统。该系统自 1982 年问世以来，经过 20 多年的应用、发展和不断完善，版本几经更新，功能不断增强，已经成为目前最流行的图形软件之一。本节主要介绍该公司 2003 年推出的 AutoCAD 2004 绘图软件的使用。

AutoCAD 2004 有关的绘图功能和命令将在后面相应的小节中介绍，本节只介绍该系统有关的基本功能与基本命令。

（一）AutoCAD 2004 系统的安装

1. 操作系统

推荐采用以下操作系统之一：

- Windows XP Professional
- Windows XP Home
- Windows 2000
- Windows NT4. 0

2. 处理器

奔腾Ⅲ以上，主频最小应为 500MHz，推荐采用 800MHz。

3. 内存（RAM）

最小应为 128MB。

4. 显示器

1024×768VGA，真彩色。

（二）AutoCAD 2004 系统的启动

安装 AutoCAD 2004 后，启动 AutoCAD 2004 系统主要可使用下面两个方法。

1. 在 Windows 界面上，直接点击 AutoCAD 2004 的图标（图 3-68）启动。

2. 在桌面上的任务栏中选择"开始"→"程序（P）"→"Autodesk"→"AutoCAD 2004"→"AutoCAD 2004"启动软件(图 3-69)。

图 3-68 AutoCAD 2004 图标

（三）AutoCAD 2004 系统的退出

1. AutoCAD 2004 图形的保存

在当前图形已经完成或其他原因须退出图形编辑状态，应先将当前图形保存起来，以备后用。保存命令为 SAVE（QSAVE）、SAVEAS。

（1）使用 SAVE（QSAVE）命令

命令调用　　　下拉菜单：File→Save

命令格式　　　Command：SAVE　✓

注意：如果当前图形已命名，AutoCAD 2004 将存储图形于该图形文件；如当前图形没有命名，AutoCAD 2004 将弹出一个对话框，可输入文件名再以该文件名存储图形文件。执行 SAVE（QSAVE）命令后并不退出图形编辑状态，可以继续画图。

（2）使用 SAVEAS 命令

命令调用　　　下拉菜单：File→Saveas……

命令格式　　　Command：SAVEAS　✓

此时也出现一个对话框，可将当前没命名的文件命名或更换当前图形的文件名或路径保存文件。

注意：如果选用的文件名在盘中已存在，则 AutoCAD 2004 将显示警告对话框。如需将当前文件重新写入该图形文件，可回答"是（Y）"；否则选"否（N）"，取消 Saveas 命令，原图形文件没有被替换。

2. AutoCAD 2004 系统的退出

AutoCAD 2004 系统的退出可使用 QUIT 命令。

命令调用：　　　File→Exit

命令格式：　　　QUIT　✓

该命令的功能是退出 AutoCAD 2004 系统。

注意：如果自上次存储图形后，图形没有改变，Quit 将退出 AutoCAD 2004 系统。如果图形已有改变，则在退出时会产生一个报警框，提示退出之前存储文件，以防丢失数据。

（四）AutoCAD 2004 系统的用户界面

用户界面是用户与系统软件进行交互对话的窗口。AutoCAD 2004 的操作主要是通过用户界面进行的。启动 AutoCAD 2004 后将进入图 3-70 所示的 AutoCAD 2004 界面，其主要组成部分为：

1. 标题栏　标题栏用于显示 AutoCAD 2004 的程序图标以及当前所操作图形文件的名称。与一般 Windows 应用程序类似，利用位于标题栏右面的各按钮，可分别实现 AutoCAD 2004 窗口的最小化、还原（或最大化）以及关闭 AutoCAD 2004 等操作。

图 3-69　在任务栏启动 AutoCAD 2004

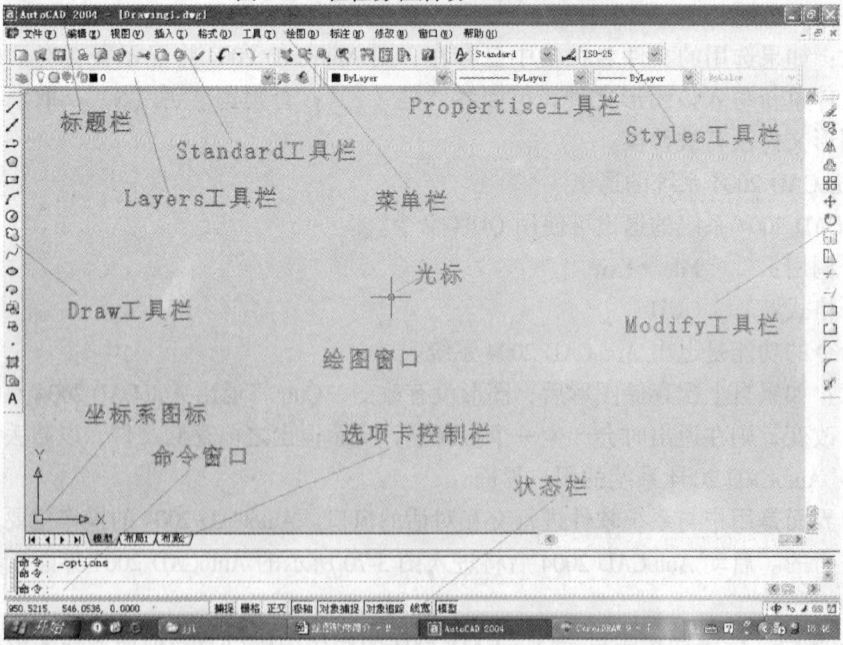

图 3-70　AutoCAD 2004 工作界面

2．菜单栏

菜单栏为 AutoCAD 2004 下拉菜单的主菜单。AutoCAD 2004 将大部分绘图命令放在了下拉菜单中。单击菜单栏中的某一项，会弹出相应的下拉菜单。图 3-71 为"绘图"项弹出的下拉菜单。

AutoCAD 2004 的下拉菜单有如下特点：

➢下拉菜单中，右面有小三角的菜单项，表示该项还有子菜单。

➢下拉菜单中，右面有省略号的菜单项，表示单击该菜单项后将显示出一个对话框。

➢右边没有内容的菜单项，单击该菜单项后将执行对应的 AutoCAD 命令。

3．工具栏

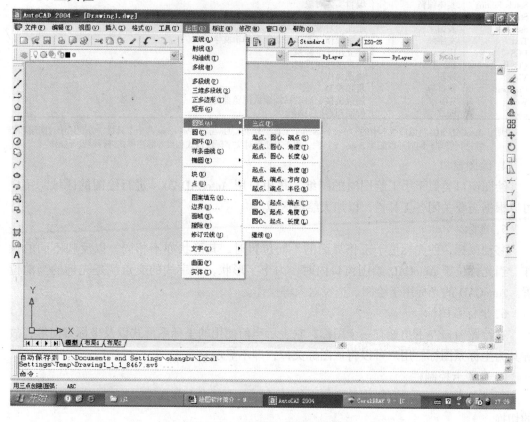

图 3-71　"绘图"项的下拉菜单

AutoCAD 2004 提供有众多的工具栏。利用这些工具栏上的按钮，可以方便地启动对应的 AutoCAD 命令。默认设置下，AutoCAD 2004 要在工作界面上显示出 Standard（标准）、Properties（特性）、Styles（样式）、Layers（图层）、Draw（绘图）和 Modify（修改）工具栏。表 3-7 列出了 AutoCAD 2004 拥有的全部工具栏及其功能。

AutoCAD 2004 工具栏及其功能　　　　　　　　　　　　　　　　表 3-7

工具栏名称	中文名称	功　　能
3D Orbit	三维动态观察器	控制三维图形显示
CAD Standards	CAD 标准	CAD 标准设置
Dimension	标注	标注尺寸
Draw	绘图	二维绘图操作
Inquiry	查询	查询操作（如查询面积、长度等）
Insert	插入	插入操作（如插入块、外部参照、图像等）

工具栏名称	中文名称	功　　能
Layers	图层	图层操作
Layouts	布局	布局设置
Modify	修改	编辑图形对象
Modify Ⅱ	修改Ⅱ	编辑复杂图形对象
Object Snap	对象捕捉	捕捉特殊点
Properties	特性	图形特性设置（如设置绘图颜色、线型、线宽等）
Refedit	参照编辑	编辑块或外部参照
Reference	参照	外部参照操作
Render	渲染	渲染操作（如设置光源、材质、背景、场景、进行渲染等）
Shade	着色	对三维对象着色
Solids	实体	绘实体对象
Solids Editing	实体编辑	编辑实体对象
Standard	标准	常用操作（如新建图形文件、打开已有图形文件、保存图形、打印图形等）
Surfaces	表面	绘曲面对象
Text	文字	文字操作（如标注文字、编辑文字等）
UCS	UCS	建立用户坐标系
UCS Ⅱ	UCSⅡ	用户坐标系控制
View	视图	视图操作
Viewports	视口	视口控制
Web	Web	超级链接、启动系统默认浏览器等
Zoon	缩放	控制图形的显示

说明：AutoCAD 2004 将以前版本中的 Object Properties 工具栏分成了 Layers 和 Properties 两个工具栏，分别用于对图层和特性进行管理；同时还增加了 Styles 工具栏，用于方便地对文字标注样式和尺寸标注样式进行设置等操作。

4．绘图窗口

绘图窗口类似于手工绘图时的图纸，是用户用 AutoCAD 2004 进行绘图的区域。用户可以根据需要关闭各工具栏，以加大绘图区域。

5．光标

移动鼠标，使光标位于工作界面的不同位置时，其形状亦不相同，以反映不同的操作。当光标位于 AutoCAD 绘图窗口内时，为十字形状，十字线的交点就是光标的当前位置。AutoCAD 的光标用于绘图、选择对象等操作。

6．坐标系图标

在绘图窗口左下角处有一个图标，它表示当前使用的坐标系形式以及坐标方向等，故称其为坐标系图标。用户可以将该图标关掉，即不显示它。

7．选项卡控制栏

通过单击选项卡控制栏中的选项卡标签或按钮，可以方便地实现模型空间与布局之间的切换。

8．状态栏

状态栏位于 AutoCAD 2004 用户界面的最下面。它显示当前光标的坐标、正交模式、栅格捕捉、栅格显示等的信息以及当前的作图空间。

9．命令窗口

命令行位于绘图区的下方，它是用户操作命令输入的地方。在输入操作命令后，命令行将显示 AutoCAD 2004 的信息和一些提示，以利于用户正确操作。

注意：对下拉菜单的操作，命令行会产生相应的反应。

二、AutoCAD 命令、数据的输入方式

一般情况下用户可通过以下方式执行 AutoCAD 命令：

1．通过键盘输入命令

当命令窗口中命令行上的提示为 Command：时，可通过从键盘输入要执行的命令后回车的方式执行对应命令，但这种方式需要用户记住 AutoCAD 的命令。

2. 通过菜单执行命令

单击对应的菜单项，可执行 AutoCAD 的相应命令。

3. 通过工具栏执行命令

单击对应工具栏上的对应按钮，也能够执行 AutoCAD 的相应命令。

很显然，后两种命令执行方式较为简单。完成某一命令的执行过程后，如果需要重复执行该命令，除可以通过上述三种方式执行该命令外，还可以用以下方式重复执行命令：

➤直接按键盘上的 Enter（回车）键；

➤使光标位于绘图窗口，单击鼠标右键，AutoCAD 弹出快捷菜单，在菜单的第一行显示重复执行上一次执行命令的菜单项，单击该菜单项即可重复执行对应的命令。

图 3-72　绘图（Draw）　　　图 3-73　编辑（Edit）　　　图 3-74　编辑（Modify）
　　　下拉菜单　　　　　　　　　下拉菜单　　　　　　　　　下拉菜单

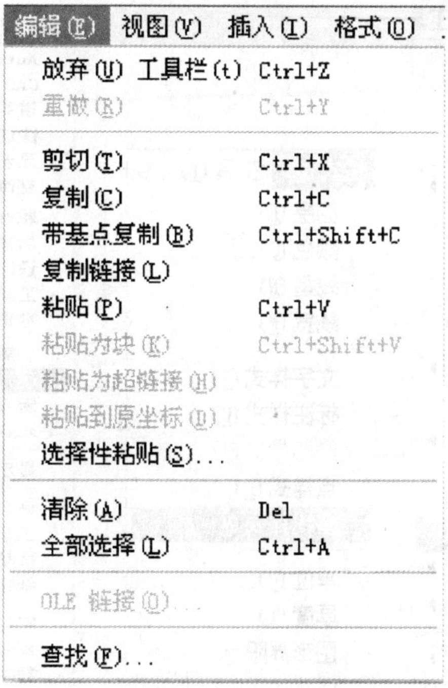

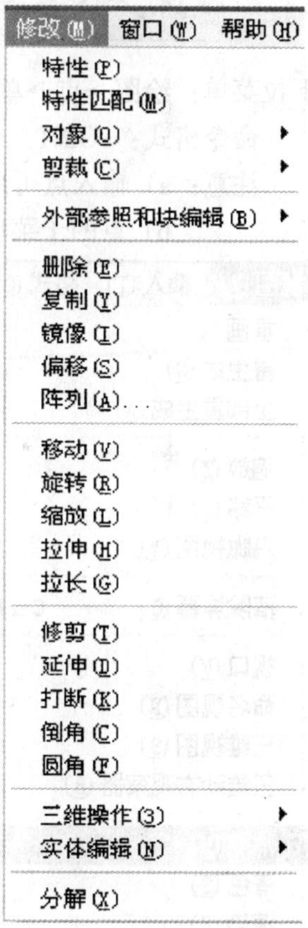

此外，在命令的执行过程中，用户可以通过按 Esc 键或单击鼠标右键，从弹出的快捷菜单中选择 Cancel 项来终止命令的执行。

三、AutoCAD 的基本功能、基本绘图命令

1. AutoCAD 的基本功能

AutoCAD 的基本功能有：

（1）基本绘图功能（Draw）。该功能包含的有关命令见图 3-72。

（2）图形编辑功能（Edit 和 Modify）。该功能包含的有关命令见图 3-73 和图 3-74。

（3）显示控制功能（View）。该功能包含的有关命令见图 3-75。

（4）绘图工具(Format、tools 和 Dimension)。该工具包含的有关命令见图 3-76、图 3-77 和图 3-78。

2．AutoCAD 的基本绘图命令

AutoCAD 的绘图命令很多。这里只介绍 AutoCAD 2004 中几个最基本的绘图命令（Point、Line、Circle 和 Arc），应用这些命令可以绘画一些简单的平面图形。

（1）画点命令

图标菜单

下拉菜单：绘图→点→单点

命令格式：POINT ↙

注意：a）输入点可用鼠标拾取或键盘输入。

b）点的子菜单还有三个功能：多点、定数等分、定距等分。

图 3-75　视窗（View）
下拉菜单

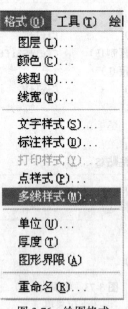

图 3-76　绘图格式
（Format）下拉菜单

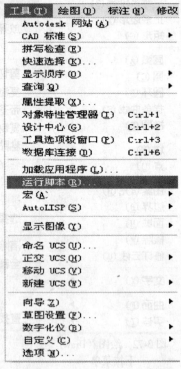

图 3-77　工具（Tools）下拉菜单

（2）画直线命令

图标菜单

下拉菜单：绘图→直线

76

命令格式：LINE ↙

注意：a）可通过输入直线两端点坐标来确定直线位置。

　　　b）也可以先输入第一点的坐标，再输入第二点的相对坐标、极坐标形式确定直线位置。

　　　c）还可以通过在屏幕上用鼠标拾取点的方式来确定直线的位置。

（3）画圆命令

图标菜单

下拉菜单：绘图→圆（子菜单见图 3-79）

命令格式：CIRCLE

注意：a）可根据圆心和圆的半径绘制圆。

　　　b）可根据圆心和圆的直径绘制圆。

　　　c）可根据指定两点且以这两点间的距离为直径绘制圆。

　　　d）可根据指定的三点绘制经过该三点的圆。

　　　e）可绘制与已有的两图形对象相切且半径为给定值的圆。

　　　f）可绘制与已有三个对象相切的圆。

（4）画圆弧命令

图 3-78　尺寸（Dimension）
　　　　下拉菜单

图标菜单

图 3-79　圆子菜单

图 3-80　圆弧子菜单

77

下拉菜单：绘图→圆弧（圆弧子菜单见图3-80）

命令格式：ARC

注意：a）可根据三点绘制圆弧。

　　　b）可根据圆弧的起始点、圆心以及终止点绘制圆弧。

　　　c）可根据圆弧的起始点、圆心以及圆弧的包含角绘制圆弧。

　　　d）可根据圆弧的起始点、圆心以及圆弧的弧长绘制圆弧。

　　　e）可根据圆弧的起始点、终止点以及圆弧的包含角绘制圆弧。

　　　f）可根据圆弧的起始点、终止点以及圆弧在起始点处的切线方向绘制圆弧。

　　　g）可根据圆弧的起始点、终止点以及圆弧的半径绘制圆弧。

　　　h）可根据圆弧的圆心、起始点、终止点绘制圆弧。

　　　i）可根据圆弧的圆心、起始点以及圆弧的包含角绘制圆弧。

　　　j）可根据圆弧的圆心、起始点以及圆弧的弦长绘制圆弧。

　　　k）可绘制连续圆弧。

第五节　排水工程管线识图

一、排水管线平面图

城市道路路线平面图是应用前节讲过的正投影画俯视图的方法，结合标高投影按一定比例所绘制的带状线路图。路线平面图也就是按一定范围和方向绘制的带状地形图，它有一定的比例尺寸。城市道路一般采用1:2000地形图定线，1:500地形图做平面设计，线路图上座标均采用国家规定的北京座标系（而深圳采用的是深圳市独立座标系），高程一律采用黄海标准高程系。平面图上均标有指北方位，个别图上未标的，可以认定它是标准图的方位，即上北下南，左西右东。

在现状地形图上，根据现场踏勘选线和室内精心计算，确定所要修建的工程内容，用不同线条画到带状地形图上去叫做平面设计。平面设计的内容包括道路中心线（单称中线），路线桩号（也叫里程），道路建筑红线（也叫规划线），道路平面线，各种管线布置、林带、树穴、花坛布局等。

（一）道路中线是路线走向的轴线，一般采用细线分段加点来表示，如・—・— 。

（二）路线里程是表示道路分段和连续长度的数字注记，通常与中线结合来表示，如 $0+080.0+100.$　　　　。

（三）道路平面线及其他：用粗实线来表示道路建筑红线、重车道、轻车道，绿化隔离带、人行道、树穴、花坛等。

排水管线平面布置一般与道路平面布置同时考虑布设，通常情况下，排水管线布置在道路的慢车道上。在排水管线平面图上，道路平面线及其他均用细实线表示。如图3-81深圳湾三路北段排水管道平面图是在道路平面图上进行的排水管线布设。图中有雨水暗渠、污水管及其预留管的布设，雨水暗渠及检查井用 —γ———⊖— 表示，污水管用表示。从图上可以看出管线的排水方向，平面连接关系，检查井和雨水集水井的位置。通常，检查井均要按顺序进行编号（如 WA3-1～WA3-8 表示深湾三路污水井有 8 座），雨、污水要分开来编，这样不致相互混淆。在平面图上看清了管线的位置，走向和相互关系后，还要用图上所标的桩号在实地对照落实，尤其是道路交叉口的管线关系要搞清楚。如 WA3-1 号井位的确定，它的井位桩号是 0+016，这说明它是在深圳湾三路北段起点（设计分界线上，坐标为：X-18096.521，Y-106088.040 处）往南 16m 处。从道路终点处的距离标注可以看出污水管线在道路中心线以西 4.5m 处，即 WA3-1 号井位点距路中心线为 4.5m。这样就确定了 WA3-1 号井位的具体位置。同样可确定其他污水井，雨水井及雨水口的具体位置。

从图 3-81 可看出，道路为南北方向，设计的起止点全长 278.47m（0+000～0+278.47），北面与白石洲路已施工好的路口相接，南面与白石三道路口相接。污水管位（WA3-1～WA3-8）在道路中心线偏西 4.5m 处埋设，另有一段连接管（WA3-1～已设计污水井），污水流向为由北向南，北起白石洲路口已设计污水井（桩号为 0+000）到设计终点线（桩号为 0+278.47）全长为（278.47-16+16.82=279.29）279.29m，设检查井 8 座，管径为：0+000～0+066 段 D400；0+066-0+278.47 段 D500。另 WA3-3，有预留井 WA3-3a 一座，预留管 16.5m，管径 D300；同样 WA3-6 也有。

雨水渠为两孔断面 1800×1800 暗渠，两孔渠中间隔墙位于道路中心线正下方位置，雨水自设计起点（桩号 0+000），到设计终点（桩号 0+278.47）全长 278.47m，雨水由北向南排放到深圳湾三路南段的后续方渠。雨水渠设检查井 7 座（YA3-1～YA3-7），雨水口共 17 个，例 YA3-1 有 3 个雨水口及 3 条雨水支管，同样其他雨水井也有，YA3-2 井另有两个雨水预留井 YA3-2a，YA3-2b 及两段 12m 长的 D600 预留过路管。

二、管线纵断面图

排水管线大部分埋入道路以下，故管线和道路纵断面通常合在一起表示，它的格式与道路纵断面图一样。如图 3-82 的污水管道纵断面图，它的图首格式有桩号，设计路面标高（米），管内底标高（米），检查井直径（毫米），检查井标准图集号，坡度和管径（毫米），节点间距（米），管材，管道基础，节点（检查井）编号等，纵向标高比例为 1:100，横向距离比例为 1:500，结合平面图 3-81 可以看出，每一个检查井的纵断面和附近的道路设计线及，地面标高，检查井管内底标高，检查井直径大小，检查井建筑施工标准图集号；图上 0+000 到 0+066 段的管线长度为（17+20+30=67）67m，纵坡为 2‰，污水管管径为 D400；WA3-1 与 WA3-2 间距为 20m；还可以看出每个检查井的井面标高和井底标高，如 WA3-1 井面标高为 5.10，井底标高为 -0.50，可知此井深 5.60m（此井路面标高5.10 减此井管底标高 -0.50 得 5.60m）。但图上没有列出设计管段的流量 Q、流速 V，应参见设计计算说明书。

三、横断面图

排水管线横断面图较为简单，如图 3-83 污雨水管线横断面图比例为 1:200，上面部分为道路横断面，下面部分为管线横断面，道路中线正下方为雨水两孔箱涵，道路中心线往西 4.5m（12/2-1.5=4.5）为污水管位。在横断面上，参照图例还可看到埋设的通讯管线 T，燃气管线 M、路灯管线 D、给水管线 J、电力管线 N 等各种地下管线。一条道路的综合管线平面图有各种管线的平面布置，排水管线只是道路上管线的一种，在后面详述。

四、标准图

排水管线工程结构图较为复杂，在一条线路中有不同类型的各种构筑物，为了设计、施工统一标准化，附特殊结构外，一般各种构筑物均有国家规定的标准图，设计时应在排水管道设计施工说明及图例中列明。下面简要地介绍几种常用的标准图。

（一）排水管接口图：图 3-84 是承插管接口标准图，左上图为接口横断面，外圈为承插口，内圈为承插管，中间空隙部分为接口填充物。右上图和左下图为接口纵断面，上层为承插口，下层为承插管，中间空隙部分为接口填充物，右上图为沥青膏接口，左下图为水泥砂浆接口。

（二）砖砌圆形检查井标准图——图 3-85 是 $\phi1250mm$ 砖砌圆形雨水检查井，适用于 $D=600\text{-}800mm$ 管径雨水管线，左下图是平面图，D_1 和 D 是干管，D_2 是收水井支管，干管与支管交角 α 要在 $90° - 135°$ 之间，井壁厚为 240mm，井基较井壁宽 50mm，井底直径 1250mm，井盖采用 $\phi700mm$ 铸铁制品。左上图是平面图的纵剖面（即 1-1 剖面），它从井体基础开始到井上地面为止作了详细剖示，井基直径为 1830mm，采用 C10 素混凝土，井墙为 240mm 砖墙，管上 200mm 以下用 1:2 水泥砂浆抹面，厚度为 20mm，管上 200mm 以上用 1:2 水泥砂浆勾缝。深圳市所有检查井内壁一般都采用水泥砂浆批刮抹面。井盖铸铁基座安装要座浆，不能直接放在井墙上。右上图是井体横剖面（即 2-2 剖面），它主要表示了三个问题，一是井底流水槽为管径的二分之一（即图中的 $D_1/2$）；二是铁爬梯的宽度和高度（即图上的宽为 300mm，高为 360mm）。三是井筒高度不能小于 220mm。图 3-86 是 $\phi1250$ 砖砌圆形污水检查井，适用于 $D=600\sim800mm$ 管径污水管线，视图表示方法和图 3-85 一样，仅有一点不同之处，就是右上图，污水检查井流水槽深度和所设管径尺寸相同（即 $D_1=$ 流水槽深度）。

（三）雨水口井标准图——图 3-87 是偏沟式单篦雨口（铸铁篦子）标准图，左下图是平面图，主要表示了雨水口砌筑范围，左右各距井篦圈 1000mm，下方距井篦圈 500mm，左右下角标有示坡线，表示向雨水口方向的坡度，道牙安装接缝要求在雨水口中间，雨水支管为 $D=200mm$。左上图为雨水口纵剖面，图中可看出雨水口井内长 680mm，井墙为 240mm，基础较井墙四面各放出 50mm，总长为 1260mm，采用 C10 混凝土，厚 100mm。井底用 C10 豆石混凝土浇筑，厚度为 50mm，管口部分稍低于两侧，以利排水。井口部分篦圈为钢筋混凝土预制品，座浆稳固地安置于井墙上。目前深圳较多采用的是铸铁算圈与雨水算配套使用。路面左右延长 1000mm，按百分之三坡度内倾，以利收水（1000mm 即降低 30mm）。右上图为雨水口横剖面，井室宽为 380mm，井墙为 240mm 砖墙，基础同左图，左方道路横坡取百分之六，长 500mm。

五、综合管线识图

综合管线图是在道路平面图上进行的各种管线的整体布设。如图 3-88 为深圳湾三路北段的综合管线图。图中有雨水暗渠及其检查井以 ─Y─ ─ ─⊙─ 表示，污水管及其检查井以 ─●─W─ 表示，给水管及其阀门井以 ─⊗─J─ 表示，消火栓及其阀门井以 └⊗─●─ 表示，通信管及其人孔以 ─⊙─T─ 表示，照明电缆及灯杆以 ◯ D 表示，电力电缆沟以 ─────N── 表示，燃气管及其阀门井以 ─⊗─M── 表示。从图上可以

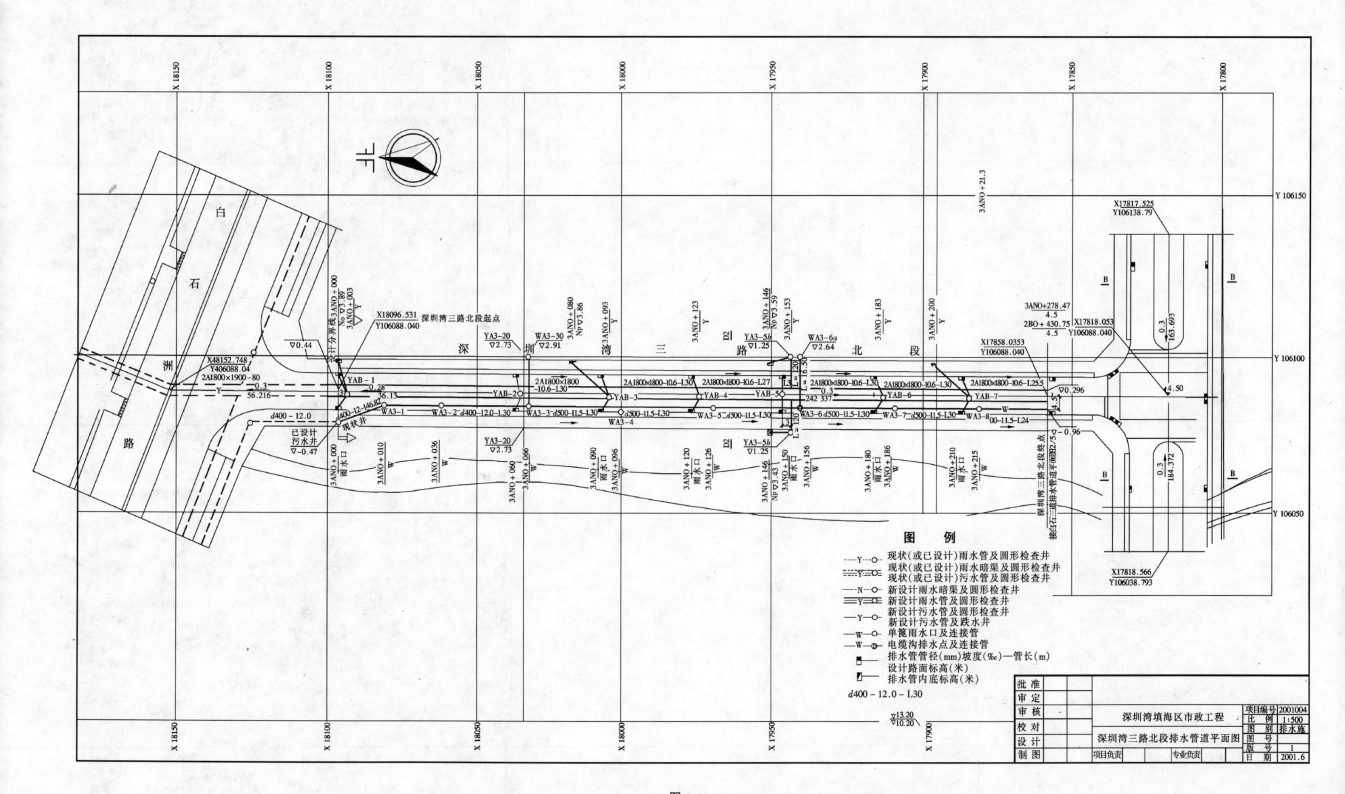

图 3-81

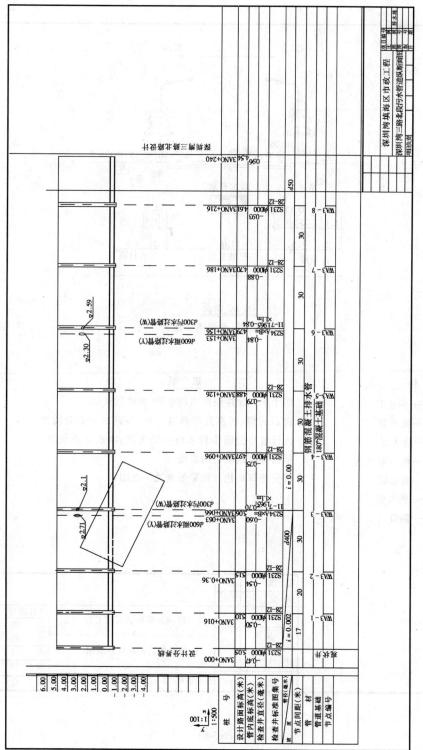

图 3-82

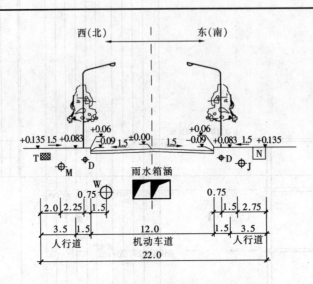

D2-D2 断面

（白石二道、深圳湾三路）

图　例

W——污水管

Y——雨水管

J——给水管

N——电力电缆沟

T——通信管

M——燃气管

D——路灯

说　明

1. 图中单位除注明外均以米计,坡度以%计。

2. 白石三道、四道及深圳湾一路、四路靠中心公园侧
   人行道与公园步行系统一同考虑,本次暂不设计,
   但留有管线敷设的宽度。

3. 部分路口渠化及拓宽处理见平面图。

批　准			深圳湾填海区市政工程				项目编号	
审　定							比　例	1:200
审　核							图　别	
校　对							图　号	
设　计			排水管道标准横断面图				版　号	
制　图			项目负责				日　期	

图 3-83

82

材料表（每个接口）

管径 D	沥青油膏接口 沥青油膏 m³	水泥砂浆接口 水泥砂浆 m³
150	0.0003	0.0006
200	0.0004	0.0009
250	0.0005	0.0011
300	0.0006	0.0015
350	0.0008	0.0021
400	0.0010	0.0028
450	0.0012	0.0034
500	0.0014	0.0041
600	0.0018	0.0057

废机油 44.5   石棉灰 77.5
滑石粉 119

二、水泥砂浆接口：
1. 水泥砂浆接口为刚性接口，一般适用于雨水管道。
2. 材料为1：2水泥砂浆。
3. 施工时，在插口外壁及承口内壁均应刷净。

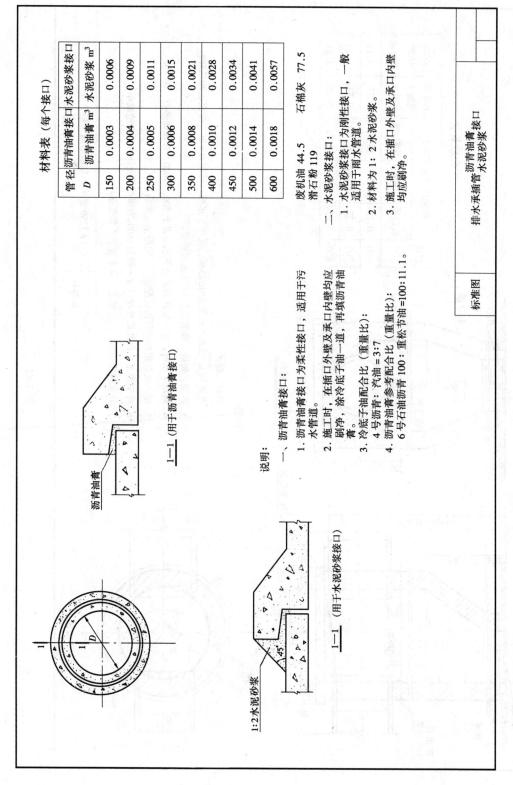

1：2水泥砂浆

1—1（用于水泥砂浆接口）

沥青油膏

1—1（用于沥青油膏接口）

说明：

一、沥青油膏接口：
1. 沥青油膏接口为柔性接口，适用于污水管道。
2. 施工时，在插口外壁及承口内壁均应刷净，涂冷底子油一道，再填沥青油膏。
3. 冷底子油配合比（重量比）：
   4号沥青：汽油＝3：7
4. 沥青油膏参考配合比（重量比）：
   6号石油沥青100：重松节油＝100：11.1。

标准图　排水承插管　沥青油膏　水泥砂浆接口

图 3-84

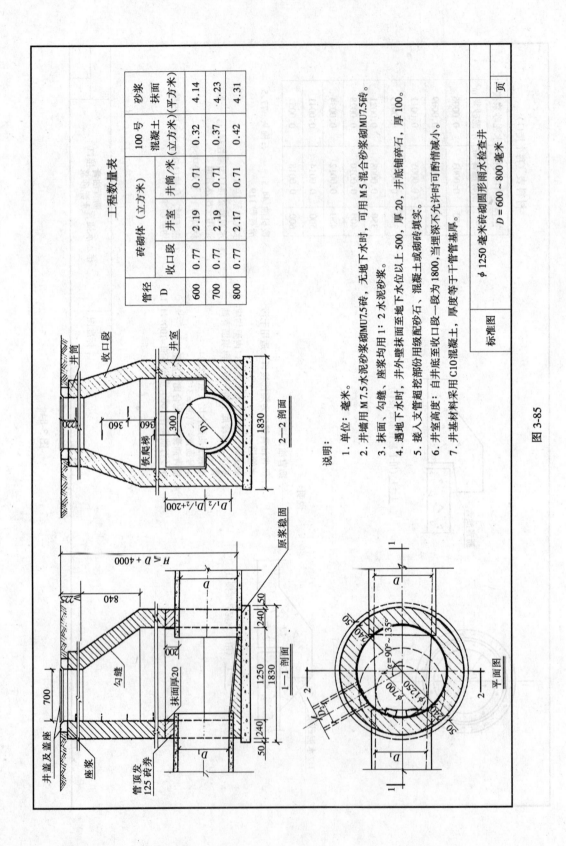

工程数量表

管径	砖砌体（立方米）			100 号		砂浆
D	收口段	井室	井筒/米	混凝土（立方米）		抹面（平方米）
600	0.77	2.19	0.71	0.32		4.14
700	0.77	2.19	0.71	0.37		4.23
800	0.77	2.17	0.71	0.42		4.31

说明：

1. 单位：毫米。
2. 井墙用 M7.5水泥砂浆砌MU7.5砖，无地下水时，可用 M5混合砂浆砌MU7.5砖。
3. 抹面、勾缝、座浆均用 1：2 水泥砂浆。
4. 遇地下水时，井外壁抹面至地下水位以上 500，厚 20，井底铺碎石，厚 100。
5. 接入支管超挖部份用级配砂石，混凝土或砌砖填实。
6. 井室高度：自井底至收口段一段为1800，当埋深不允许时可酌情减小。
7. 井基材料采用 C10混凝土，厚度等于干管基厚。

ϕ 1250毫米砖砌圆形雨水检查井
D＝600～800 毫米

标准图

图 3-85

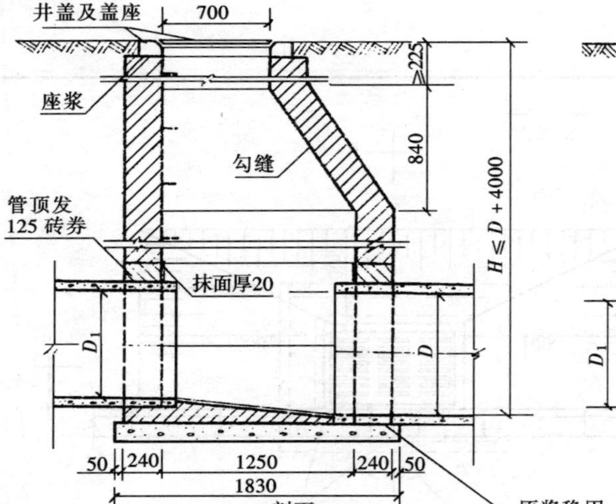

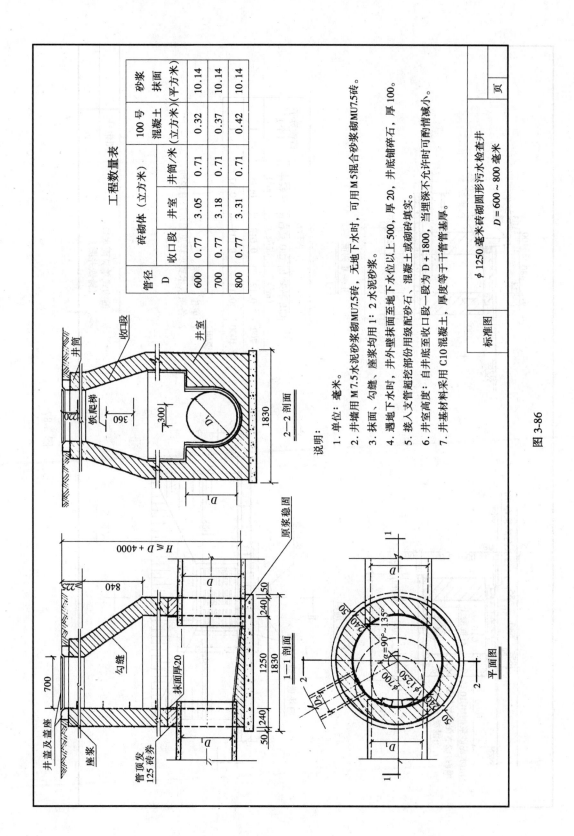

1—1 剖面

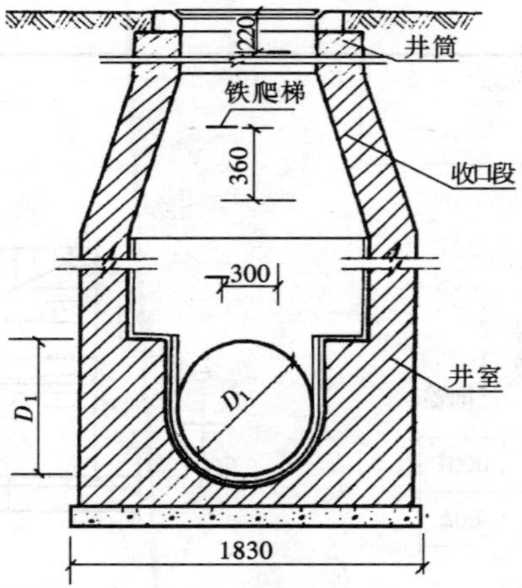

2—2 剖面

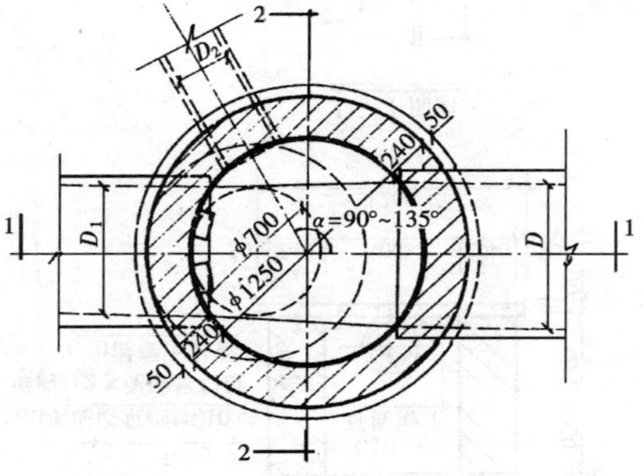

平面图

工程数量表

管径 D	砖砌体（立方米）			100 号混凝土（立方米）	砂浆抹面（平方米）
	收口段	井室	井筒/米		
600	0.77	3.05	0.71	0.32	10.14
700	0.77	3.18	0.71	0.37	10.14
800	0.77	3.31	0.71	0.42	10.14

说明：

1. 单位：毫米。
2. 井墙用 M 7.5 水泥砂浆砌MU7.5砖，无地下水时，可用 M 5混合砂浆砌MU7.5砖。
3. 抹面、勾缝、座浆均用 1∶2 水泥砂浆。
4. 遇地下水时，井外壁抹面至地下水位以上 500，厚 20，井底铺碎石，厚 100。
5. 接入支管超挖部份用级配砂石、混凝土或砌砖填实。
6. 井室高度：自井底至收口段一段为 D + 1800，当埋深不允许时可酌情减小。
7. 井基材料采用 C10 混凝土，厚度等于干管管基厚。

标准图	ϕ 1250 毫米砖砌圆形污水检查井 $D = 600 \sim 800$ 毫米	页

图 3-86

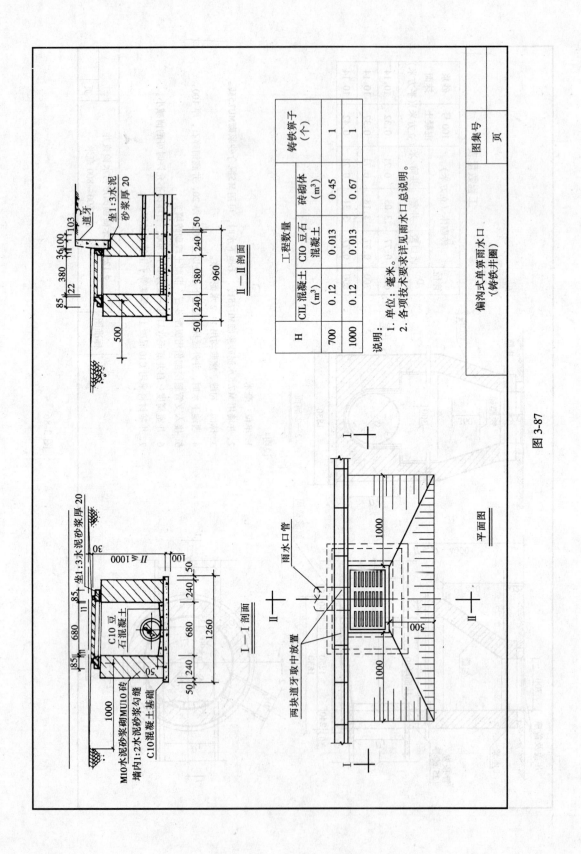

H	CIL混凝土 (m³)	工程数量		铸铁箅子 (个)
		C10豆石 混凝土	砖砌体 (m³)	
700	0.12	0.013	0.45	1
1000	0.12	0.013	0.67	1

说明:
1. 单位:毫米。
2. 各项技术要求详见雨水口总说明。

Ⅱ—Ⅱ剖面

Ⅰ—Ⅰ剖面

平面图

两块道牙取中放置

偏沟式单箅雨水口
(铸铁井圈)

图3-87

图集号

页

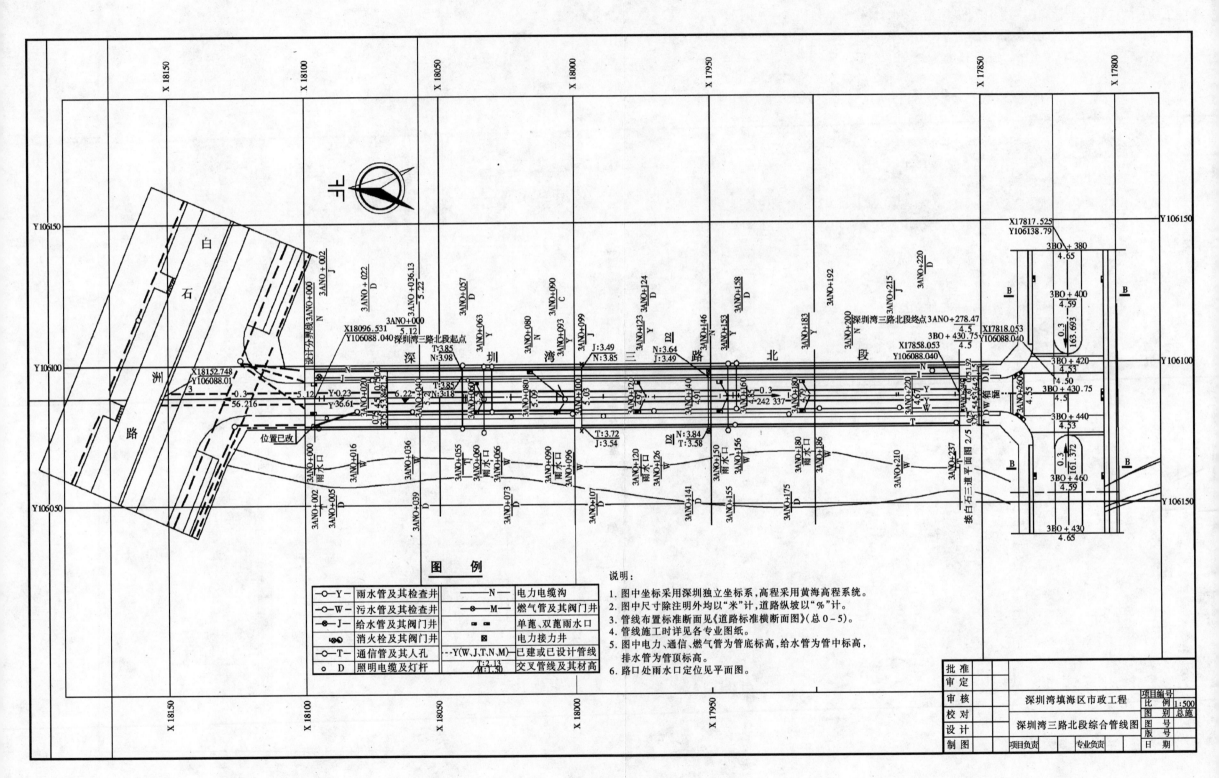

图 例

─○─Y─ 雨水管及其检查井	──N── 电力电缆沟
─○─W─ 污水管及其检查井	──M── 燃气管及其阀门井
─○─J─ 给水管及其阀门井	▪▪ 单蓖、双蓖雨水口
消火栓及其阀门井	☒ 电力接力井
─○─T─ 通信管及其人孔	--Y(W,J,T,N,M)- 已建或已设计管线
○ D 照明电缆及灯杆	T:2.13 / M:1.50 交叉管线及其材高

说明:
1. 图中坐标采用深圳独立坐标系,高程采用黄海高程系统。
2. 图中尺寸除注明外均以"米"计,道路纵坡以"%"计。
3. 管线布置标准断面见《道路标准横断面图》(总0-5)。
4. 管线施工时详见各专业图纸。
5. 图中电力、通信、燃气管为管底标高,给水管为管中标高,排水管为管顶标高。
6. 路口处雨水口定位见平面图。

批 准		深圳湾填海区市政工程	项目编号	
审 定			比 例	1:500
审 核			图 别	总施
校 对		深圳湾三路北段综合管线图	图 号	
设 计			版 号	
制 图	项目负责	专业负责	日 期	

图 3-88

看出各管线的平面布置，连接关系，管线上附属设施的位置，管线交叉处的管位标高。结合图上所标的桩号、坐标和距离标注可以确定各附属设施的具体位置。从图上可看出：3.6m 宽的雨水箱涵中心线与道路中心线重合，道路中心线往东 6.75（3.6/2 + 4.2 + 0.75 = 6.75）是照明电缆及灯杆位置线；道路中心线往东 8.25（3.6/2 + 4.2 + 0.75 + 1.5 = 8.25）m 是给水管位置线；道路中心线往东 10.17（3.6/2 + 4.2 + 0.75 + 1.5 + 1.92 = 10.17）m 是电力电缆沟位置线，道路中心线往西 4.5（3.6/2 + 2.7 = 4.5）m 是污水管线；道路中心线往西 6.75（3.6/2 + 2.7 + 1.5 + 0.75 = 6.75）m 是照明电缆及灯杆位置线；道路中心线往西 10.5（3.6/2 + 2.7 + 1.5 + 0.75 + 3.75 = 10.5）m 是通信管及其人孔位置线。

本 章 小 结

本章概述了制图的基础知识及 AutoCAD 简介，投影基本知识，结合制图及投影基本知识，讲述了深圳湾三路北段雨、污水管线图的识图方法及常用检查井、雨水口的识图方法。

复 习 思 考 题

1. 什么是平行投影？将一条平行于投影面的 10m 长的细直电线 AB 按 1:100 的比例投影在纸上。

2. 作一个三棱柱的三面投影图。

3. 在图 3-81 排水管道平面图中，指出 WA3-4 污水检查井的桩号位置及离路中心线的距离；指出 WA3-3—WA3-4 段污水管的管径、坡度、长度、流向。结合图 3-82 指出 WA3-4 污水井井底标高，计算检查井深度。

4. 在图 3-88 中，计算污水管和通信主管的间距。

第四章 排水工程测量基本知识

第一节 施工测量概述

测量学是一门量测地球表面形状和大小的科学。它具体是使用各种测量仪器和方法，研究测量地区的有关情况，并将所得的结果直接用数值表示或缩绘成图，以满足国家建设的需要。工程测量是专门研究将测量学的原理和技术应用于各种工程建设中的实用科学，施工测量则是工程建设施工阶段的测量工作。

一、施工测量的任务和要求

每项工程建设都离不开勘察、设计、施工和竣工验收这几个阶段。施工测量的任务就是将经过设计确定的拟建对象的位置和大小，按设计图纸的要求测设在地面上以便施工，这种工作通常称为测设，也称施工放样或放线。由于施工测量的结果直接影响到工程建设的成果能否达到预期的目的，因此，施工测量要求做到准确无误，符合国家有关规范规定的精度要求。

二、测量的对象及基本概念

在工程建设的施工阶段，测量的对象就是拟建的工程项目。测量的主要目的及工作内容是确定点与点之间的相对位置，也就是要确定点的平面位置和高程位置，但在实际工作中常常不是直接测量点的坐标值和高程，而是观测点之间的距离、角度（或方向）和高程差。因此，高程、角度和距离是确定地面点位的三个基本要素，而高程测量、角度观测和距离丈量则是测量工作的基本内容。

第二节 测量工具仪器简介

在测量的三个基本要素中，距离测量是大家比较熟悉也经常遇到的，它一般使用皮尺、钢尺、测距仪等来完成，具体视测量的精度要求来确定；角度测量则使用经纬仪来进行，目前主要有光学经纬仪及电子经纬仪，精度也有 $6''$、$2''$、$1''$ 等多种，供不同的测量要求选择；高程测量使用水准仪来完成，主要是光学水准仪，也有电子水准仪。应用较广泛的是光学水准仪中的自动安平水准仪，同样有多种精度，供不同测量要求选用，电子水准仪目前较少使用。

一、皮尺、钢尺、测距仪

皮尺、钢尺（见图 4-1）和测距仪都是进行距离测量的基本工具。皮尺和钢尺均为带状，不使用时

图 4-1 皮尺、钢尺

可卷起，宽度一般为 1~1.5cm，长度有 20m、30m 及 50m 等几种。皮尺和钢尺一般以厘米为基本分划，适用于一般的量距。但有的钢尺虽也以厘米为基本分划，其尺端第一分米内有毫米分划，更有的直接以毫米为基本分划，这些都适用于较精密的丈量。而当丈量距离的两点之间不平坦或距离较长时，我们便需要使用测距仪。测距仪是一种较为精密的距离测量工具，主要有红外测距仪及激光测距仪，它们分别采用红外线及激光作为测量距离的介质。

二、经纬仪（光学经纬仪及电子经纬仪）

经纬仪（见图 4-2）是进行角度测量的工具，目前在生产活动中主要使用的有光学经纬仪和电子经纬仪。

经纬仪主要由基座及照准部两部分组成。基座用于将仪器固定在三脚架上，而照准部用于对准测量目标并读出读数（在生产实践中，一般既测量水平角度，同时也测量垂直角度），以便计算角度。采用光学原理读出读数的为光学经纬仪，而采用电子原理读出读数的则为电子经纬仪。

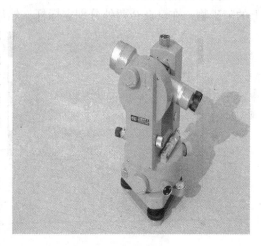

三、水准仪

水准仪（见图 4-3）是进行高程测量的工具，它同样有基座及照准部。基座用于将仪器固定在三脚架上，照准部则用于对准测量目标——水准尺，以便得到读数，当前在生产中广泛使用的是自动安平水准。水准尺

图 4-2　经纬仪

（见图 4-4）是与水准仪配套使用的高程测量辅助工具，它是木质或铝质的直尺，宽度一般为 5~8cm，长度有 3m 和 5m 两种，工程上常用的为 5m 长的折叠铝质直尺。没有水准尺，只有水准仪是无法进行高程测量的。

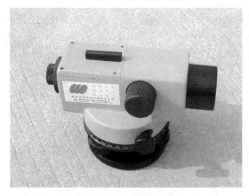

图 4-3　水准仪

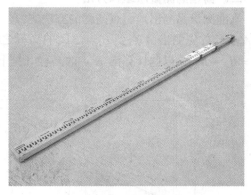

图 4-4　水准尺

四、全站仪及 GPS

随着科学技术的日益发展，传统的测量仪器也在不断地加以改进。20 世纪 90 年代，出现了全站仪和 GPS 测量技术。全站仪（Total Station）是集经纬仪、测距仪及微型计算机于一身的自动化测量工具，它可以迅速地对测量目标进行精确定位，效率高，使用方便快

捷，目前已经在各个测量生产领域中得到普遍应用；GPS 是全球定位系统（Global Positioning System）的英文缩写，它是一种通过接收卫星信号，对测量目标进行精确定位的测量工具，它有高效、准确、省时省力等优点，是传统测量工具的革命性发展，但由于其价格昂贵，当前在生产中还没有普遍使用。

第三节　测量原理和方法

一、距离的测量原理和方法

距离的测量首先应进行定线。如下图所示：需要丈量直线 AB 的距离，应先清除直线上的障碍物，在 A、B 两处分别立标杆，然后由一人站在离 A 标杆 $1\sim2m$ 处，观测 B 处

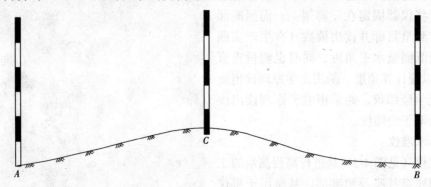

的标杆，再由另一人持标杆 C 在 A、B 之间竖立（A、C 之间的距离应小于整尺段的长度）。当 A、B、C 三根标杆在视线上重合时，即表明 A、B、C 三点在同一直线上，量出 AC 的距离；按同样的方法依次在 CB 之间定点、量距，最后汇总即可得到 AB 之间的距离。在进行精确度要求较高的距离测量时，一般采用测距仪来完成。

二、高程的测量原理和方法

水准测量是测出地面点高程的方法之一。水准测量的基本原理是：若有一个已知高程的 A 点，首先测出 A 点到 B 点之间的高程之差，简称高差 h_{AB}，于是 B 点的高程 H_B 为 $H_B = H_A + h_{AB}$，以此计算出 B 点的高程（见下图）。

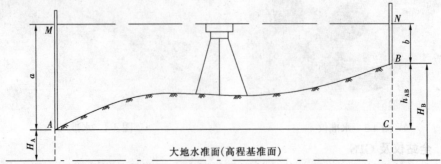

大地水准面（高程基准面）

那么，如何测出高差 h_{AB} 呢？如上图所示：在 A、B 两点上竖立两根尺子，并在 A、B 两点之间安置一架可以得到水平视线的仪器。这种尺子称为水准尺，所用的仪器则为水

准仪。设水准仪的水平视线截在尺子上的 M 及 N 处，读数分别为 a 及 b，由几何学原理我们可以得到计算 h_{AB} 的式子：$h_{AB} = a - b$。

在实际工作中，a、b 的值是用水准仪瞄准水准尺直接读出来的。因为 A 点为已知高程的点，通常称 a 为后视读数，而 b 则相应称为前视读数，即 $h_{AB} = $ 后视读数 $-$ 前视读数。高差 h_{AB} 本身可正可负，由 $h_{AB} = a - b$ 可知：当 a 大于 b 时，h_{AB} 值为正，这种情况是 B 点高于 A 点；当 a 小于 b 时，h_{AB} 值为负，即 B 点低于 A 点。无论 h_{AB} 值为正或负，$h_{AB} = a - b$ 都成立。为了避免计算中发生正负号上的错误，在书写高差 h_{AB} 的符号时必须注意 h 下面的小字 AB，也就是说，h_{AB} 是表示由已知高程的 A 点推算至未知高程的 B 点的高差。

另外，在实际工作中，往往遇到 A、B 两点相距较远或互相不通视的情况，这时可在 A、B 两点之间增加适当的临时点，依上述方法进行测量及计算，最终得到 A、B 两点之间的高差。

三、角度的测量原理和方法

为了测定地面点的平面位置，一般需要观测水平角。所谓水平角，就是地面上两直线之间的夹角在水平面上的投影，测量角度的仪器是经纬仪。在使用经纬仪观测水平角之前，必须将仪器安置在测站点上并进行整平和对中。整平的目的是使仪器的观测部件——照准部处于水平面上，以便正确地观测到水平角；对中的目的是使仪器的中心与测站点的标志中心处在同一垂直线上。水平角的观测方法如下：

如右图所示，要测量 OA、OB、OC 等方向之间的夹角，先在 A、B、C 处竖立标杆，然后将经纬仪安置在点 O 处，分别依次照准 A、B、C 各点的标杆并进行读数，则各个读数之差便为相应的夹角的大小。

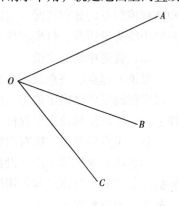

四、测量的新技术及发展简介

随着科学技术的不断发展，测量的方法及手段也在不断地改进。20 世纪 90 年代，出现了全站仪及 GPS 测量方法，它们是现代光、电、机技术及微型计算机技术相结合的产物，极大地提高了工作效率和测量精确度，同时减少了劳动强度。随着科技的进步，在不久的将来，更加现代化的测量技术终将产生。

第四节　雨水口和检查井的施工测量

雨水口和检查井是排水系统中必不可少的组成部分，在排水系统中有着重要的作用。在排水工程的施工中，必须对其进行准确的测量定位，才能确保工程的顺利进行。

一、雨水口和检查井的施工测量内容

雨水口和检查井的施工测量，主要是按施工图上设计的位置，将雨水口和检查井在实地上定出位置，以便进行施工。同时，在施工过程中，还需根据设计的高程，进行水准测量，以便控制高程，使工程竣工后能够符合设计的技术要求。

二、雨水口和检查井的施工测量方法

雨水口和检查井的施工测量，一般是根据具体情况，采用既能满足设计要求，同时又

简单快捷的方法来进行。

在市政排水工程中，转折点处的检查井一般是根据设计的坐标来进行定位的，具体采用坐标测量的方法来进行；而同一直线上的检查井则根据两井之间的距离来定位，具体采用距离测量的方法来进行；雨水口则是通过道路的边线来定出位置。而在小区排水工程中，雨水口和检查井一般均通过建筑物作为参照物进行定位，在这种情况下，使用皮尺或钢尺量距即可达到目的。另外，在雨水口和检查井的位置确定后，还需采用水准测量的方法对其高程进行控制，以便施工能够符合设计的技术要求。

第五节　管道施工测量放线

一、管道施工测量的内容

管道施工测量是按照施工图纸的设计位置，正确地将管线测设到地面上。具体过程首先是熟悉管道的设计图纸和资料，了解设计意图，熟悉现场情况，了解管线的走向，平面和高程控制点的分布情况，然后将规划设计的管道起点、终点、转折点等测设于地面上，并沿中线丈量距离，打里程桩，根据定线和设计的数据，测设施工过程中所需要的标志。

二、管道中线的定位

管道的起点、终点及转折点称为管道的主点，其位置在施工设计图上已经确定。管道中线定位就是将已确定的主点位置测设到地面上去，并用木桩标定。此外，在管道的中心线上以一定的里程设立里程桩，测设的方法应根据管道工程的具体情况及要求来决定。

管道主点的测设一般有图解法和解析法两种。

图解法是根据施工图上设计的管道与地面已有地物之间的相互关系确定其起终点及各转折点的位置。具体过程是用图解的方法直接量出测设数据，再根据量出的数据直接将管道的主点测设到地面上去。

解析法是较精确的方法。当施工图上给出管道主点的坐标，主点附近又有测量控制点时，可采用解析法反算测设数据，然后用极坐标法或交会法等解析方法将管道主点测设到地面上。

当管道主点测设完毕后，便可以在地面上定出管道中线，但在进行管沟开挖时，管道中线的里程桩会被挖掉，为了便于恢复中心线的位置，应在管道主点处的中线延长线上设置中线控制桩，这些中线控制桩应设置在不受施工破坏，引测方便的地方。

三、管道敷设放线

管道沟槽开挖后，应采用水准测量的方法，将施工图中有关管道位置的高程，由高程控制点引测出来。具体方法是在开挖后的沟槽边打上木桩，将高程引测到木桩上，然后根据管道相应位置的设计高程与木桩的高程进行比较，以便确定管道敷设后的垂直位置，然后再进行管道基础施工、管道敷设等工序。

管道敷设放线是管道施工的一个关键环节，它直接关系到管道施工的质量，在实际工作中有着重要的作用。

四、顶管施工放线

顶管施工是管道施工的新技术，其最大的优点是无需开挖地面，能在施工过程中保证相应地区交通秩序不受影响。顶管施工放线，就是将地面上的坐标、方向和高程传递到顶管基坑中，在基坑中标定出管道的设计中心线和高程，为管道的顶进指定方向和位置，以确保顶管施工在中线位置及高程上进行，符合施工图的设计要求。

顶管施工放线的测量一般也采用解析法来进行。具体方法是先将坐标和高程引测到顶管的基坑中，然后根据施工图的设计计算出放线数据，进行方向和高程的定位，以使得顶管施工符合设计要求。

本 章 小 结

本章讲述了测量的基本知识、测量的要素、各个测量要素的原理和方法、测量的常用仪器和工具、测量的新技术，重点简述了测量在管道工程中的应用以及管道工程施工的测量方法。

复 习 思 考 题

1. 什么是测量？
2. 测量有哪些基本要素？分别应如何进行测量？
3. 测量有那些仪器和工具？它们分别用于测量什么？
4. 雨水口和检查井的施工测量目的是什么？应采用什么方法进行测量？
5. 如何进行管道的施工放线？

第五章　排水工程主要结构物

第一节　排水管道

一、排水管的材质

常用排水管材有钢管、铸铁管、陶土管、钢筋混凝土管及混凝土管等。

（一）钢管与铸铁管：质地坚固、抗压、抗震性强，每节管较长，接头少。缺点是价格高昂，钢管抗酸碱的防蚀性较差，适用于受高内压、高外压或对抗渗漏要求特别高处，如泵站的进出水管，穿越其他管道的架空管，穿越铁路、河流、谷地等。

（二）陶土管：耐酸碱，抗蚀性强，便于制造。缺点是质脆，不宜远运，不能受内压，管节短，接头多，管径小，一般不大于 600mm。适用于排除侵蚀性污水或管外有侵蚀性地下水的自流管。

（三）钢筋混凝土管及混凝土管：优点是造价较低，耗费钢材少，大多数是在工厂预制，可根据不同的内压和外压分别设计制成无压管、低压管，预应力管及轻型（Ⅰ级）、重型（Ⅱ级）管等。缺点是管节较短，接头较多，大口径管重量大，搬运不便，容易被含酸含碱的污水侵蚀。钢筋混凝土管适用于自流管、压力管或穿越铁路（常用顶管施工）、河流、谷地（常做成倒虹管）等。混凝土管适用于管径较小的无压管。

以上几种管材应用比较广泛的是钢筋混凝土管。金属管和陶土管只在有特殊要求的管段使用，选用时应考虑就地取材，根据水质、断面尺寸、土壤性质、地下水位、地下水侵蚀性、内外所受压力以及现场条件、施工方法等因素进行选择。

二、排水管道基础

排水管道的基础，分为地基、基础和管座三个部分。

地基是指沟槽底的土壤部分。它承受管材和基础的重量、管内水重、管上土压力和地面上的荷载。管基要求落在原状土上，若地基上经扰动或遇承载力较低的软弱地基，须另作处理（如换填等）后才可施工管基。

基础是指管材与地基间的设施。基础的作用是增加地基的受力面积，当地基有地下水时，应在基础与地基之间设砂砾石垫层。

管座是在基础与管材下侧之间的部分，使管材与基础连成一个整体，以增加管道的刚度。

按照现行的标准图集，钢筋混凝

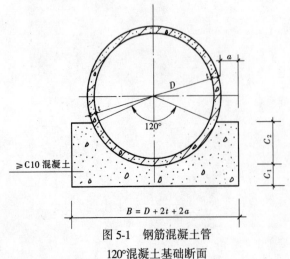

图 5-1　钢筋混凝土管
120°混凝土基础断面

土排水管设 90°、120°、180°、360°满包混凝土基础。90°混凝土基础适用于覆土 $0.7m \leqslant H \leqslant 2.0m$;120°混凝土基础适用于覆土 $0.7m \leqslant H \leqslant 3.5m$;180°混凝土基础适用于覆土 $4.0m < H \leqslant 6.0m$;360°混凝土基础适用于覆土 $6.0m < H \leqslant 8.0m$。见图 5-1、图 5-2、图 5-3。

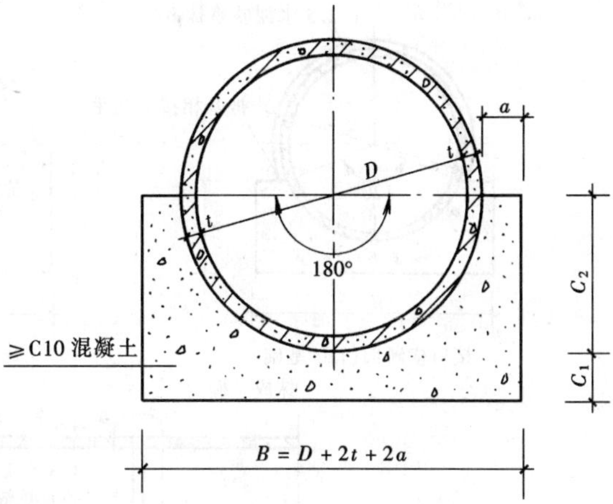

三、排水管道的接口

（一）刚性接口

1. 水泥砂浆接口

采用 1:2 水泥砂浆在承插口管接口处捻缝加抹三角灰，作法详见图 5-4。一般适用于小区内部无地下水的雨水管道。

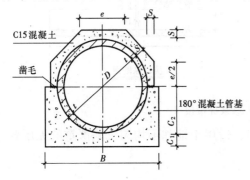

图 5-2　钢筋混凝土管
180°混凝土基础断面

2. 水泥砂浆抹带接口

采用 1:3 水泥砂浆在平口管接口处捻缝，外部再加抹 120mm 宽 1:2.5 水泥砂浆抹带，施工时接口在抹带宽度内管壁凿毛、刷净、润湿，抹带抹成半椭圆形，作法详见图 5-5。适用于无地下水的雨水管道。

3. 钢丝网水泥砂浆抹带接口

钢丝网水泥砂浆抹带接口是在普通水泥砂浆抹带中增加一层 20 号 10mm×10mm 钢丝网宽 180mm，搭接插入管基，其抹带宽为 200mm，砂浆与钢丝共同作用，以提高接口的牢固性，适用于雨、污水及合流管道，作法详见图 5-6。

4. 膨胀水泥砂浆接口

采用 1:1 膨胀水泥砂浆在企口管接口处捻缝，适用于开槽施工的雨、污水管道。

5. 石棉水泥打口接口

采用 3:7 石棉水泥在企口管接处打口，适用于开槽施工污水管道。

6. 现浇混凝土套环

平、企口管接口处采用 C20 混凝土配置 Ⅰ 级钢筋，起加强管道接口刚度的作用。

7. 预制外套环接口

企口管接口处采用钢筋混凝土外套环宽

图 5-3　混凝土管基满包混凝土加固（360°）

150 ~ 250 mm，套环与管材间隙用油麻宽 20，3:7 石棉水泥打口，用以提高管道纵向刚度，适用于需要加强或防渗要求较高的雨、污水管道，作法详见图 5-7。

（二）柔性接口

1. 沥青油膏接口

在管道接口处先刷冷底子油，然后用沥青、

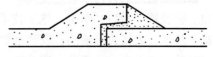

图 5-4　水泥砂浆接口（承插口）

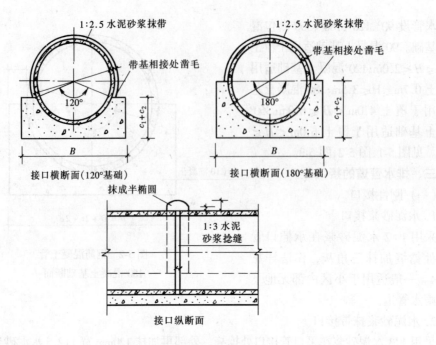

图 5-5　水泥砂浆抹带接口

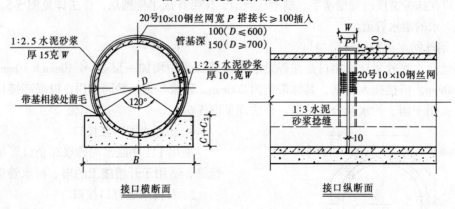

图 5-6　钢丝网水泥砂浆抹带接口

滑石粉、石棉等调配而成的沥青油膏嵌填接口，适用于地基不均匀沉陷严重的无压管道上，作法详见图 5-8。

2. 平、企口管预制外套环柔性接口

套环作法与前述预制套环接口相似，只是套环与管材间隙换作柔性填料外扎绑绳填严，适用于地基不均匀或有可能不均匀沉降的管段上，作法详见图 5-9。

3. 橡胶圈接口

橡胶圈材质适合污水管道使用，并与管材配套供应。施工具体工序是：选胶圈、清理管口、套胶圈、对口、牵引。施工技术要求：橡胶圈使用前必须逐个检查，不得有割裂、破损、气泡、大飞边等缺陷；安装前管口内外接触工作面应清洗干净；套在管道插口上的圆形橡胶圈应平直、无扭曲；安装时，橡胶圈应均匀滚动到位。

四、新型管材

（一）PCCP管

钢筒预应力混凝土管（Prestressed Concrete Cylinder Pipe）是管芯中间夹有一层 1.5mm 左右的薄钢筒，然后在环向施加一层或两层预应力钢丝，其生产制作工艺为：先切割焊接钢板异形卷管，其承插口工作面焊制特制的承插口环，然后在钢板管件内外作预应力钢丝网，喷抹水泥砂浆保护层，最后经蒸汽养护并经适当修整而成。

该管材一般应用于大口径压力管道。管道敷设时常作200mm 厚砂垫层，承插口采用"O"型橡胶圈接口，施工时承插口内外间隙作水泥砂浆满灌处理。PCCP管相对价格比较高昂。

（二）PVC-U双壁波纹管

硬聚氯乙烯（PVC-U）双壁波纹管应用于室外排水管道工程中，其常用的规格为 de200 、de250、de315 、de400，管径指公称外径，为管道实际管径。管节长度为 6200mm，承插口，最小壁厚 1.0mm，管道最小工作内压 0.2MPa，管材接口采用"U"型橡胶圈接口，

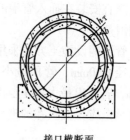

接口横断面

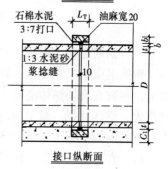

图 5-7　预制外套环接口

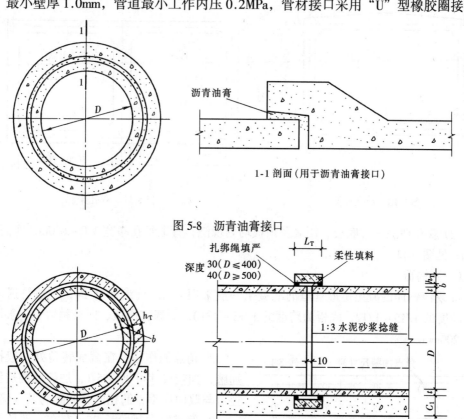

1-1 剖面（用于沥青油膏接口）

图 5-8　沥青油膏接口

接口横断面　　　　　接口纵断面

图 5-9　预制外套环柔性接口

橡胶圈宜安装在插入管端的第一个凹槽中。管材施工安装时，承口内壁以及橡胶圈外缘需涂润滑剂。

管道铺设施工方法采用开槽法，管道基础采用碎石或砾石，碎石粒径 25～38mm，砾石粒径≤60mm，管顶最小覆土厚度为 0.4m，车行道不小于 0.7m，管道最大覆土 3.0～4.0m，若超出最大覆土厚度时，应采取相应防护措施，管道与检查井连接采用短管连接，管道承口应在检查井的进水方向，插口应放在检查井的出水方向。

第二节 排 水 沟 渠

一、钢筋混凝土渠涵

钢筋混凝土渠涵是排水管道的一种结构形式，一般用于净宽 4.0m 以上的大、中型管道上，多数在现场整体浇筑。这种结构型式与混合结构矩形管道相比，具有承载能力大、刚度大、整体性好，对不同的地基的适应性强，抗渗、抗震性能好等特点。

钢筋混凝土矩形管道的结构形式，分单孔、双孔、多孔。常见的有以下几种形式：

（1）单孔——底板、侧墙及顶板均为现浇，管道净宽为 3.0～8.0m，净高为 2.0～6.0m，见图 5-10。

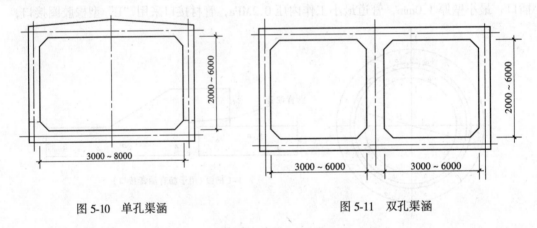

图 5-10 单孔渠涵　　　　　　　　　　图 5-11 双孔渠涵

（2）双孔现浇——底板、侧墙及顶板均为现浇，管道每孔净宽 3.0～6.0m，净高 2.0～6.0m，见图 5-11。

（一）构造

1. 现浇钢筋混凝土矩形管道的混凝土一般采用 C20，抗渗标准 P4，一般管道的顶板厚为跨度的 1/15～1/12，底板为跨度的 1/15～1/10，侧墙宜比顶、底板稍薄，一般墙厚不小于 200mm。

2. 角点的作法。在截面转角处一般按构造加腋，加腋尺寸可见表 5-1，加腋处构造钢筋直径可与墙内皮垂直筋相同，间距为其一倍。

角点加腋尺寸表				表 5-1	
墙厚（cm）	20	25	30	35	40
加腋尺寸 a（cm）	15	20	20	25	30

3. 管道纵向每段长 25m 左右，两段间用伸缩缝连接。在地基土质或管道的荷载有突变处应设沉降缝。伸缩缝及沉降缝的做法可用止水带。

4. 在管道每段端头 50cm 范围内，需将横向钢筋提高一级加固，当管道宽度超过 6m 时，宜将端头截面尺寸加大，见图 5-12。

5. 横向钢筋间距以 100～200mm 为宜，底板下层的受压区可不配置钢筋，墙一般均配置双层筋，墙的横向钢筋直径不小于 $\phi10$。

6. 防渗利用混凝土自身的密度，一般均不采用防水层等抗渗措施。

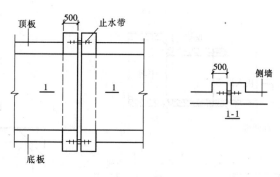

图 5-12 管道端头加固

7. 混凝土墙面一般可不抹面，为满足流量设计对粗糙系数的要求，施工时宜采用钢模或清水模板使混凝土表面尽量平整光滑。

8. 开洞处理：

（1）接入圆形管道外径大于 1.5m 时，宜在侧墙洞孔周围设环肋加固，见图 5-13。

接入管道落在沟槽回填土上时要进行基础处理，当回填土不能保证做到要求密实度时，应在管道上作 1～2 个柔性接口，或在管道下砌筑可靠支墩。

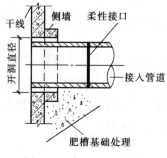

图 5-13 大于 1.5m 圆形
管道侧墙加固

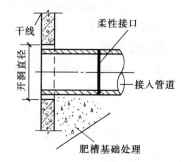

图 5-14 接入 ≤1.5m 圆形管
道侧墙加固

（2）接入圆形管道外径小于等于 1.5m 时，侧墙洞孔周围可加筋处理而不必加环肋，见图 5-14。接入管道落在沟槽处的地基处理要求同前。

（3）接入矩形管道时，当接入主管截面尺寸较大，一般以小于 90° 角接入见图 5-15。并需在洞口下部设置反梁（必要时上部顶梁亦可作成反梁）。当地基条件较差时，宜在接入管道上设沉降缝。

（4）中隔墙宜每隔一定距离开圆形或矩形洞口以保持两孔内水压的平衡。当一侧接入较大的管道时，应在对准水流的中隔墙上开设相应的矩形洞口，洞口处理与外墙相同。

（5）顶板上开检查孔，当尺寸不大时，一般不需加肋，可在洞口处重新调整或附加受力钢筋。

9. 在现浇底板下一般均设 C10 混凝土垫层，厚 80～100mm。

10. 对施工的要求

（1）现浇钢筋混凝土矩形管道施工缝应位于底角加腋的上皮，墙与顶板宜一次连续浇筑不再留施工缝，见图 5-16。

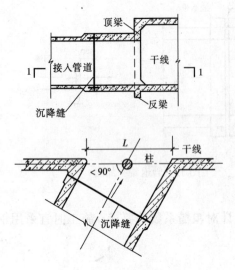

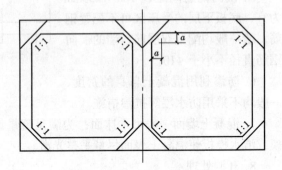

图 5-15　侧墙接入矩形支线　　　　　　图 5-16　施工缝位置

（2）要严格按施工规范控制钢筋保护层的尺寸。

（3）要注意原材料的选择，混凝土的配比，振捣及养护，混凝土的入仓温度，支模方法和及时还土等，以防止横向裂缝的出现。

（4）管道两侧要同时还土。还土高差不宜超过 0.5m，两侧还土的密度应尽量均匀。

二、砖、石砌体沟渠

砖、石砌体沟渠是排水管道上所采用的一种结构形式，其建造材料可用砖、石砌块砌体、混凝土、钢筋混凝土等，用料较广，便于就地取材，这种结构一般适用于净宽 B 不大于 4.0m，不小于 1.0m，净高 H 不大于 3.0m，截面 $B \geqslant H$ 的管道。管顶覆土不宜大于 3.0m，并宜建在较好的地基上，最高地下水位不宜高于管顶。

（一）沟渠的结构形式

由盖板、墙及基础三部分组成，一般分为单孔、双孔或多孔。见图 5-17，图 5-18。

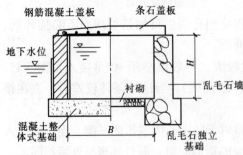

图 5-17　单孔混合结构矩形管道

（1）盖板可由预制钢筋混凝土、现浇钢筋混凝土或条石做成。钢筋混凝土板可以做成变截面形式。

（2）墙的材料常选用砖、石、砌块等砌体或现浇混凝土。

（3）基础分整体式、分离式两种。整体式基础通常由混凝土或钢筋混凝土浇筑，分离式基础可用砖石砌体或现浇混凝土。

分离式基础不适用于地下水高于基础的情况。

（二）构造

1. 盖板

（1）盖板一般均为实心板，混凝土强度等级不低于 C20。

（2）盖板在砖砌墙上的搁置长度见表5-2。

（3）预制板间宜留 2cm 的空隙，缝内填筑砂浆，板宽为设计宽减 2cm，但不应小于48cm。上角一般有 2.0cm×2.0cm 抹角。见图 5-19。

（4）板厚：一般跨中厚度取 1/12～1/10 板净跨。按全部由混凝土承担来确定。板厚不应小于 12cm。

（5）板内一般采用单层配筋。

（6）预制板宜设置吊环。吊环应对称布置，吊环应用 Q235 钢制作。

（7）预制板安装时，必须在墙顶坐 1:3 水泥砂浆，安装后在墙顶板侧抹 1:3 水泥砂浆（图 5-20）。

2．侧墙

（1）砖砌墙体厚度为 240mm 以上，毛石砌体为 500mm 以上。

（2）砖强度等级一般不低于 MU7.5。砂浆宜用水泥砂浆，强度等级不低于 M7.5。

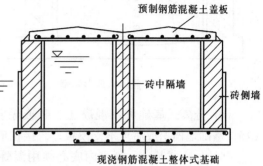

图 5-18　双孔混合结构矩形管道

（3）管道内抹面不低于 1:2.5 水泥砂浆，抹面时不少于两层做法，防渗要求高时可在砂浆中掺防水材料。

管道外侧在地下水位以上时，用 1:2 水泥砂浆勾缝；在地下水位以下时，须用防水砂浆抹面，抹面厚≥15mm，抹面高度高出地下水位 0.5m。

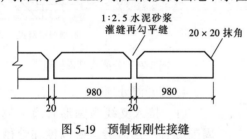

图 5-19　预制板刚性接缝

表 5-2

管道宽 B（m）	搁置长度 a（cm）
≤1.2	≥15
1.2 < B≤2.0	≥20
2.0 < B≤3.0	≥25
3.0 < B≤4.0	≥30

（4）中隔墙墙顶宽度不能满足盖板搁置长度要求时，可在墙顶加设现浇混凝土垫梁（图 5-21）。

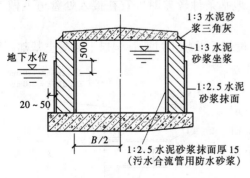

图 5-20　单孔砌体沟渠构造

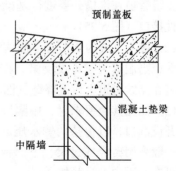

图 5-21　中隔墙上设置混凝土垫梁

3．基础

（1）整体式基础，一般做成平底板，在地基良好的情况下，可将端部截面减小（如图

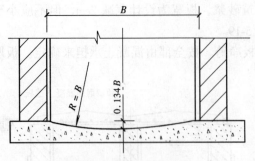

图 5-22　整体式弧形基础

5-20 右半部），如水力条件需要时底面可作成斜坡，有施工条件允许的时间，亦可作成弧形（图 5-22）。

（2）双孔沟渠整体式基础，可做成连续板式，亦可在中隔墙下将基础板分开，做成简支底板。当墙厚小于 365mm 时宜将中隔墙下部放大，以增加板的支承长度（图 5-23）。

（3）整体式混凝土和钢筋混凝土基础的混凝土强度等级一般不低于 C20。

（4）分离式基础可用混凝土、砖或毛石砌筑。用混凝土基础时，强度等级一般为 C15，基础地槽挖成后可不支模板，直接在槽内浇筑混凝土（图 5-24）。

（5）分离式基础，管道内底必须用混凝土或砖衬砌，并保证其对独立基础起支承作用。衬砌厚可按表 5-3 选用。砖衬砌面上抹面要求与侧墙要求相同。

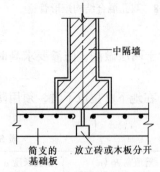

图 5-23　双孔整体简支板式基础

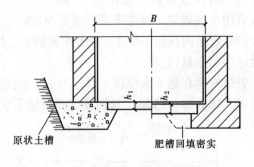

图 5-24　分离式基础构造

表 5-3

管道宽 B	C15 混凝土衬砌 h_1 （mm）	C15 混凝土衬砌 h_2 （mm）
≤2.0	100	120
2.0< B≤3.0	125	240
3.0< B≤4.0	150	370

4．墙开洞处理

（1）接入支线为圆形管道　侧墙洞口周围应有环形砖券。券高度在管径 $D \leqslant 1m$ 时用 120mm，管径 $D > 1m$ 时用 240mm。

支线管道在沟槽处要进行基础处理。当地基条件较差时，宜在接入处管道上做 1～2 个柔性接口（图 5-25）。

（2）接入支线为矩形管道侧墙洞口上应设钢筋混凝土过梁，洞口下混凝土基础内加纵向钢筋，当洞口大时可设反梁。在地基条件差时，宜在支线管道上设沉降缝（图 5-26）。

（3）如无其他要求时，中隔墙上每隔一定距离开设洞口，以保持两侧水压的平衡，洞口上部一般采用砖券或过梁，下部视洞口大小及形状可在基础内加纵筋加强。

5．施工的要求

（1）墙与混凝土基础连接处，应将混凝土面做成毛面或凿毛，砌筑前清理干净，以利与

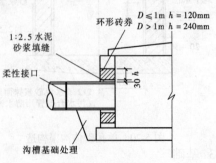

图 5-25　圆形管道接入

墙的连结。

（2）墙身砌体要注意砌筑方法和抹面质量，以提高防渗性能。

（3）盖板为单层配筋时，注意起吊、搬运和堆放方式，避免顶部发生裂缝。

（4）管道两侧要同时还土，还土高差不得超过0.5m，两侧还土的密实度要均匀。

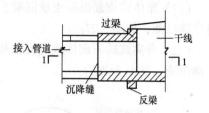

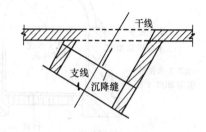

图 5-26　矩形管道接入

三、拱形渠道

拱形管道一般用于管径大于 1.5m 的排水无压管道中。可用砖石、混凝土及钢筋混凝土等材料建造；可以用单一材料，也可以用多种混合材料，便于就地取材。过水截面可以根据不同地形和流量采用相应的形式，截面尺寸变化灵活，易于满足不同流量的要求。

拱形管道承担垂直荷载的能力强，承受水平荷载的能力较弱，对横向不均匀沉降敏感，宜用于地基条件较好的场地。预制装配式的拱形管道，预制块间的接缝不易处理，影响抗渗效果，故不宜用于地下水位以上的管道上。分离式基础的拱形管道亦仅限用于地下水位以上。整体现浇的拱形管道可用于内压 $1.0kg/cm^2$ 以下的情况。

拱形管道的类型较多。截面形状有上圆下方的马蹄形拱及落地拱等，材料采用砖石、混凝土或钢筋混凝土，施工可以现场浇筑或预制装配。拱圈常用的有圆拱、椭圆拱和抛物线拱。基础有平底、拱底、V 形底等，可根据不同条件做成整体式与分离式。

常见的有以下几种形式：

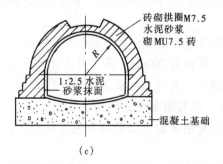

图 5-27　整体式拱形渠道基础

（一）整体式钢筋混凝土或混凝土基础，砖石砌墙、预制半圆钢筋混凝土拱圈或砖石筑半圆拱圈，见图5-27。

（二）分离式砖石砌体或混凝土基础，砖石墙、预制钢筋混凝土半圆拱圈或砖石砌筑半圆拱圈，见图5-28。

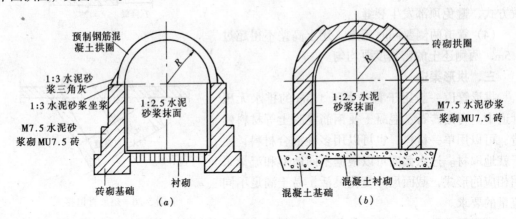

图5-28　分离式拱形渠道基础

第三节　各类排水检查井

为了排除雨污水，除管渠本身外，还需在管渠系统上设置各类附属构筑物，如检查井、跌水井、连接暗井、雨水口等。

管渠系统上的此类构筑物，有时数量很多，它们在排水管渠系统的总造价中占有相当比例，因此合理地建造这些构筑物有着十分重要的意义。

检查井通常设在管渠交汇、转弯、管渠尺寸或坡度改变、跌水等处以及相隔一定距离的直线管段上。

一、圆形检查井

各部分构成

（一）基础：采用C10混凝土，上铺混凝土或砌砖，在上部按上下游管道管径大小砌成流槽，需注意的是，污水检查井流槽高度与管道同高，雨水检查井流槽则为1/2管径高。

（二）井室：是养护工人疏通下水道时站立工作的地方，不论方井或圆井，高度一般为1.8m，目的是方便养护工人操作。

（三）收口段：井室至井筒的过渡，从井室开始收口，井径收至700mm。

（四）井筒：收口段以上至地面部分，直径为700mm，是下井工作的出入口。

（五）井盖及盖座：盖在井颈上，与路面（人行道）安装平整，防止行人车辆掉入井内或其他物品落入井内，一般用铸铁制作，也有用混凝土制成。

（六）爬梯踏步：爬梯用铸铁制作，脚窝用砖砌，交错地安装在井壁上，供清疏养护工作人员上下井用。见图5-29、图5-30。

此外，当井径＞1500mm时，收口段难以砌筑，需在井室上设盖板留φ700人孔砌筑井

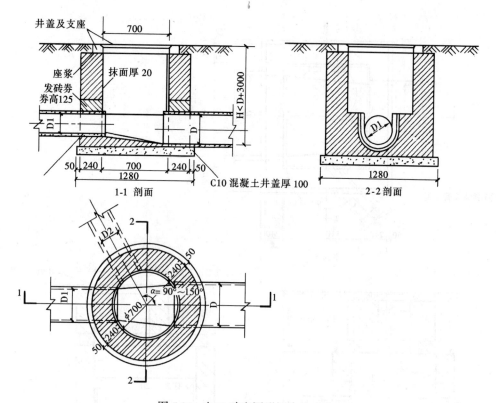

图 5-29 φ700 砖砌圆形污水检查井

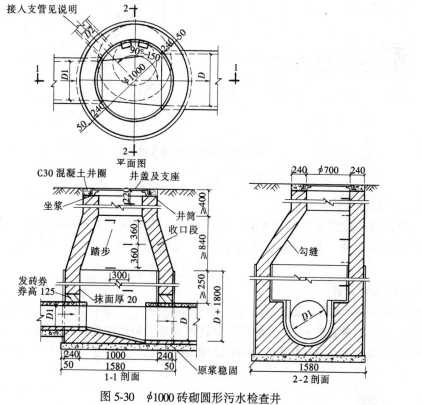

图 5-30 φ1000 砖砌圆形污水检查井

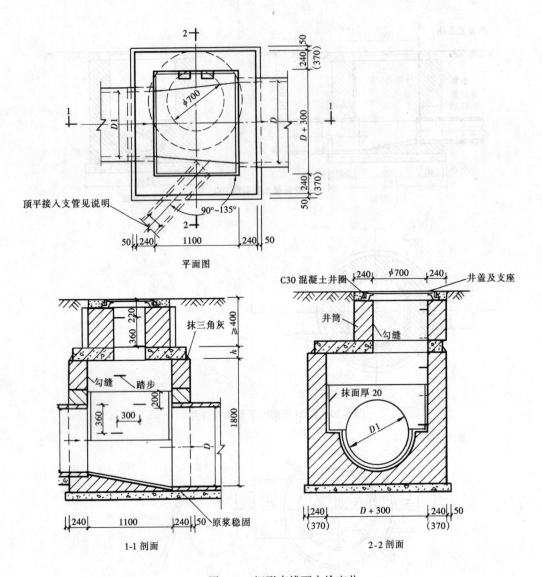

图 5-31　矩形直线雨水检查井

筒。

二、方形检查井

一般在管径较大且多管交汇时，采用圆井无法砌筑，需选用矩形井。矩形井的宽度随管径变化而变化。矩形井通常在井室上设盖板，盖板留 $\phi700$ 人孔砌井筒。见图5-31。

三、扇形检查井

在排水管道转弯时，当管径较小，可采用圆形井，当管径较大，在采用矩形井的情况下，转任意角（90°除外），则无法砌筑，这时需选用扇形检查井，扇形井的上部结构与矩形井相同，均为井室加盖板开 $\phi700$ 人孔砌井筒，区别在于将井室砌成扇形。见图5-32。

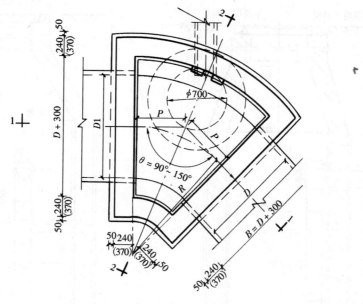

平面图

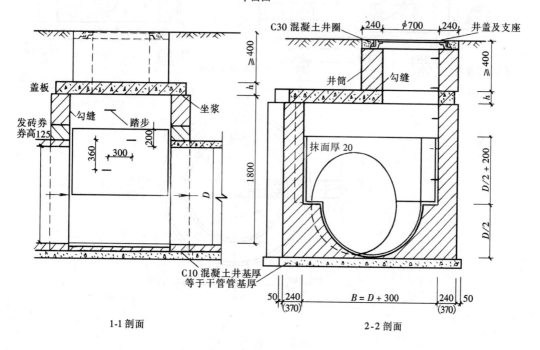

1-1 剖面

2-2 剖面

图 5-32　扇形雨水检查井

四、跌水井

管道纵坡受地形限制和管道水力条件要求，不得不在管线上设跌水井。当落差大于1m时，采用普通检查井不仅使养护工人无法下井工作，而且井底在水力冲刷下，很快被破坏。因此，需设置跌水井，一般跌水井一次跌落不宜过大，需跌落的水头较大时，则采取分级跌落的办法，跌水井分竖管式、竖槽式、阶梯式三种。各类跌落井见图 5-33、图5-34、图 5-35。

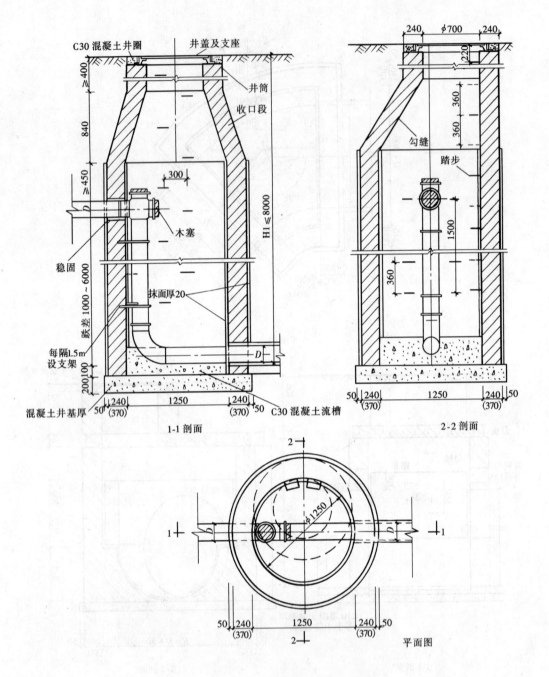

图 5-33 竖管式跌水井

五、雨水口

雨水口是雨水管渠收集雨水的构筑物，道路上的雨水首先经过雨水口通过连接管流入排水管渠。

雨水口设置的位置：

（一）交叉路口；

（二）在道路路边的一定距离内（通常约 30m）；

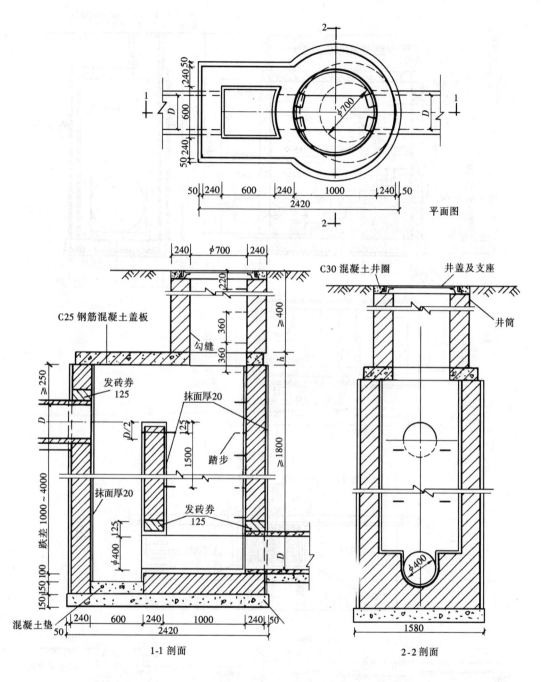

图 5-34 竖槽式跌水井

（三）低洼地点

雨水口设置数量应根据水量大小而确定。一般一个雨水口可排除 15～20L/s 的径流量。

雨水口的形式分：平箅式、偏沟式、联合式，各类又分为单箅、双箅、多箅等不同形式，见图 5-36。

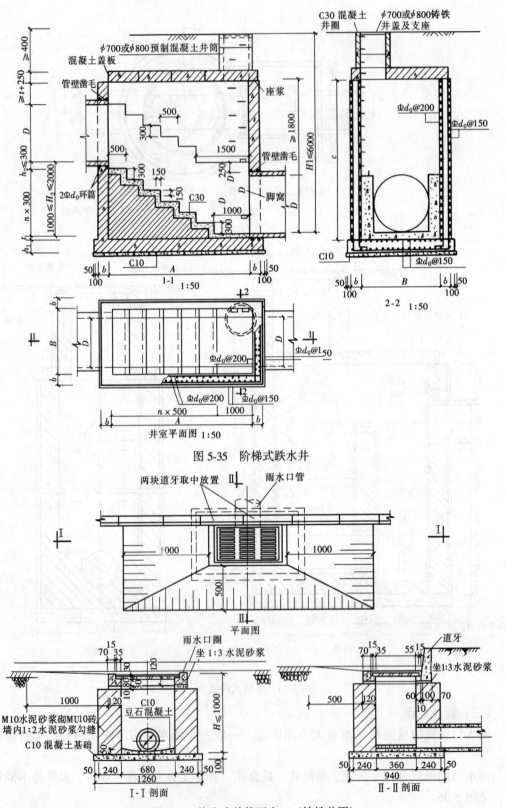

图 5-35 阶梯式跌水井

图 5-36 偏沟式单算雨水口（铸铁井圈）

第四节 排水管道出水口

管道和明渠的尾端无论排入河湖还是排入排水渠道，都要有出水口。一般出水口的结构是由跌水和挡土墙组成，管道出口高程与明渠相接时应根据管径大小和明渠设计水深而定，一般管底应略高于明渠底，在与河湖相接时应高于洪水位，防止洪水倒灌。

一、构成： 出水口一般由端墙、翼墙、海漫及下游护砌等几部分组成。

二、形式： 出水口分为八字式、一字式、门字式三种形式，可用砖砌、石砌及混凝土。见图5-37、图5-38、图5-39。

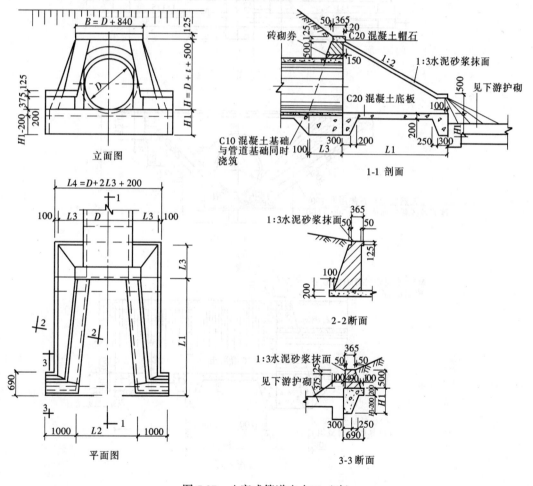

图5-37 八字式管道出水口（砖）

三、选用方法

（一）一字式出水口：用于管道与河道顺接。

（二）八字式出水口：用于管道正交排入河道，且河道坡度较缓处。

（三）门字式出水口：用于管道正交排入河道，且河道坡度较陡处。

（四）砖砌出水口只适用于无地下水，河道内经常无水的情况。

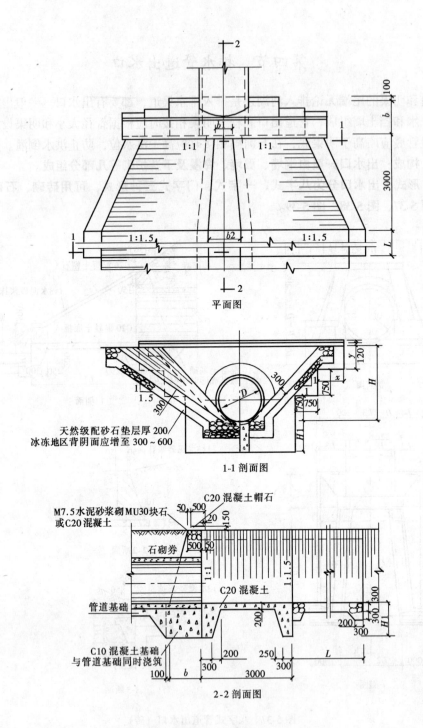

图 5-38　一字式管道出水口（浆砌块石或混凝土）

（五）八字式出水口（砖）端墙上部及翼墙两侧，应根据具体工程情况，采用干砌块石砌，以防雨水冲刷。

（六）八字式出水口下游护砌，若因河道水位较深，施工有困难时，须采用其他有效措施（如护桩）防止冲蚀。

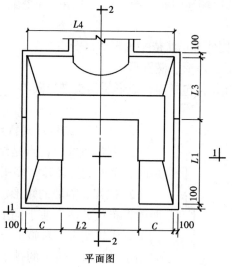

平面图

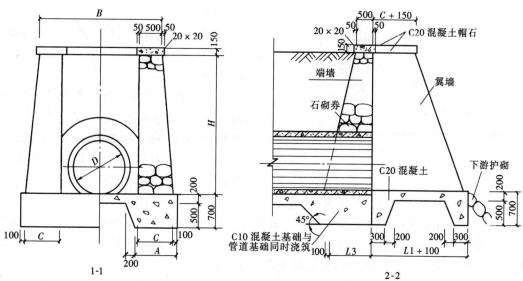

1-1

2-2

图 5-39 门字式管道出水口（浆砌块石或混凝土）

四、施工要求

（一）出水口的端墙、翼墙、海漫及下游护砌，要求落在原状土上，如遇不良地基，应进行地基处理，如换土，桩基等。

（二）一字式出水口的斜坡衬砌背后的土坡须严密夯实。

第五节 泵 站 沉 井

一、沉井概述

排水泵站工程地下泵房集水池构筑物常采用沉井施工。沉井是井筒状的结构物，它是从井内挖土并依靠自重（或负载）克服井壁阻力下沉至设计标高，经过封底填塞而成的。此法可适用于构筑物埋设较深、地下水位较高，易产生流砂或坍塌的不稳定土壤，以及场地狭窄，受附近建筑物或其他场地因素限制不适宜采用大开挖施工的地点。

二、沉井类型

（一）常用沉井的分类按外观形状依平面形状区分有：

1. 单孔沉井，包括圆形、矩形、椭圆形等；

2. 单排带框架、隔墙沉井，包括扁长矩形、两头带半圆等；

3. 复杂多排孔沉井。

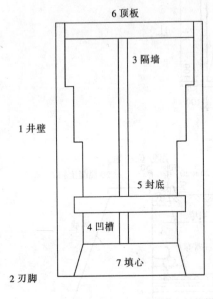

图 5-40　沉井的构造

（二）沉井结构形式特点

1. 圆形沉井，特点是结构受力性能好，但做泵房时，平面利用较差，多用于小型沉井；

2. 框架、隔墙的矩形沉井，其特点是结构受力明确，布置灵活，便于同上部建筑布置相协调，但施工制作较复杂，对施工技术，施工组织要求较高，多用于平面尺寸较大的排水泵房。

（三）沉井构造

沉井一般采用钢筋混凝土制作，各部位由刃脚、井壁、隔墙、底板、封底、顶板、地下结构梁、柱、平台等组成（见图 5-40）。

1. 井壁　井壁的作用是下沉过程时挡土、挡水，使用时传递荷载到地基上去。井壁应有足够的重量，达到自沉的目的，井壁厚一般为 800 ~ 1000mm，沉井每节高度不超过 5m，且应小于 $0.8b$（b 为沉井宽度），用 C15 混凝土浇筑。

2. 刃脚　井壁下端的楔形部分称刃脚。其作用是便于沉井下沉和切土，刃脚底面宽度称踏面，踏面宽度按下沉重量和地基土软硬程度，一般取 100 ~ 200mm，有时踏面用钢板或角钢保护。刃脚内侧倾斜面与地面夹角一般为 40° ~ 60°，以便于挖掏刃脚下的土，刃脚高度一般应大于 1m，刃脚部分的混凝土应不小于 C20。

3. 隔墙　用隔墙将沉井分隔成许多小间，加强沉井的整体刚度，并在施工时作为取土井，用以调节下沉时的倾斜和偏移，通常内隔墙底面较刃脚高出 500 ~ 1000mm，以免妨碍下沉。在排水下沉人工开挖时，隔墙上还应开 1.0m × 1.2m 的过人洞口。隔墙间的井孔应考虑到机械化挖土的要求，其净尺寸不得小于 2.5m。

4. 凹槽　位于刃脚上方的凹槽，使得沉井的封底和井壁连接牢固。凹槽深度约为 15 ~ 25mm，高约 1.0m。

5. 封底　当沉井沉至设计标高进行清基后，用混凝土封底以防地下水渗入井内，封底后在凹槽处再浇筑钢筋混凝土底板。

6. 顶板　作为地下结构物的空心沉井，其顶面需浇筑钢筋混凝土顶板。

本 章 小 结

介绍了常用的排水管材类别与特性；管道基础接口形式；排水沟渠的分类形式，构造；检查井、雨水口、出水口的分类，构造；沉井类型与构造。

复 习 思 考 题

1. 常用的排水管材有哪些？各自的优缺点是什么？

2. 排水管道基础的作用是什么？混凝土管基的形式有哪几种？各自的适用范围是什么？

3. 刚性接口与柔性接口分别有哪些形式？

4. 排水箱涵的结构形式有哪几种，结构部分分哪几部分，施工中要注意哪些问题？

5. 检查井主要分哪几类，雨水口和出水口的形式各有哪几种？

6. 沉井主要由哪些部分组成，各结构部位的主要作用是什么？

第二部分 排水管网施工

第六章 排水工程施工

第一节 土木工程相关知识

一、土力学与地基基础知识

(一) 工程地质与排水工程的关系

承受排水管渠及其附属构筑物荷载的岩土称为地基。因为管渠的全部荷载(包括管渠和基础的自重、管上覆土压力和来自路面以上的车辆荷载等)都由它下面的土层来承担,所以土壤地质构造、其坚固稳定性、随自然地质作用而产生的变化,这些都在一定程度上影响排水工程的稳定性和正常运行。事实上很多管渠工程出现的事故,如断裂沉陷、边坡崩塌、滑坡;都属地质问题范畴。为避免发生这类问题,必须充分了解和研究地基土层的成因、构造或可能发生的影响土层稳定性的不良地质现象(如流砂、黄土湿陷等),从而对排水管渠工程的地质作出正确的评价,并采取相应的技术对策,使排水工程在建造和运行中能够保持稳定和安全。

以下几方面工程地质问题,在排水管渠工程施工中必须注意:

1. 区域稳定性

区域稳定性是指对排水工程所在区域地质分布状况进行综合定性,该区域属何种地质土层。如深圳地区地势呈北高南低东西狭长,在城市开发建设后,北部地区多为丘陵平整后的原状土或夹杂强风化岩;南部近海地区多为冲积淤泥质土或填海区域。

2. 地基稳定性

管渠稳定性的破坏,在很大程度上与地基的稳定性有关,如松软土软弱地基的压缩变形能引起管渠的沉陷、倾斜、甚至断裂。

3. 地基的施工条件和使用条件

这一问题经常遇到的情况是坑槽涌水,基坑(槽)边坡及槽底失稳,基坑(槽)流砂,黄土湿陷等。在地下水位较高的地方,管沟开挖涌水是施工中的一个主要问题,而在饱和土地区,流砂对基坑(槽)稳定的危害也很大,易造成坍塌,在开挖时应采取特殊的防护措施。对湿陷性黄土施工开挖较为方便,但在运行中一旦漏水则会造成事故,因而不同的土质则应采用不同的技术措施。

4. 边坡稳定问题

在斜坡地区进行管渠施工时,边坡稳定是一个重要的工程地质问题。土方开挖对边坡的自然状态进行了破坏和扰动,使原来处于稳定的边坡产生新的滑坡。

5. 地质构造的均匀性

在山区和填土地区，由于地表土层和裸露的岩石交替出现，原土层和杂填土层的块状分布形成了不同的地基土（岩）层，使它的沉降性能产生了很大的差异，故对于块状分布的土层交界处应慎重处理。

（二）地基土的分类

土的分类是根据土的用途和土的各种性质的差异，将其划分为一定的类别。土的合理分类名称可以大致判断土的工程特性，评价土作为地基的承载力。

岩土的分类就管渠工程而言，它的作用是承受其上荷载，故与房屋建筑工程对土的研究一样，着眼于土的工程力学性质及其与地质成因关系进行分类。

1. 岩石按风化程度分为：微风化、中风化、强风化。

2. 土按开挖难易分类

在土方开挖施工中，常按土的坚硬程度、开挖难易，划分为 8 类 16 级，见表 6-1。

土 的 工 程 分 类　　　　　　　　　　　　　表 6-1

土的分类	土的级别	土 的 名 称	开挖难易表现
一类土 （松软土）	Ⅰ	砂土；黏质粉土；冲积砂土层；种植土；泥炭（淤泥）	能用铁锹挖掘
二类土 （普通土）	Ⅱ	粉质黏土；潮湿黄土；夹有碎石卵石的砂；种植土；填筑土及黏质粉土	铁锹挖掘，少许用镐翻松
三类土 （坚土）	Ⅲ	软及中等密实黏土；重粉质黏土；粗砾石；干黄土及含碎石卵石的黄土；粉质黏土；压实的填筑土	用镐，少许用锹挖掘，部分用撬棍
四类土 （砂砾坚土）	Ⅳ	重黏土及含碎石卵石的黏土；密实的黄土；砂土	整个用镐及用撬棍，然后用锹挖掘，部分用楔子及大锤
五类土 （软石）	Ⅴ~Ⅵ	硬石炭纪黏土；中等密实的灰岩；泥炭岩；白垩土	用镐或撬棍大锤挖掘，部分使用爆破方法
六类土 （次岩石）	Ⅶ~Ⅹ	泥岩；砂岩；砾岩；坚实的页岩；泥灰岩；密实的石灰岩；风化花岗岩；片麻岩	用爆破方法开挖，部分用风镐
七类土 （坚石）	Ⅹ~ⅩⅢ	大理石；辉绿岩；粗、中粒花岗岩；坚实的白云岩；砂岩；砾岩；片麻岩；石灰岩；风化痕迹的安山岩；玄武岩	用爆破方法开挖
八类土 （特坚石）	ⅩⅣ~ⅩⅥ	安山岩；玄武岩；花岗片麻岩；坚实的细粒花岗岩；闪长石英岩；辉长岩；辉绿岩	用爆破方法开挖

（三）土的物理性质

土是连续、坚固的岩石在风化的作用下形成大小悬殊的颗粒，经过不同的搬运方式，在各种自然环境中生成的沉淀物，因此土是由固体颗粒、水及其溶解物、气体所组成的三相体系。

1. 土中的固体颗粒

（1）土中的固体颗粒组成

土中的固体颗粒的大小形状、矿物成分及其组成情况，是决定土的物理力学性质的重要因素。例如土的性质随着颗粒粒径的变细，可发生由无黏性到有黏性，由透水性大到透水性小等一系列变化。

（2）土粒的矿物成分

土粒的矿物成分主要决定于母岩的成分及其所经受的风化作用，不同的物质成分对土的性质有着不同的影响。如蒙托石含量较大的土具有强的吸水性，因而当土中的水分发生变化时，土体就会膨胀或收缩。

2. 土中的水

在自然条件下，土中总是含水的，土中的水可以处于气态、液态和固态。土中的细颗粒越多，即土的分数度越大，水对土的影响也越大。即使是同一种组成状态的土，其含水量不同也会引起土处于固态、半固态、可塑状态和流动状态。一般来说，同一类土当含水量增大时，其强度则降低。饱和土体压实固结的过程主要是排除土壤中的水的过程。

3. 土中的气

土中的气存在于土空隙中未被水所占据的部位，总的来说，它对土的力学性质影响不大。

（四）土的几个重要物理参数

W_s——土的固体颗粒质量

W_w——土中水质量

W——土的总质量，$W = W_s + W_w$

V_s——土的固体颗粒体积

V_w——土中水体积

V_a——土中气体积

V_v——土中孔隙体积，$V_v = V_w + V_a$

V——土的总体积，$V = V_s + V_w + V_a$

1. 土的重力密度 γ

土在自然状态下单位体积的土的质量称为土的重力密度，即

$$\gamma = \frac{W}{V}$$

2. 土的孔隙比和孔隙率

土的孔隙比是土中孔隙体积与土的固体颗粒体积之比，即：

$$e = \frac{V_v}{V_s}$$

土的孔隙率是土中孔隙所占体积与总体积之比，以百分数表示，即：

$$n = \frac{V_v}{V} \times 100\%$$

3. 土的密实度 D

土的密实度反映土的压实或夯实程度，即：

$$D = \frac{\gamma_p}{\gamma_{max}} \times 100\%$$

其中　γ_p——夯实土的干重力密度（通过现场取样，试验测得）；

　　　γ_{max}——土的最大干重力密度（通过现场取样，试验测得）。

4. 土的边坡 m

完全松散土自由地堆放或管渠开槽施工中，为保持土壁的稳定而进行放坡。

$$m = \frac{x}{h}$$

其中　x——土坡上口横向放出的宽度；

　　　h——土坡坡顶至坡底的埋深。

边坡坡度又称放坡系数，通常以 $1:m$ 表示：如三类土放坡系数为 $1:0.33$，除了各类土这些通用的物理性能外，各种特殊类型的土还有其他专有的特性。

5. 土的状态指标

土的状态就是指土的松密程度和软硬程度。

例如，

（1）砂类土

砂类土密实程度标准如下表：

土的种类	密 实 度			
	密　实	中　密	稍　密	松　散
砾砂、粗砂、中砂	$e < 0.6$	$0.6 < e \leqslant 0.75$	$0.75 < e \leqslant 0.85$	$e > 0.85$
细砂、粉砂	$e < 0.7$	$0.7 < e \leqslant 0.85$	$0.85 < e \leqslant 0.95$	$e > 0.95$

（2）黏性土

天然状态的黏性土的软硬取决于含水量的多少，干燥时呈密实固体状态，在一定含水量时具有可塑性，称塑性状态。在外力作用下能沿力的作用方向变形，但不断裂、也不改变体积；当含水量继续增加，大多数土颗粒被自由水隔开，颗粒间摩擦力减少，土具有流动性，力学强度急剧下降，称流动状态。

根据含水量的变化，黏性土可呈四种状态：固态、半固态、塑态、流态。黏性土由一种状态转到另一种状态的分界含水量，称限界含水量。它对黏性土的分类及工程性质的评价有重要意义。图 6-1 是黏性土的物理状态与关系的示意图。

图 6-1　黏性土的物理状态关系

6. 土的可松性和压密性

土经挖掘后，颗粒之间的连接遭到破坏；在把土回填到沟槽内时，其体积一般也要比开挖前自然体积增大一些。土体积的增加归因于土的可松性。土经挖掘后体积增加值用可松性系数 $K_松$ 表示。

$$K_{松} = \frac{V_1}{V_2}$$

式中　V_1——开挖后土的松散体积；

　　　V_2——开挖前土的自然密实体积。

土的密实度与土的含水量有关。土中的水没有排除，孔隙比不会减少，但是，如果没有适当的水量，颗粒间缺乏必要的润滑，压实时能量消耗大而且达不到要求的指标。输入最小能量而导致土最大干重力密度的，称为土的最佳含水量。

土的最大干重力密度和最佳含水量的关系用击实试验求得。取一组土样，各个土样的含水量以 10% 或 20% 递增，作击实试验，测得各土样的干重力密度，绘制干重力密度——含水量曲线，与最大干重力密度 γ_{max} 相对应的含水量 W 即为土样在该击实条件下的最佳含水量。

二、建筑材料学基础知识

（一）概述

1. 建筑材料的分类

最常见的建筑材料的分类，是按材料的化学组成分为无机材料、有机材料、复合材料，见表 6-2。

建 筑 材 料 的 分 类　　　　　　　　表 6-2

建 筑 材 料						
无机材料			有机材料			复合材料
非金属材料	金属材料		植物质材料	沥青材料	高分子材料	金属←→非金属
	黑色金属	有色金属				
石材、烧土制品、胶凝材料、混凝土、砂浆、玻璃	铁、钢	铝、铜、各类合金	木、竹	石油沥青、煤沥青	塑料、合成橡胶	无机←→有机

2. 建筑材料的物理性质参数

（1）建筑材料的密度 ρ：在绝对密实状态下，单位体积的质量。

$$\rho = \frac{m}{v}$$

式中　ρ——密度；

　　　m——干燥状态下的质量；

　　　v——材料的绝对密实体积。

材料的绝对密实体积是指固体物质所占体积，不包括孔隙在内。密实材料如钢材、玻璃等的体积可根据其外形尺寸求得。

（2）松散密度 γ：是材料在自然状态下的单位体积的质量。

$$\gamma = \frac{m}{V_0}$$

V_0——材料在自然状态下的体积。

材料在自然状态下的体积，包括材料内部孔隙在内的体积。外形规则的材料可根据外形尺寸计算出体积；外形不规则的颗粒材料，可使其饱水后，再用排水法测得颗粒体积。

常用材料的密度、松散密度见表 6-3。

常用材料的密度、松散密度 表 6-3

材 料	密度（t/m³）	松散密度（t/m³）	材 料	密度（t/m³）	松散密度（t/m³）
花岗岩	2.6～2.8	2.5～2.9	混凝土	—	2.4
砂 土	2.6	1.5	钢筋混凝土	—	2.5
黏 土	2.6	1.6～1.8	木 材	1.55	0.4～0.8
红 砖	2.8～2.8	1.6～1.8	钢 材	7.85	7.85
水 泥	3.1	1.2～1.3			

（3）孔隙率 P：指材料体积内孔隙体积所占的比例。用下式表示：

$$P = \left(1 - \frac{\gamma}{\rho}\right) \times 100\%$$

式中　γ——松散密度；

　　　ρ——密度。

孔隙率直接反映材料密实程度。孔隙率的大小对材料的物理性质和力学性质均有影响，而孔隙特征、孔隙构造和大小对材料的性能影响较大。孔隙率小，并有均匀分布闭合小孔的材料，建筑性能好。

（4）体积吸水率 ω：反映材料吸收水分的能力

$$\omega = \frac{m_1 - m}{V_0} \times 100\%$$

式中　m_1——材料吸水饱和后的质量；

　　　m——材料烘干到恒重时的质量；

　　　V_0——干燥材料在自然状态下的体积。

材料吸水率的大小与材料的孔隙率和孔隙特征有关。具有细微而连通孔隙的材料吸水率大，具有封闭孔隙的材料吸水率小。当材料有粗大的孔隙时，水分不易留存，这时吸水率也小。

（5）渗透系数 K：反映材料抵抗压力水渗透的性质。

$$K = \frac{Q \cdot d}{A \cdot t \cdot H}$$

式中　Q——渗水量；

　　　d——试件厚度；

　　　A——表面积；

　　　t——渗水时间；

　　　H——静水压力水头。

材料渗透系数越小，其抗渗性能越好。材料抗渗性的好坏，与材料的孔隙率和孔隙特征有密切关系。孔隙率小而且是封闭孔隙的材料，具有较高的抗渗性能。对于常受到压力水作用的地下建筑或水工构筑物，要求材料具有一定的抗渗性。

3．建筑材料的力学性质

（1）强度：即材料抵抗外力破坏的强度，分为抗压、抗拉、抗剪、抗弯四种。

（2）变形：弹性变形与塑性变形。

（二）建筑钢材

1. 钢筋

钢筋是工程中使用量最大的钢材品种之一。常用的有热轧钢筋、冷加工钢筋以及钢丝、钢绞线等。钢厂按直条或盘圆供货。

（1）热轧钢筋：钢筋混凝土结构，对热轧钢筋的要求是机械强度较高，具有一定塑性、韧性、冷弯性与可焊性。

常用的热轧钢筋为Ⅰ、Ⅱ两个等级。其中，Ⅰ级钢筋由碳素结构钢轧制，表面形状为光圆形；Ⅱ级钢筋由低合金结构钢轧制，表面形状为月牙肋。

（2）加工钢筋：在常温下对钢筋进行机械加工，使其产生塑性变形，从而达到提高强度、节约钢材的目的。经冷加工后，钢筋的塑性、韧性有所下降。冷拉钢筋强度较高，可用作预应力混凝土结构的钢筋。

（3）钢丝、钢绞线等：具有很高强度，特别适用曲线配筋的预应力混凝土结构。

2. 型钢与钢板

常用的热轧型钢有角钢（等边和不等边）、工字钢、槽钢、拉森钢板桩；钢板按厚度分为中厚板（厚度大于4mm）和薄板（厚度为0.35~4mm）两种。

（三）气硬性材料和水硬性材料

1. 石灰

石灰是由含碳酸钙较多的石灰石经过高温煅烧生成的气硬性胶凝材料，其主要成分是氧化钙，掺入石灰浆调成的石灰砂浆或混合砂浆，突出的优点是具有良好的可塑性。

熟化石灰与黏土按一定比例混合，经强力夯打以后，大大提高了紧密度，提高了黏土的强度和耐水性，因此常用于基础灰土和三合土垫层。

2. 水泥

（1）硅酸盐水泥、普通硅酸盐水泥

凡由硅酸盐水泥熟料、0~5%的石灰石或粒化高炉矿渣、适量石膏磨细制成的水硬性胶凝材料，称为硅酸盐水泥。

由硅酸盐水泥熟料、6%~15%的混合材料、适量石膏磨细制成的水硬性胶凝材料，称为普通硅酸盐水泥。

（2）硅酸盐水泥的凝结硬化

水泥的凝结硬化是一个不可分割的连续而复杂的物理化学过程。其中包括化学反应（水化）及物理化学作用（凝结硬化）。

水泥水化时化学反应生成的水化硅酸钙凝胶体，对水泥石的强度和其他主要性质起着决定性作用。水泥凝结硬化后的水泥石是由凝胶、晶体、未完全水化的水泥颗粒、毛细孔（毛细孔水）和凝胶孔等组成的不匀质结构体。

（3）硅酸盐水泥及普通硅酸盐水泥的技术性质

1）细度

细度表示水泥颗粒的粗细程度。水泥的细度直接影响水泥的活性和强度。颗粒越细，与水反应的表面积大，水化速度快，早期强度高，但硬化收缩较大；而颗粒过粗，又不利于水泥活性的发挥，且强度低。

2）凝结时间

凝结时间分为初凝时间和终凝时间。初凝时间为水泥加水拌合起，至水泥浆开始失去塑性所需的时间。终凝时间从水泥加水拌合起，至水泥浆完全失去塑性并开始产生强度所需的时间。水泥凝结时间在施工中有重要意义，初凝时间不宜过短，终凝时间不宜过长。硅酸盐水泥初凝时间不得早于45min，终凝时间不得迟于390min；普通硅酸盐水泥初凝时间不得早于45min，终凝时间不得迟于600min。水泥初凝时间不符合要求，该水泥就报废；终凝时间不符合要求，为不合格。

3）体积安定性

体积安定性是指水泥在硬化过程中，体积变化是否均匀的性能，简称安定性。水泥安定性不良会导致构件产生膨胀性裂纹或翘曲变形，造成质量事故。安定性不合格的水泥不能用于工程，应废弃。

4）强度

是指胶砂的强度，而不是净浆的强度，它是评定水泥强度等级的依据。按（质量比）水泥:标准砂 = 1:2.5 拌合加标准用水量制成胶砂试件，在标准温度 $20 \pm 2℃$ 的水中养护，测得 3d 和 28d 的试件抗折和抗压强度划分强度等级。将硅酸盐水泥分为 42.5R、52.5、52.5R、62.5、62.5R、72.5R 六个强度等级、两种产品（带"R"早强型、不带"R"普通型）；将普通硅酸盐水泥分为 32.5、42.5、42.5R、52.5、52.5R、62.5、62.5R 七个强度等级、两种产品。

水泥的强度主要决定于熟料的矿物组成及细度，另外水泥中混合材料的数量和质量、石膏掺入量以及试件的制作、使用外加剂及改变养护条件对水泥也有影响。

（4）硅酸盐水泥、普通硅酸盐水泥的应用

普通硅酸盐水泥掺混合材料的量十分有限，所以性质与硅酸盐水泥十分相近，在工程应用的适用范围内两种水泥是一致的，主要应用在以下几个方面：

1）强度等级较高；

2）凝结硬化较快；

3）抗化学腐蚀性差；

4）水化热大。

（四）混凝土、砂浆及灰土拌合物

1. 混凝土

混凝土是由水泥、水、粗和细（砂、石）按适当比例配合及拌制成的混合物，经一定时间硬化而成。混凝土的砂、石起骨架作用（砂填充石子的空隙），水泥与水形成水泥浆，水泥浆包裹在骨料表面并填充其空隙。水泥浆硬化后，将骨料胶结成一个坚实的整体。

混凝土有很多优点：

（1）根据不同要求可配制各种不同性质的混凝土。

（2）在凝结前具有良好的塑性，可浇制成各种形状、大小的构件或结构物。

（3）它与钢筋有牢固的粘结力，可用于钢筋混凝土结构。

（4）经硬化后，有抗压强度高和耐久性良好的特征。

（5）砂、石材料占80%以上，符合就地取材的经济原则。

混凝土的缺点：

（1）抗拉强度低；

(2) 受拉时抗变形能力小；

(3) 容易开裂；

(4) 自重大。

1) 混凝土的主要工程性质包括：

Ⅰ. 混凝土拌合物的和易性

和易性是指混凝土拌合物易于施工操作（拌合、运输、浇灌、捣实）并能获得质量均匀、成型密实的性能，包括流动性、黏聚性和保水性等三个方面的涵义。

流动性是指混凝土拌合物在本身重量或施工机械振动的作用下，能产生流动、并均匀密实地填满模板的性能。

黏聚性是指混凝土拌合物在其施工过程中组成材料之间有一定粘聚力，不致产生分层和离析现象。

保水性是指混凝土拌合物在施工过程中具有一定保水能力，不致产生严重的泌水现象。

坍落度是流动性指标，当混凝土施工采用人工捣实，坍落度可比机械振动适当加大，当采用混凝土泵施工则要求混凝土拌合物具有更高流动性。其坍落度通常在 80~180mm。

影响和易性的主要因素：

a. 水泥浆的稠度

水泥浆的稀稠，是由水灰比决定的，在用水量不变的情况下，水灰比越小，水泥浆就越稠，混凝土流动性就越差。增加水灰比会使流动性加大。如果水灰比过大，又会造成混凝土的黏聚性和保水性不良，产生流浆、离析现象，并严重影响混凝土强度。因此水灰比的大小，应根据混凝土的设计强度、粗骨料的种类、水泥的实际强度等级确定。

b. 砂率

砂率是指混凝土中砂的重量占砂、石总重量的百分率。砂率有一个合理值，采用合理砂率时，能使混凝土拌合物获得最大流动性，且能保持良好的黏聚性和保水性，而达到水泥用量最小。

Ⅱ. 混凝土的强度

a. 混凝土的立方体抗压强度（C）与强度等级

混凝土的试件是用边长 15cm 的立方体，在标准条件（温度 20 ± 3℃，相对湿度 90%以上）下，养护到 28d，测得抗压极限强度值来确定的。抗压强度等级为 C10、C15、C20、C25、C30、C35、C40、C45、C50 及 C60 等。

b. 混凝土的抗拉强度 R

混凝土的抗拉强度只有抗压强度的 1/20~1/10，随着混凝土的强度等级提高，比值有所降低。

影响混凝土强度的因素：

混凝土的强度主要取决于水泥石强度及其与骨料表面的粘结强度，而水泥石强度及其与骨料表面的粘结强度又与水泥强度等级、水灰比及骨料性质有密切关系，此外混凝土的强度还受施工质量、养护条件及龄期的影响。

a. 水灰比和水泥强度等级

在配合比相同的条件下，所用的水泥强度等级越高，制成的混凝土强度也越高。当用同一品种及相同强度等级的水泥时，混凝土强度等级主要取决于水灰比，水灰比越小，水泥石的强度越高，与骨料粘结力也越大，混凝土强度也就越高。

b. 温度和湿度

温度升高，水泥水化速度加快，因而混凝土强度发展也快；反之则相应迟缓。湿度适当，水泥水化便能顺利进行，使混凝土强度得到充分发展。如果湿度不够，混凝土会失水干燥而影响水泥水化作用的正常进行，甚至停止水化，严重降低了混凝土强度，从而影响耐久性，因此施工中，在夏季应特别注意浇水，保持必要的湿度，在冬期应特别注意保持必要的温度。

c. 龄期

混凝土在正常养护条件下，其强度随着龄期增加而提高。最初 7～14 天内，强度增长较快，28 天以后增长缓慢。

Ⅲ. 混凝土配合比设计

a. 满足混凝土设计的强度等级

b. 满足施工要求的混凝土和易性

c. 满足混凝土使用要求的耐久性

d. 满足上述条件下做到节约水泥和降低混凝土成本

2）防水混凝土

防水混凝土一般是通过混凝土组成材料的质量改善，合理选择混凝土配合比和骨料级配，以及掺加适量外加剂，达到混凝土内部密实或是堵塞混凝土内部毛细管道，使混凝土具有较高的抗渗性能。混凝土抗渗等级是根据其作用水头与建筑物最小壁厚的比值来确定，见表 6-4。

普通防水混凝土是依据提高砂浆密实性和增加混凝土的有效阻水截面的原理，采用较小的水灰比、较高的水泥用量和砂率、适宜的灰砂比（1:2～1:2.5）和使用自然级配等方法。普通防水混凝土施工方便，质量可靠，适用于地上、地下防水工程。

防水混凝土抗渗等级 表 6-4

最大作用水头与混凝土最小壁厚之比	设计抗渗等级（MPa）
< 10	P6
10～15	P8
15～25	P12
25～35	P16
> 35	P20

注：如 S0.6 表示试块在 0.6MPa/mm² 水压力下，不出现渗水现象。

2. 建筑砂浆

砂浆在工程中是一项用量大，用途广泛的建筑材料。按不同用途主要可分为砌筑砂浆和抹灰砂浆。

（1）砌筑砂浆

a. 砂浆强度。砂浆的立方体抗压强度是划分强度等级的依据，其强度单位为 MPa，立方体强度是以边长 70.7mm 试件，在规定的基本条件下养护 28d，经抗压试验后所得的标准值，按其值大小分为 M0.4、M1、M2.5、M5、M7.5、M10、M15 七个强度等级。

b. 砂浆配合比用量调整。

按理论计算的配合比用量，在实际工作中，应根据具体的组成材料，采用试配的办法，经过试验来确定其抗压强度后来进行调整。对砂浆的流动性，一般可由施工操作经验来掌握。调整后的配合比应在原材料用量的基础上增加砂浆制作过程的场内运输和搅拌损耗量，作为制作 1 立方米（m³）砂浆的原材料消耗量。

（2）抹灰砂浆

抹灰砂浆必须和易性好，抹灰时和硬化以后都要求和底层粘结良好。抹灰砂浆按其使用部位一般划分为底层。结合层和面层砂浆。按其砂浆组成材料可分为水泥砂浆、混合砂浆、石灰砂浆、纸筋罩面灰及其他砂浆。

抹灰砂浆的配合比除指明为重量比外，是指干松状态下的体积比（即水泥、砂、石碴）。

3．灰土拌合料

灰土垫层是用石灰和黏土拌合均匀，然后分层夯实而成。由于石灰改善了黏土的和易性，在强力夯打之下，将黏土颗料粘结起来，因而提高了黏土的强度和耐久性。

灰土一般可用作基础、管道垫层。灰土使用的土，应尽量使用原土或粉质黏土、砂质粉土，内不得含有有机杂质，粒径不得大于 15mm，拌合时石灰应在使用前一天加水。

（五）砖、石

1．砖

黏土砖，普通黏土砖（红砖）的标准尺寸为 240mm×115mm×53mm，主要技术性质：

（1）外观质量：包括尺寸偏差、缺棱角、弯曲和裂缝等缺陷程度，各项指标均应符合相应的标准。

（2）强度等级：普通黏土砖的强度分六个等级：MU30、MU25、MU20、MU15、MU10、MU7.5。

（3）应用：普通黏土砖具有一定的强度及良好的绝热性、耐久性，且原料广泛，工艺简单，因而可用做墙体材料、基础等。排水工程中标准红砖大量应用于各类定型井、沟、渠壁、出水口等构筑物的砌筑。

2．砌块

砌块是供砌筑用的人造块材，尺寸比黏土砖要大，常用于非定型沟渠砌筑的主要是混凝土砌块。它以水泥为胶结料，配以砂、石或轻骨料（陶粒等）搅拌成型经养护而成。

3．石材

（1）天然石材的技术性质

抗压强度。按标准规定的试验方法测定石材标准试样的抗压强度平均值，将石材划分为 MU100、MU80、MU60、MU50、MU40、MU30、MU20、MU15 和 MU10 共九个等级。

（2）天然石材的品种及选用

天然石材主要有以下几种：

a．毛石：指爆破后直接得到的，或稍作平整加工得到的形状不规则的块石。按其平整程度可划分为乱毛石与平毛石两种，它们之间的判别在于平毛石尺寸比乱毛石要整齐些，大体上为六面体，六个面初具，上下两面相对平行。故平毛石可用于砌筑基础、墙体、渠涵，而乱毛石则只用于某些基础及挡土墙等处。

b．料石：为较规则的六面体石块，多为经人工凿琢而成，按其表面的平整程度可划分为以下四种：

毛料石：稍加整修所得；

粗料石：表面凹凸深度（Δh）≤2cm；

半细料石：Δh≤1cm

细料石：Δh≤0.2cm

料石多属石灰岩、花岗石及致密均匀的砂岩，多用于砌筑排水构筑物基础、墙体、拱盖等。

（六）防水材料：

防水材料是排水工程中不可缺少的建材。目前，除了仍然在广泛使用的沥青基防水材料之外，已向橡胶和树脂基防水材料以及改性沥青防水材料发展。

常用沥青基防水材料主要有：

1. 石油沥青

石油沥青为石油经提炼和加工后所得的副产品，其主要技术性质：

a. 黏性（稠度）。黏稠沥青的黏性用针入度表示。针入度指在规定温度（25℃）下，以规定重量（100g）的标准针，在规定时间（5s）内贯入试样中的深度（按 1/10mm 计）。

b. 塑性。以延度表示沥青的特性，将 S 字形的标准试件放入25℃的水中，以 50m/min 的速度拉伸至拉断，拉断时的长度厘米称为延度。延度是石油沥青的重要技术指标之一，延度越大，塑性越好。

c. 温度稳定性。用软化点表示，软化点高表示沥青的耐热性或温度稳定性好。

d. 大气稳定性。在大气因素作用下，沥青抗老化的性能称为大气稳定性（耐久性）。石油沥青分若干牌号。牌号主要依据针入度划分，但延度与软化点等也需符合规定。同一品种中，牌号越小则针入度越小（黏性增大），延度越小（塑性越差），软化点增高（温度稳定性越好）。在满足使用要求的前提下，应尽量选用牌号较大者。

2. 煤沥青

煤沥青是炼焦厂或煤气厂的副产品。与石油沥青相比，煤沥青塑性较差，受力时易开裂，温度稳定性及大气稳定性均较差。但与矿料的表面粘附性较好，防腐性较好。

3. 沥青基防水材料混合物

a. 冷底子油：冷底子油是一种沥青涂料，将建筑石油沥青（30%～40%）与汽油或其他有机溶剂（60%～70%）相溶合而成。冷底子油实际上是常温下的沥青溶液，黏度小、渗透性好。在常温下将冷底子油刷涂或喷涂到混凝土、砂浆或木材等材料表面后，即逐渐渗入毛细孔中，待溶剂挥发后，便形成一层牢固的沥青膜，使其上面的防水层与基层能牢固粘贴。

b. 沥青胶（玛琋脂），沥青胶为沥青与矿质填充料的均匀混合物。填充物可为粉状的滑石粉、石灰粉或纤维状的石棉层、木纤维等。沥青胶在排水工程中主要用作接缝材料。

c. 防水沥青嵌缝油膏。它是一种冷用膏状材料，以石油沥青为基料，加入改性材料（如废橡胶粉）、稀释剂（如松节油等）及填充剂（滑石粉、石棉绒等）等混合而成，主要作管材接口嵌缝材料。

三、工程机械基础知识

（一）土方机械

土方工程机械种类很多，常用的有挖土机、推土机、铲运机、装载机和自卸汽车等。

1. 单斗挖土机

单斗挖土机是土方开挖常用的一种机械。按其行走装置的不同，分为履带式和轮胎式两类；依其工作装置的不同，可以更换为正铲、反铲、抓铲几种。

（1）正铲挖土机。正铲挖土机的挖土特点是：前进向上，强制切土。其挖掘力大，生产效率高，能开挖停机面以上 I～IV 类土。作业方式为挖土机坑内作业。

（2）反铲挖土机。反铲挖土机的挖土特点是：后退向下，强制切土。其铲挖力比正铲小，能开挖停机面以下 I～III 类土深度在 4m 左右的坑槽。反铲挖土机可以与自卸汽车配合，装土运走，也可弃土坑槽附近。反铲挖土机的作业方式可分为沟端开挖和沟侧开挖两种。

（3）抓铲挖土机。抓铲挖土机也称为抓斗挖土机，其挖土特点是：直上直下，自重切土。挖掘力较小，用于开挖窄而深的基槽、沉井，适用于水下挖土。

2. 推土机

推土机能单独进行推土、运土和卸土工作，适用于场地清理、土方平整、回填作业等。

3. 铲运机

铲运机是一种能够独立完成铲土、运土、卸土、填筑、土方平整的机械。常用于坡度在 20°以内的大面积场地平整以及路基的土方调运、沟槽的开挖、路基和堤坝的填筑。

4. 装载机

装载机是以铲装和短距离转运松散物料（松土、砖石等）为主的工程机械。

挖掘装载机（两头忙）是集装载、反铲、破碎三种功能于一机的土方机械。它是在轮胎式装载机的后端安装了一台液压传动的反铲挖土装置，也可更换为破碎器。破碎器是一个重约 650kg，形如大钢钉的装置，其功能是通过液压传送作用力和冲击频率，击穿撬碎混凝土路面、沥青混凝土路面、石块。一台挖掘装载机即可完成破路、挖沟、铲运土方等全部作业。

5. 自卸汽车

自卸汽车是在自卸装置的作用下，使车厢向后倾翻卸料。它与挖掘机械、装载机械联合使用，可极大地提高生产效率，自卸汽车广泛用于土石方工程的砂、石、土方运输。

（二）起重机械

在工程施工中，起重机是用来将结构构件安装到设计位置和将物料从地面垂直运输到作业面的施工机械。排水工程中常用的起重机械有履带式起重机、汽车式起重机。

1. 履带式起重机由行走装置、回转结构、机身及起重臂等部分组成。它的特点是操纵灵活，本身能回转 360°，由于履带的作用，可在松软、泥泞的地面上作业，不需使用支腿。转移时多用平板拖车装运。

2. 汽车式起重机：它是把起重结构安装在普通载重汽车或专用汽车底盘上的一种自行式起重机械，起重臂的构造形式有桁架臂和箱型臂，适用于流动大，经常变换地点的作业，其缺点是吊装作业时稳定性差，起重时需使用可伸缩的支腿。

（三）混凝土工程机械

混凝土工程机械是混凝土结构施工的专用设备。常用的有混凝土搅拌机或混凝土搅拌站、混凝土搅拌运输车、混凝土输送泵和混凝土振捣机械。

1. 混凝土搅拌机

混凝土搅拌机按其搅拌机理分为自落式搅拌机和强制式搅拌机两类。自落式搅拌机机理是动拌合原理,适用于搅拌流动性较大的混凝土(坍落度不小于30mm)。

强制式搅拌机机理是剪切拌合原理,与自落式相比,其搅拌作用强烈,搅拌时间短,适用于搅拌低流动性混凝土、干硬性混凝土和轻骨料混凝土。

2.混凝土输送车和混凝土输送泵

混凝土输送车和混凝土输送泵都属商品混凝土供应的配套设备,随着深圳市商品混凝土的广泛应用,这类混凝土工程机械的使用逐渐占据主导地位。

3.混凝土振捣机械

混凝土振捣机械通过机体自身的振动,将具有一定频率和振幅的振动力传给混凝土,使混凝土发生强迫振动,提高密实度。

排水工程常用的混凝土振捣机械为插入式振捣棒和平板式振动器。

插入式振捣棒多用于小型构件,如过梁等;平板式振动器适用于大面积的带形平基等。

第二节 建设基本程序相关知识

一、工程建设各阶段概述

建设程序是指建设项目从决策、设计、施工到竣工验收等全部过程的各个阶段、各环节以及各主要工作内容之间必须遵循的先后顺序,也是现行建设工作程序。

建设程序反映了建设工作客观的规律性,由国家有关主管部门制定、颁布。严格遵循和坚持按建设程序办事是提高基本建设经济效率的必要保证,因此建设项目必须按建设程序办事。

现行的建设项目应遵循下述顺序进行:

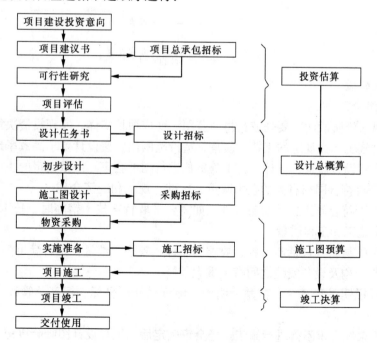

图 6-1 建设程序图

二、施工准备阶段

深圳市现行的建设工程准备阶段工作包括以下内容（图6-2）。

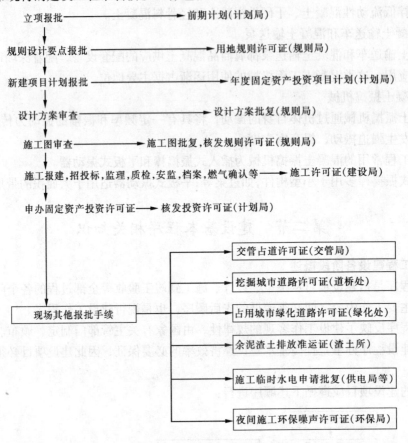

图 6-2　施工准备阶段的工作

三、施工阶段

（一）图纸会审

工程项目实施阶段的主要任务是将"蓝图"变成项目实体，实现投资决策意图。在这一阶段，通过施工，在规定的工期、质量、造价范围内，按设计要求高效率地实现项目目标。开工前由建设、监理、设计、施工等单位进行图纸会审。图纸会审的主要内容：

1. 设计是否符合国家有关的技术政策、标准、规范和经济合理。

2. 设计是否符合施工技术装备条件。如需要采取特殊技术措施时，技术上有无困难，能否保证安全施工和工程质量。

3. 有无特殊材料（包括新材料）要求的品种、规格、数量，是否满足需要。

4. 建筑与结构及设备安装之间有无重大矛盾。

5. 图纸及说明是否齐全、清楚、明确，图纸尺寸、坐标、标高及管线、道路交叉连点是否相符。

设计图纸未经会审不得进行施工。经会审确定后，填写设计图纸会审记录，记录内容包括工程概况，参加会审单位人员，审图意见栏内容，会审确定栏内容，签章后即为正式文件。

（二）现场查勘

排水工程进场施工前，必须做好现场调查工作，掌握现场施工范围内的各类地上、地下障碍物详细情况。调查的方式主要有两种：一是向城建档案管理部门查询现场地上建筑物、构筑物和地下各类管线情况，同时向各相关用户单位、市政管线主管部门查证核实；另一种方式是通过现场实地探测查勘。对地下管线，目前常用的有便携式地下管线探测仪，该仪器操作简便，现场人员一人负责移动发射机，另一人同步移动接收机，行进路线与地下管线相切时，接收机会有程度不同的反应显示，并能测探地下管线的埋设深度。

现场查勘另一部分主要内容是对现状排水管线，特别是接入检查井的平面位置，管内底高程，必须进行详细调查复测，根据图纸和现场实际校核，将结果反馈有关部门。尤其对排水改造工程，一旦现场与设计图纸出入过大导致无法接入时，必须及时将信息向设计单位反馈以作相应变更调整。

（三）施工组织设计

1. 施工组织设计的重要性

施工组织设计是用来指导拟建工程施工全过程中各项活动的技术经济和组织的综合性文件。施工前必须根据具体现场条件拟定切实可行的施工方案，它的重要性主要表现在以下几个方面：

（1）从建设产品及其生产的特点来看

不同规模、性质的排水管道、构筑物，其施工方法不尽相同；即使同等规模、属性相同的管道和构筑物，因为建造的地点不同，其施工方法也不可能完全相同。因此根本没有统一的、固定不变的施工方法可供选择，应该根据不同的拟建工程，编制不同的施工组织设计。这样必须详细研究工程特点，地区环境和施工条件，从施工的全局和技术经济的角度出发，遵循施工工艺的要求，合理地安排施工过程的空间布置和时间排列，科学地组织物质资源供应和消耗，把施工中的各单位、各部门及各施工阶段之间的关系更好地协调起来。这就需要在拟建工程开工之前进行统一部署，并通过施工组织设计科学地表达出来。

（2）从施工在工程建设中的地位来看

基本建设的内容和程序是先计划、再设计和后施工三个阶段。

计划阶段是确定拟建工程的性质、规模和建设期限；设计阶段是根据计划的内容编制实施建设项目的技术经济文件，把建设项目的内容、建设方法和投产后的经济效果具体化。施工阶段是根据计划和设计文件的规定制定实施方案，把人们主观设想变成客观现实。根据基本建设投资分配可知，在施工阶段中的投资占基本建设总投资的60%以上，远高于计划和设计阶段投资的总和。因此施工阶段是基本建设中最重要的一个阶段。认真地编制好施工组织设计，为保证施工阶段的顺利进行，实现预期的效果，其意义非常重大。

（3）从施工单位的经营管理来看

施工组织设计与施工单位的施工计划密不可分，是统筹安排施工单位生产的投入、产出过程的关键（参考图6-3）。

2. 施工组织设计的编制

（1）施工组织设计的编制要求

编制具体要求是：编制时应采用文字并结合图表阐述说明各分部分项工程的施工方

法；主要是材料、施工机械设备、劳动力、采购、运输、供应计划和使用安排；结合招标工程特点提出切实可行的工程质量、安全生产、文明施工、工程进度、技术组织措施，同时应对关键工序、复杂环节重点提出相应技术措施，如冬、雨期施工技术措施，减少扰民噪声，降低环境污染的技术措施，地下管线及其他地上地下设施的保护加固措施等。

施工组织设计除采用文字表述外应附下列图表：

①拟投入的主要施工机械设备表；

②劳动力计划表；

③计划开、竣工日期和施工进度网络图；

④施工总平面布置图及临时用地表。

(2) 编制程序

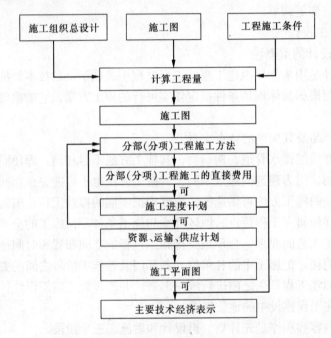

图 6-3　施工组织设计的编制程序

3. 施工组织设计的贯彻、检查、调整

(1) 施工组织设计的编制，只是为实施拟建工程项目的生产过程提供了一个可靠的方案。这个方案的经济效果如何，必须通过实践去验证。施工组织设计贯彻的实质，就是把一个静态平衡方案，放到不断变化的施工过程中，考核其效果和检查其优劣的过程，以达到预定的目标。所以施工组织设计贯彻的情况如何，其意义是深远的，为了保证施工组织设计的顺利实施，应做好以下几个方面的工作：

　　a. 传达施工组织设计的内容和要求；

　　b. 制定各项管理制度；

　　c. 统筹安排及综合平衡；

　　d. 切实做好施工准备工作。

(2) 施工组织设计的检查和调整

　　a. 主要指标完成情况的检查；

b.施工总平面合理性的检查；

c.在分析问题成因的基础上，对有关部分或指标逐项进行调整，对施工总平面图进行修改，使施工组织设计在新的基础上实现新的平衡。

施工组织设计的贯彻、检查、调整的程序如图6-4所示：

四、施工过程管理

（一）组织施工的基本原则

组织工程项目施工是为了更好地落实、控制和协调其施工组织设计的实施过程。在组织工程项目施工过程中应遵守以下几项基本原则：

（1）认真执行工程建设程序；

（2）做好项目排序，保证重点统筹安排；

（3）遵循施工工艺及其技术规律，合理地安排施工程序和施工顺序。

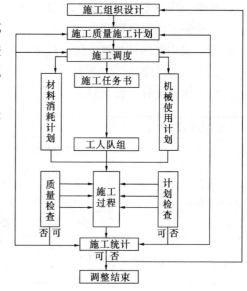

图6-4 施工组织设计的贯彻、检查、调整的程序

1.施工准备与正式施工的关系

施工准备是后续生产活动能够按时开始的充要条件，准备工作没有完成就冒然施工，不仅会引起工地的混乱，而且还会造成资源浪费。因此安排施工顺序的同时，首先安排其相应的准备工作。

2.全场性工程与单位工程的关系

在正式施工时，应首先进行全场性工程的施工，然后按照工程排列的顺序，逐个进行单位工程的施工。例如，平整场地、架设电线、铺设临时给水排水管线，修筑施工现场道路等全场性的工程均应在拟建工程正式开工前完成，为施工期间工地的供电、给水排水和场内外运输服务，不仅有利于文明施工，还能提高经济效益。

3.场内与场外的关系

在安排架设电线、铺设管线、修筑现场道路的施工程序时，应先场外后场内，场外由远而近，先主干后分支；排水工程先下游后上游，这样既能保证工程质量，又能加快施工速度。

4.地下与地上的关系

在处理地下工程与地上工程时，应遵循先地下后地上和先深后浅的原则。对于地下工程要加强安全技术措施，保证其安全施工。

5.空间顺序与工程顺序的关系

在安排施工顺序时，既要考虑施工组织要求的空间顺序，又要考虑施工工艺要求的工程顺序。空间顺序要以工程顺序为基础，工程顺序应尽可能为空间顺序提供有利的施工条件。研究空间顺序是为了解决施工流向问题，研究工程顺序是为了解决工种之间在时间上的搭接问题。

a.采用流水施工方法和网络计划技术，组织有节奏、均衡、连续的施工；

b. 科学地安排冬、雨期施工项目，保证全年生产的均衡性和连续性；

c. 提高施工机械化程度；

d. 尽量采用国内外先进的施工技术和科学管理方法。

（二）施工项目控制

1. 施工组织设计与控制目标

施工组织设计内容	产生的控制目标
施工方案	为各项目标的产生提供基础和前提
技术组织措施	节约、质量、安全、环境保护、季节施工、成本
施工进度计划	进度目标与总工期、劳动量、材料量、台班量
施工平面图	临时设施投资、场地利用率

2. 施工项目目标控制的任务

控制目标	主要控制任务
进度控制	使施工顺序合理，衔接关系适当，均衡、有节奏施工，实现计划工期，提前完成合同工期
质量控制	使分部分项工程达到质量检验评定标准的要求，实现施工组织中保证施工质量的技术组织措施和质量等级，保证合同质量目标等级的实现
成本控制	实现施工组织设计的降低成本措施，降低每个分项工程的直接成本，实现项目经理部盈利目标，实现利润目标及合同造价
施工现场控制	科学组织施工，场地容貌、料具堆放与管理、消防保卫、环境保护及生产、工人生活均符合规定要求
安全控制	实现施工组织设计的安全设计和措施，控制劳动者、劳动手段和劳动对象，控制环境，实现安全目标，使人的行为安全，物的状态安全，断绝环境危险源

3. 各目标之间的相互制约和依存关系如图 6-5 及图 6-6 所示

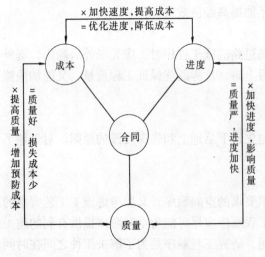

图 6-5　目标之间的对立统一

注：×为相互矛盾；=为相互统一

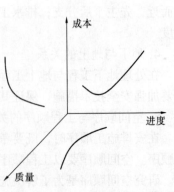

图 6-6　进度、质量成本的关系

4. 施工项目目标控制的全过程，如图 6-7 所示。

施工项目管理	投标→	签约→	施工准备→	项目施工→	验收交工→	总结结算
目标控制	事前控制→			事中控制→		事后控制

图 6-7　施工项目目标控制的全过程

（三）施工进度、成本、质量控制

1. 进度控制

施工项目实施阶段的进度控制的"标准"是施工进度计划。施工进度计划的形式主要有横道计划和网络计划。横道计划的主要优点是时间明确；网络计划的主要优点是各项目之间的关系清楚。

2. 质量控制

施工项目质量目标控制的依据包括技术标准和管理标准。技术标准包括：工程设计图纸及说明书，工程施工及验收规范，工程质量检验评定统一标准，省市技术标准和规程。

施工质量控制如图 6-8、图 6-9、图 6-10 所示。

3. 成本控制

施工项目成本控制的全过程包括施工项目成本预测、成本计划的编制和实施、成本核算和成本分析等主要环节，以成本计划的实施为关键环节。因此，进行施工项目成本控制，必须具体研究每个环节的有效工作方式和关键控制措施，从而取得施工项目整体的成本控制效果。

施工项目成本的动态控制

（1）落实施工项目计划成本责任制；

（2）加强成本计划执行情况的检查与协调；

（3）加强施工项目成本核算；

（4）施工项目成本分析。

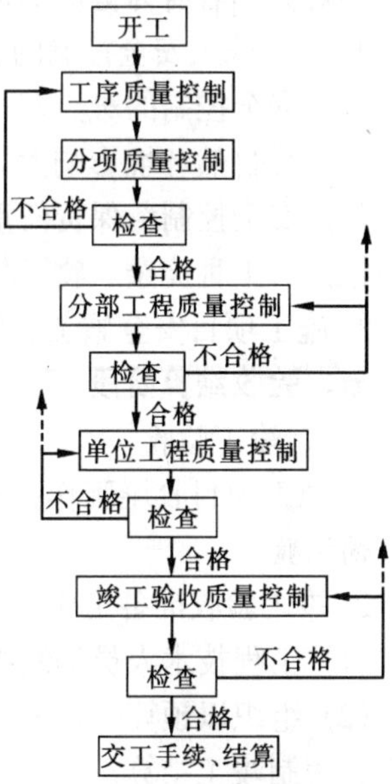

（四）施工安全

1. 安全控制的概念

图 6-8　施工质量控制程序

安全控制的目的是保证项目施工中没有危险、不出事故、不造成人身伤亡和财产损失。安全是为质量服务的，质量要以安全为保证。在质量控制的同时，必须加强安全控制。工程质量和施工安全同是工程建设两大永恒主题。安全既包括人身安全，也包括财产安全。安全法规、安全技术和工业卫生是安全控制的三大主要措施。安全法规也称劳动保护法规，是用立法的手段制定保护工人安全生产的政策、规程、条例、制度。安全技术指在施工过程中为防止和消除伤亡事故或减轻繁重劳动所采取的措施。工业卫生是在施工过程中为防止高温、严寒、粉尘、噪声、振动、毒气、废液、

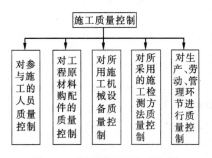

图 6-9　质量因素的全面控制

135

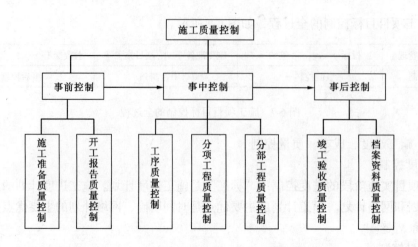

图 6-10 控制时间形成的质量控制系统过程

污染等对劳动者身体健康的危害采取的防护和医疗措施。

2．工程施工安全控制的特点

（1）安全控制的难点多——高处作业多、地下作业多、大型机械多、用电作业多、易燃物多、受自然环境影响大。

（2）安全控制劳保责任重——工程施工手工作业多，人员数量大，交叉作业多、作业危险性大、工种庞杂、物资集中。

3．施工项目安全施工责任保证体系（如图6-11所示）

五、验收结算阶段

（一）竣工验收

1．施工项目收尾工作：逐项检查；保护成品和进行封闭，清理现场，电气及设备工程负荷试验。

2．竣工验收准备工作

（1）工程技术人员编制竣工资料；

（2）组织以预算人员为主，生产、管理、技术、财务、材料、劳资等人员参加或提供资料，编制竣工结算；

（3）准备工程竣工通知书、工程竣工报告、工程竣工验收证明书、工程质量保修证书等；

（4）组织好工程自验自检，及时进行处理和修补；

（5）准备好工程质量评定的各项资料。

3．竣工验收依据、要求、标准

（1）设计文件；

（2）工程承包合同；

（3）现行施工验收规范；

（4）《给水排水管道工程施工及验收规范》（GB50268—97）；

（5）《给水排水构筑物施工及验收规范》（GBJ141—90）。

4．竣工验收程序

深圳市目前工程竣工验收程序如下：

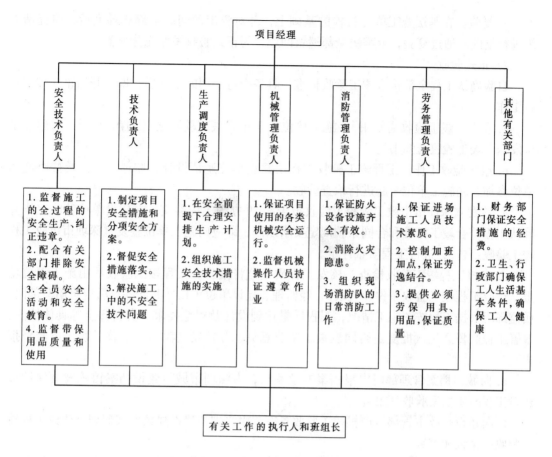

图 6-11　施工项目安全施工责任保证体系

（1）整个建设工程的验收可分为初步验收和竣工验收两个阶段进行。

（2）建设工程在竣工验收之前，由建设单位组织设计、监理，施工、质监及使用等有关单位进行初验。初验前由施工单位按照国家规定，整理好文件、技术资料，向建设单位提出交工报告。建设单位接到报告后，应及时组织初验。

（3）建设工程全部完成，经过各单项工程的验收，符合设计要求，并具备竣工图表、竣工决算、工程总结等必要文件资料，由建设单位向负责验收的单位提出竣工验收申请报告。

施工项目竣工验收一般分两个步骤进行：一是由施工单位先行自验；二是正式验收，即由施工单位会同建设、监理、设计等单位共同验收。

1）竣工自验

a. 自验的标准应与正式验收一样，主要是：工程是否符合国家（或地方政府主管部门）规定的竣工标准和竣工口径；工程完成情况是否符合施工图纸和设计的使用要求；工程质量是否符合国家和地方政策规定的标准和要求；工程质量是否达到合同规定的要求和标准等。

b. 自验方式，应分段分项逐一检查。在检查中要做好记录。对不符合要求的部位和项目，确定修补措施和标准，并指定专人负责，定期修理完毕。

c. 复验。在基层施工单位自检的基础上，并对查出的问题全部修补完后，应提请上级进行复验。通过复验，要解决全部遗留问题，为正式验收做好充分准备。

2) 正式验收

自验确认工程全部符合竣工验收标准，具备交付使用的条件后，即可开始正式竣工验收工作。

a. 发出《竣工验收通知书》。施工单位应于正式竣工验收之日的前 10 天，向建设单位发送《竣工验收通知书》。

b. 组织验收工作。工程竣工验收工作由建设单位邀请设计、监理、质监及接收使用单位参加，同施工单位一起进行检查验收。

c. 签发《深圳市市政工程竣工验收报告》，并办理工程移交。在建设单位验收完毕并确认工程符合竣工标准和合同条款规定要求以后，即应向施工单位签发《深圳市市政工程竣工验收报告》，进行工程质量评定。

d. 申报工程竣工验收检查，核发工程质量监督报告。工程竣工验收后由施工单位填报《市政工程竣工验收条件核查表》，经监理、建设单位审核并共同签章后申报质监部门，质监部门根据工程按图施工情况，工程质量达到设计及规范要求，资料齐全等具体情况，签署工程监督意见，批复是否同意竣工验收意见，并核发《深圳市市政工程质量监督报告》。

e. 向城建档案管理部门申报档案专项验收，由深圳市城市建设档案馆核发《深圳市建设工程竣工档案验收证书》。

f. 向建设行政主管部门申报竣工验收备案，由深圳市建设局核发《深圳市建设工程竣工验收备案证明书》。

g. 移交结算。在对工程检查验收完毕后，施工单位要向建设单位逐项办理工程移交手续和其他固定资产移交手续，并应签认交接验收证书，还要办理工程结算手续。工程结算由施工单位于工程竣工验收合格后 21 天内，向建设单位递交施工结算报告及完整的结算资料，建设单位应在 28 天内进行审核。按建设部和深圳市有关造价管理规定，工程造价应报造价审计部门审定的，在建设单位对结算资料确认或提出意见后 7 天内送造价管理机构审定。工程结算手续一旦办理完毕，合同双方除施工单位承担工程保修工作（市政排水工程保修期为 2 年）以外，建设单位与施工单位双方（即甲、乙双方）的经济关系和法律责任，即予解除。

Ⅰ. 工程档案移交要求

工程档案是建设项目的永久性技术文件，是建设单位生产（使用）、维修改造、扩建的重要依据。深圳市现行城市建设档案文件材料归档内容包括：

①工程建设综合文件材料（由建设单位主理）

a. 综合文件材料；

b. 计算机图形数据文件材料；

c. 工程照片及录像片文件材料。

②工程监理文件材料（由监理单位主理）

③工程施工文件材料（由施工单位主理）

a. 施工综合文件材料；

b. 施工技术文件材料。

④竣工图

依据深建字［2001］54 号文件，2001 年 7 月 1 日后委托设计的工程项目，竣工图由设计单位编制，编制形成的竣工图（纸质蓝图和 CAD 电子文件）经施工、监理（建设）单位核认签章后归档。

Ⅱ．工程结算计价方式

①固定总价包干。竣工结算按合同包干价（或工程预算审定价）包干，包含一切风险金，结算时不作调整。

②固定单价。竣工结算按实际完成工程量套用相应单价计价。

③成本加酬金。

Ⅲ．结算计价依据

分部分项工程子目计价使用现行《深圳市市政工程综合价格（2002）》标准及工程量计算规则。根据工程不同规模按一至四类工程标准计价。工程材料价格可参考深圳市造价管理机构每月公布的建设工程价格信息。《工程综合价格》无类似子目的，可根据市场价格确定。

Ⅳ．工程保修

工程保修制度是工程竣工验收交付使用后，在一定的期限内（市政公用工程为 2 年）施工单位对工程发生的确实是由于施工单位施工责任造成的使用功能不良或无法使用的问题，由施工单位负责修理，直至达到正常使用的标准。保修是指那些由于施工单位的责任，因施工质量不良而造成的问题的处理。凡是由于用户使用不当而造成功能不良或损坏者，不属于保修范围。质量保修期从工程竣工验收合格之日起算起。

本 章 小 结

概述与排水工程施工相关的岩土知识和建设基本程序。着重介绍了岩土、建材理论知识，工程机械分类及特点，工程从前期决策设计、施工到验收结算全过程各个环节的工作程序。

复 习 思 考 题

1. 土的分类有哪种方式？其各个物理参数的含义是什么？
2. 建材的各个物理性质参数的含义是什么？其力学性质用哪些指标描述？
3. 钢材、水泥的分类与特性是什么？砂浆、混凝土的工程性质包括哪些内容？
4. 工程机械的种类有哪些？其特性是什么？
5. 基本建设由哪些阶段组成，各个环节应依循什么工作程序？

第七章 排水管网施工内容

第一节 排水工程土方施工

作好施工前现场实地调查，编制完施工组织设计，进行了测量放线后，即可进入土方施工阶段。

一、沟槽断面的选择与计算

（一）沟槽的断面形式

1. 直槽

用于打板桩或设板支撑的沟槽。当槽深小于 1.2m 时，也可以不设支撑，如图 7-1 所示。

2. 梯形槽

多用于效外旷野或市政的开阔地段，一般可不用支撑，如图 7-2 所示。

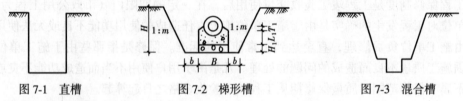

图 7-1　直槽　　　　　图 7-2　梯形槽　　　　　图 7-3　混合槽

3. 混合槽及联合槽

为直槽与梯形槽之间的不同组合形式，如图 7-3、图 7-4 所示。

图 7-4　联合槽

（二）沟槽断面的选择

正确选择沟槽断面开挖形式，可以为管道施工创造方便条件，保证工程质量和施工安全，减少开挖土方量。选定沟槽断面通常应考虑以下因素：

1. 土壤的类别和性质

黏性土、黄土宜开挖成直槽，砂土在无支撑的条件下，只能开挖成梯形槽。

2. 地下水位的高低

饱和土土体的稳定性低，易塌方，因此地下水位较高时，直槽必须加支撑或以梯形槽代替。

3. 施工场地的条件

场地狭小不允许开挖梯形槽时，只能挖带支撑的直槽。人力开挖深槽因不易出土，则多采用组合槽。

4. 管径的小大和埋设的深度

小管径、埋设较浅的管沟以直槽为宜，这样可缩短沟槽暴露时间，减少边坡不稳定因素。

5. 施工的季节

雨期施工不宜开挖直槽。

6. 管道的条数及种类

多条管道标高不相同时，多用组合型沟槽。

（三）沟槽土方的计算

1. 沟槽底宽

槽边工作面的宽度主要决定于管径和施工方法。管径较大，则工作面较宽，当管径大到工人无法跨越管子工作时，例如，管径大于600～700mm时，工作面则应考虑工人在沟内通行。当槽边回填土采用机械夯实时，则应考虑机械夯实的工作宽度，如蛙式打夯机宽度为0.5m，不论何种情况，槽底宽度不应小于0.7m。根据施工经验，不同直径的金属管、钢筋混凝土管所需的槽底最小宽度如表7-1所列。

管沟底部每侧工作面宽度（mm）　表7-1

管道结构宽度	每侧工作面宽度	
	非金属管道	金属管道或砖沟
200～500	400	300
600～1000	500	400
1100～1500	600	600
1600～2500	800	800

注：管道结构宽度：无管座按管身外缘计；有管座按管座外缘计；砖砌或混凝土沟渠构筑物按基础外缘计算。

沟槽底宽公式为

$$D = B + 2b$$

式中　D——沟槽底宽；

B——管道结构宽；

b——每边工作面宽度。

2. 槽底深度

槽底深度由管道纵断面给定的管道标高决定。其公式为：

$$H = H_1 + T_1 + L_1 + H'_1$$

式中　H——槽深；

H_1——地面标高至设计管内底标高之差；

T_1——管壁厚度；

L_1——管座平基厚度；

H'_1——基础垫层厚度。

3. 梯形槽上口宽度

$$W = D + 2m$$

式中　W——梯形槽上宽度；

D——沟槽底宽；

m——放坡系数。

4. 沟槽断面面积

（1）直槽断面面积

$$S = D \times H = （B + 2b） \times H$$

（2）梯形断面面积

$$S = （B + 2b + H \times m） \times H$$

5. 沟槽土方体积计算（见图7-2）

排水工程通常可采用平均断面法计算土方量。对管渠工程，可采用相邻两座检查井处槽深取平均值，确定断面面积，计算土方体积。

$$V = [B + 2b + 1/2(H_i + H_j) \times m] \times 1/2(H_i + H_j) \times L$$

式中　V——井段间土方体积；

　H_i、H_j——相邻两座井槽深；

　L——井段间长度。

二、管沟的开挖与回填

（一）管沟的开挖

在管道工程的施工中，沟槽的开挖方法主要有人工挖土和机械挖土两种。采用何种方法作业，要根据土质、现场条件、劳动力、机具设备和工期要求等条件决定。

在市区或厂区，由于场地狭窄，地下管线复杂，管道埋设较浅，一般可采用人工挖土，或以人工挖土为主，辅以机械挖土。

1. 路面的破除

人工破路时，应在沟槽的边线先用铁镐、风镐或錾子凿出管线沟槽边线，将道路面层下的土掏空，用大锤将面层逐块敲除。这种方法效率低，劳动强度大。

机械破路时，一般是采用凿岩机或风镐，将路面敲碎或凿碎，然后用推土机、挖掘机清除。对胶结力差的碎石路面或薄的沥青路面也可用挖掘机直接挖除。

目前，按照深圳市城市管理的有关要求，对于建成市政道路的拆除，均要求先用切割机械整齐切割出沟槽边线，以保证恢复后新旧路面的顺直如一，整齐美观。

2. 沟槽开挖注意事项

（1）开挖的槽底标高在地下水位以下时，应先设法降低地下水位。

（2）无论人工或机械挖土，都应严格按沟槽断面尺寸要求进行，沟壁应平整，槽底坡度要符合图纸要求，禁止超挖。

（3）当开挖到接近槽底深度时，应随时复核槽底标高，并钉设槽底标桩，避免超挖，若已发生超挖，应以碎石或其他骨料回填夯实，不准用原土回填。

（4）当下道工序不能立即进行时，槽底应留 150～300mm 的土层不挖，待下道工序开工时再挖。

（5）在街道、厂区、居民区及公路上开挖沟槽，无论工程大小，开挖土方时，应在沟槽施工两端设立警告标志，夜间悬挂闪光灯，闪光灯的间距约为 30m，槽上两侧全长设立 1.8m 高的文明安全施工围挡板，挡板应设有反光警示标志。

（6）施工期间应注意保护与管道相交的其他地上、地下设施。对于不明障碍物，应查明情况采取措施后才可施工。

（7）开挖长距离管道时，每隔 200～300m 应留一土埝，以防雨水或其他事故，将水流入沟槽后，使淹没或浸渍的沟长控制在一定的范围内。

图 7-5　人工挖土分层扬土

3. 人工开挖沟槽

人工开挖沟槽宜于施工现场狭窄、地面和地下障碍物多和不具备使用施工机械条件下采用。

人工开挖工具简单，对各种障碍较易发现，各种设施也较易保护，但劳动强度大，效率低，一次出土深度不超过2.5m。当沟深超过2.5m时，应采用分层扬土，如图7-5所示。

当采用分层扬土时，最下层的沟深不超过1.5m，中间留转运土的台阶，台阶宽度约为0.5m，沟顶堆土线离沟边距不少于0.8m。

4. 机械开挖沟槽

机械开挖沟槽常用的机械有单机可独立完成挖运工作的推土机、铲运机和仅以挖掘工作为主的单斗式挖掘机两大类。单斗式挖掘机根据其挖掘装置的不同可分为正铲、反铲、拉铲和合瓣铲（抓铲）等数种。单斗挖掘机常用的单斗容量有0.6、0.8、1.0、1.25、1.6、1.8、2.0m³等几种。它们的工作类型如图7-6所示。选择施工机械时，应根据工程规模、工程对象、土质情况、机械特点而定，表7-2可供一般常用的土方机械选择时参考。

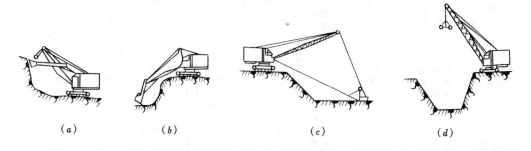

（a）　　　　　　　（b）　　　　　　　　　（c）　　　　　　　（d）

图 7-6　单斗挖土机工作装置的类型

（a）正铲；（b）反铲；（c）拉铲；（d）合瓣铲（抓铲）

单斗挖掘机的生产率 P 按下式计算

$$P = 60tnqKK_h \quad (\text{m}^3/\text{班})$$

式中　t——每班工作的小时数；

n——挖斗每分钟工作循环次数；

q——土斗容量（m³）；

K——土的影响系数，具体如下：

　　Ⅰ级土　　1

　　Ⅱ级土　　0.95

　　Ⅲ级土　　0.8

　　Ⅳ级土　　0.55

K_h——时间利用系数，一般为 0.75～0.95。

土 方 机 械 选 择　　　　　　　　　　　　　　　　　　　　表 7-2

名　　称	机 械 特 性	作 业 特 点	适 用 范 围	辅 助 机 械
推土机	操作灵活，运转方便，需工作面小，可挖土送土，行驶速度快	1. 推平；2. 运距30m内的堆土；3. 开挖浅基坑；4. 回填、压实；5. 助铲；6. 牵引	1. 找平表面，平整场地；2. 短距离移挖作填、回填压实；3. 开挖深不大于1.5m的基坑；4. 堆筑高1.5m内的路基堤坝	土方开挖外运需配备装土、运土设备；推挖三至四类土需用松土机预松土

名　称	机　械　特　性	作　业　特　点	适　用　范　围	辅　助　机　械
铲运机	操纵简单灵活，不受地形限制，不需特设道路，能独立工作，不需其他工机械配合能完成铲土、运土、卸土、压实等作业，行驶速度快，生产效率高	1. 大面积整平；2. 开挖大型基坑；3. 运距800m内的挖运土 4. 填筑路基、堤坝；5. 回填压实土方	1. 大面积场地整平压实；2. 运距 100～800m 的挖运土方	开挖坚土时需用推土机助铲；开挖四类土需用松土机预松土
正铲挖掘机	装车轻便灵活，回转移位方便，能挖掘坚硬土层，易控制开挖尺寸，工作效率高	1. 开挖停机面以下土方；2. 挖方高度1.5m以上；3. 装车外运	1. 大型场地整平土方；2. 大型管沟和基槽 3. 独立基坑 4. 边坡开挖	土方外运应配备自卸汽车；工作面应有推土机配合
反铲挖掘机	操作灵活，挖土、卸土均在地面作业，不用开运道路	1. 开挖停机面以下土方；2. 挖土深度随装置而定；3. 可装车和甩土	1. 管沟和基槽；2. 独立基坑 3. 边坡开挖	土方外运需配备自卸汽车；工作面应有推土机配合
拉铲挖掘机	可挖深坑，挖掘半径及卸载半径大，操纵灵活性较差	1. 开挖停机面以上土方；2. 可装车和甩土；3. 开挖断面误差较大	1. 管沟、基坑、槽；2. 大量外借土方；3. 填筑路基、堤坝；4. 挖掘河床；5. 不排水挖取土	土方外运需配备自卸汽车；配备推土机创造施工条件
挖掘装载凿岩机（两头忙）	操作灵活，行使快捷，自行进退场，集装载、反铲、破碎三种功能于一体	1. 破碎混凝土、沥青路面；2. 反铲挖停机面以下土方，可装车、甩土或走走、松散土方	1. 小型较窄而浅的沟槽破路和挖掘；2. 狭窄的街巷道路沟槽开挖；反铲斗可与破碎装置拆装替换	大量土方外运需配自卸汽车
抓铲挖掘机	钢绳牵拉，灵活性较差，工效不高，不能挖坚硬土	1. 开挖直井或沉井土方；2. 装车和甩土；3. 排水不良也能开挖	1. 深基坑、基槽；2. 水中挖取土；3. 桥基、桩孔挖土 4. 散装材料装车	土方外运时，按运距配备自卸汽车
装载机	操作灵活，回转移位方便，可装卸土方和材料、行驶速度快，可进行松软表层土剥离、整平	1. 开挖停机面以上的土方；2. 轮胎式只能装松散土方，履带式装普通土方 3. 要装车运走	1. 外运多余地方；2. 履带式改换挖斗时可用于开挖	土方外运需配备自卸汽车；作业面需经常用推土机平整，并推松土方

填方体积按下式计算：

$$V_T = V_w - V_j - V_g$$

式中　V_T——填方工作量（m³）；

　　　V_w——挖方量（m³）；

　　　V_j——管道基础部分占去的体积（m³）；

　　　V_g——管道本身占去的体积（m³）。

外运土方按下式计算：

$$V_Y = V_w - V_T$$

式中　V_Y——外运土方量（m³）。

在计算堆置和外运土方量时，土方量的体积还应该考虑土质开挖后的组织破坏、体积增加的性质。土体积增加的比例，以土的可松性系数表示。各类土的可松性系数见表7-3。

各类土的可松性系数值　　　　　　　　　　　　　表 7-3

土 的 类 别	体积增加百分比		可松性系数	
	最初	最终	K_p	K'_p
一类土（种植土除外）– 松软土	8 ~ 17	1 ~ 2.5	1.08 ~ 1.17	1.01 ~ 1.03
一类土（植物性土、泥炭）	20 ~ 30	3 ~ 4	1.20 ~ 1.30	1.03 ~ 1.04
二类土 – 普通土	14 ~ 28	1.5 ~ 5	1.14 ~ 1.28	1.02 ~ 1.05
三类土 – 坚土	24 ~ 30	4 ~ 7	1.24 ~ 1.30	1.04 ~ 1.07
四类土 – 沙砾坚土	26 ~ 32	6 ~ 9	1.26 ~ 1.32	1.06 ~ 1.09
四类土（泥灰岩、蛋白石除外）	33 ~ 37	11 ~ 15	1.33 ~ 1.37	1.11 ~ 1.15
五 – 七类土 – 软石 – 次岩石 – 坚石	30 ~ 45	10 ~ 20	1.30 ~ 1.45	1.10 ~ 1.20
八类土 – 特坚石	45 ~ 60	20 ~ 30	1.45 ~ 1.50	1.20 ~ 1.30

注：1. 最初体积增加百分比 $= \dfrac{V_2 - V_1}{V_1} \times 100\%$；最终体积增加百分比 $= \dfrac{V_3 - V_1}{V_1} \times 100\%$。

　　　K_p——最初可松性系数，$K_p = \dfrac{V_2}{V_1}$

　　　K'_p——最终可松性系数，$K'_p = \dfrac{V_3}{V_1}$

　　　V_1——开挖前土的自然体积；

　　　V_2——开挖后土的松散体积；

　　　V_3——运至填方处压实后的体积。

　　2. 在土方工程中，K_p 是用于计算挖方装运车辆及挖土机械的重要参数；K'_p 是计算填方时所需挖土工程的重要参数。

（二）沟槽的回填

1. 管沟回填注意事项

（1）管道工程必须隐蔽验收合格；

（2）填土前必须清除沟槽内的积水和有机杂物；

（3）管道基础现浇的混凝土应达到一定的强度，不致因回填而损坏基础；

（4）沟槽回填顺序，应按基底排水方向由高至低分层回填；

（5）回填土料，每层铺填厚度和压实要求，应按设计规定执行。若设计未提出明确要求时，可按表7-4的要求执行；

填方每层的铺土厚度和压实遍数　　　　　　　　　　　　　表 7-4

压实机具	每层铺土厚度（mm）	每层压实遍数（遍）	压实机具	每层铺土厚度（mm）	每层压实遍数（遍）
振动式压路机	不大于400	计算确定	蛙式打夯机	200 ~ 250	3 ~ 4
平辗	200 ~ 300	6 ~ 8	人工打夯	不大于20	3 ~ 4
羊足辗	200 ~ 350	8 ~ 16			

注：人工打夯时，土块粒径不应大于150mm。

（6）基槽回填应在管道两侧同时进行并回填夯实，以防管道中线偏移。管道两侧及管顶以上 500mm 以内的回填土一般应采用人工夯实，该部分回填土应为细粒土料。

2. 回填土的要求

回填土的质量主要按回填土的密实度来控制。即

$$回填土的密实度 = \frac{回填土的干密度}{标准夯实仪所测定的最大干密度}$$

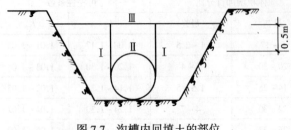

图 7-7　沟槽内回填土的部位

沟槽内回填部位的不同，有不同的密实度要求，如图 7-7 所示。

Ⅰ区的胸腔回填土的密实度应达 90%；

Ⅱ区即管顶内以上 0.5m 的填土厚度范围内的回填土密实度应达 80%；

Ⅲ区即管顶 0.5m 以上至地面的回填土的密实度，根据沟槽所在地面的情况而定：

(1) 农田、旷野为 80% 或不夯；

(2) 市区、厂区为 90%；

(3) 管道竣工后立即修筑道路，按道路要求标准回填通常为 90% ~ 95%。

为了保护回填土的质量，应使其含水量在最佳状态，只有这样才能夯打密实。各种土壤的最佳含水量见表 7-5。若无测定数据时，现场可用手将土捏成团，落地时分散，夯打时无弹簧现象为宜。

土壤最佳含水量及土颗粒最大干密度　　表 7-5

土的名称	最佳含水量（%）（重量比）	土颗粒最大密度（t/m³）	土的名称	最佳含水量（%）（重量比）	土颗粒最大密度（t/m³）
砂土	8 ~ 12	1.8 ~ 1.88	粉质黏土	16 ~ 20	1.67 ~ 1.79
粉土	16 ~ 22	1.61 ~ 1.80	黏压粉土	18 ~ 21	1.65 ~ 1.74
砂质粉土	9 ~ 15	1.85 ~ 2.08	黏土	19 ~ 23	1.58 ~ 1.70
粉质黏土	12 ~ 15	1.85 ~ 1.95			

回填土不得有大于 100mm 的石块、碎砖，不得含有木材、树枝等有机物。

沟槽回填完后，对原来施工时破坏的路面应及时修复。

（三）沟槽的支撑

1. 支撑的作用

沟槽内安设支撑是防止槽壁坍塌的一种临时性安全措施，它是用木材或钢材制成的挡土结构。

安装有支撑的直沟槽，可以减少土方量，缩小施工的占地面积，减少拆迁工作。在有地下水的沟槽里设置板桩时，板桩下端低于槽底，使地下水渗入沟槽的途径加长，起到一定的阻水作用。

安装支撑增加了材料消耗，也给以后工序施工带来不便，因此，是否设置支撑，应根据沟槽深度、土质条件、地下水位、施工方法、相邻建筑物、构筑物等情况经技术经济比较后决定。一般管道工程应尽量不设或少设支撑。必须设置时应牢固可靠，确保安全。

2. 支撑的结构

做支撑的材料要坚实适用，支撑的结构要稳固可靠，对于较深的沟槽要进行稳定性验算。在保证安全的前提下，尽量节约用料，并应使支撑板、桩尺寸尽量标准化、通用化，以便重复使用。

支撑由横撑、立楞或平楞、水平或垂直撑板等组成，如图7-8所示。

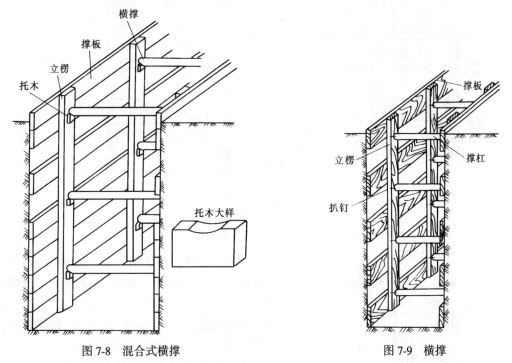

图7-8　混合式横撑　　　　　　　　　　图7-9　横撑

横撑是支撑架中的撑杆。横撑的长度和沟槽的宽度有关。在木材供应许可的条件下，采用尾径大于 $\phi100$ 的圆木或截面积尺寸 100mm×100mm 的方木，在现场锯成和沟宽相对应的长度。在横撑下方垫托木，并用钢扒钉固定。如图7-9所示。也可用钢材加工成图7-10所示之带万向撑脚板的可调支撑器作横撑。这种支撑器因可调节长度，又为钢制，可重复使用。

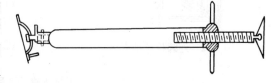

图7-10　支撑调节器

撑板是指与沟壁接触的支撑构件，按安设方向的不同，分为水平撑板及垂直撑板。它一般是由长度 3～4m、厚度为 50mm 的木板制成，或由型钢及薄钢板焊制而成。

楞柱是撑板和横撑之间的传力构件，立楞和水平撑板配套使用，平楞和垂直撑板配套使用，楞柱一般用方木制成。

3. 支撑的种类及其选用条件

地沟支撑的选用应按照土质、地下水位、沟深、开挖方式、敞露时间、地面荷载和安全经济等因素综合考虑进行选用。

水平撑板式支撑，用于土质较好，地下水对沟壁的威胁性较小的情况。

垂直撑板式支撑，又称立板撑，如图7-11所示。用于土质较差，地下水位较高的情况。为了延长地下水的流程，密撑时撑板应低于沟底。

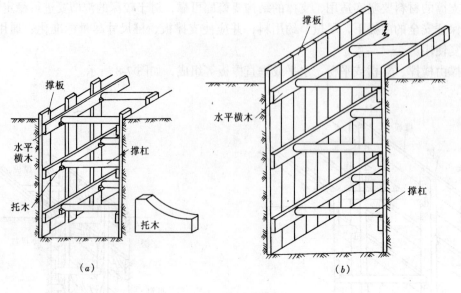

图 7-11 竖撑

(a) 疏撑；(b) 密撑

图 7-12 连续板桩排支撑

板桩式支撑，对于地下水位很高或流砂严重的地区，可用板桩撑，如图 7-12 所示，板桩尺寸一般为 4000mm×200mm×75mm，下端呈尖角状，木板制成企口，板端打入地下，随着槽的挖深将桩逐步下打。也可使用钢板桩。

各种支撑方式的使用范围见表 7-6。

4. 支撑注意事项

(1) 支撑的沟槽，应随沟槽的开挖及时支撑，雨期施工更应注意。

(2) 沟壁要平整，撑板应均匀地紧贴沟壁。

各种支撑的适用范围   表 7-6

土的名称	支撑形式 / 地下水情况	沟槽深度 1.5m 内	1.5～3m	3～6m
砂砾土	正常湿度		疏　撑	疏　撑
	少量地下水		密　撑	密　撑
	大量地下水		密　撑	板　撑
黏　土 粉质黏土	正常湿度	一般不设支撑、特殊情况设井字撑或疏撑	井字撑	疏　撑
	少量地下水		密　撑	疏　撑
砂质粉土	正常湿度		井字棒	疏　撑
	少量地下水		疏　撑	密　撑
	大量地下水		密　撑	板　撑
流　砂	正常湿度	井字撑、无支撑	井字撑	疏　撑
	少量地下水	疏　撑	密　撑	板　撑
	大量地下水	密　撑	板　撑	板　撑
淤　泥		疏　撑	板　桩	板　桩

（3）撑板、方楞、横撑要固定牢靠，并应经常检查，发现松动应及时加固。

第二节　地下管线处理

排水管渠改造工程通常需要在旧城区施工，由于已往埋设了大量的各专业管线，如电力电缆、通讯电缆（电话、有线电视、网络光纤等）、路灯线、给水管、雨污水管、燃气管等，实际施工现场中各类管线错综复杂，纵横密布。因此在进行排水施工前，首先要掌握现场施工范围内的地下管线的准确情况，设计合理的施工方案，采取有效的保护措施，严防对已有地下管线的损坏。

目前，深圳市城建档案主管部门正在实行建设工程施工地下管线查询服务制度，相关资料也日益完善。施工前应认直查核，对某些专业管线位置，走向不明确的，可进一步向专业主管部门查询确认。

掌握了地下管线数据资料后，还需对现场实际情况进行实地调查核实，逐一打开各类检查井，核对资料，明确原有地下管线、构筑物对施工有无影响，或施工对它们有无影响。目前进口便携式地下管线探测仪对金属、带电管线探测准确率较高，可配合实地调查作业。经过现场详细调查，进行分析、归纳，提出具体保护处理意见和措施，以便各有关部门进行落实或解决。

如遇重要的、复杂的、大型的、危险程度高的专业管线，如燃气管、高压电缆、国际通信光纤等，务必告知相关主管部门，协商加固保护措施。

一般地，当排水管道施工时若与其他管道交叉时，按下述规定处理。

一、排水管道与铸铁管或钢管（给水管、燃气管等）交叉

混凝土或钢筋混凝土预制圆管在铸铁管或钢管下面：

（一）同时施工时，在铸铁管或钢管下砌砖支墩（图7-13），支墩尺寸根据计算确定。当铸铁管、钢管管径不大时，可采用下述构造尺寸：支墩基础必须落在槽底原状土上，支墩长度应比所支的管道外径大300mm以上，并设不小于90°支承角的混凝土管座，管径小于400mm时，也可用砖砌管座；支墩厚度按支墩高度而定，高度在2m以内时用240mm，高度每增1m厚度增125mm。支墩基础应比支墩每边大125mm。覆土不超过2m时支墩间距采用2～3m，对铸铁管每一节管下不少于2个支墩。当槽宽较小，钢管纵向强度经核算能满足时，可不设支墩。

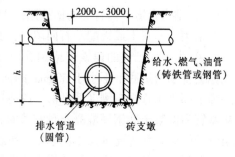

图7-13

（二）当铸铁管或钢管为已建时，则在开槽施工时应将已建管道用工字钢或方木等材料吊稳，然后按上述方法做支墩。有条件时对圆管可采用顶管法施工，在通过铸铁管及钢管下部时不得超挖。

二、混合结构或钢筋混凝土结构矩形管道在铸铁管或钢管下面

（一）处理方法与上述做法相同，但为了不使支墩间距过大，可将支墩落在管道顶盖上（图7-14），此时要对管道顶板作必要的核算，同时也须考虑支墩间的不同沉降。

（二）当管道交叉的净空很小时，铸铁管和钢管亦可直接支在矩形管道的顶盖上，但管底必须与顶盖留有50mm以上的空隙，并用砂子填实，砂子填成不小于90°的支承角。必要时还可将矩形管道顶盖厚度减薄，如将平板改为梁板结构等（图7-15）。

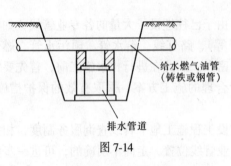

图 7-14

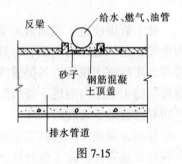

图 7-15

三、排水管道在铸铁管或钢管上面

（一）铸铁管或钢管必须加外套管以便检修时可将管子抽出，外套管可用钢管、铸铁管、钢筋混凝土管或砖砌混合结构矩形管廊（当铸铁管或钢管为已建时，外套管采用砖砌或装配式结构）。套管净尺寸应根据

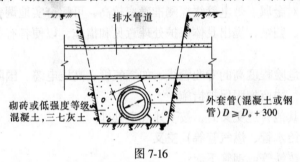

图 7-16

各有关管道要求而定，但在非通行的情况下，套管内径不应小于铸铁管或钢管外径加300mm（图7-16）；套管长度应根据管道交叉高差而定，一般按上部管道基础宽加管道交叉高差的3倍，并不小于基础宽加1m。

（二）排水管道下套管的沟槽须用砖砌体、低强度等级混凝土、三七灰土或级配砂石回填。采用三七灰土或级配砂石回填时，必须满足施工时能保证夯实的要求。

（三）当下面已建的铸铁管或钢管埋深较大，要挖到下面已建管道的管底有困难时，可先挖去排水管道底下不小于500mm的回填土，用素土或三七灰土分层夯实回填，然后用加强上部排水管纵向刚度的办法，跨越已建管道在当初施工时由于开槽而形成的沟槽。如排水管为混凝土和钢筋混凝土预制管时，则可在管座混凝土中加钢筋使管座在纵向成为承架管子的梁。管座支承角 2α 的大小和断面应根据计算确定；如为矩形或拱形管道时，则可在混凝土基础内或整个钢筋混凝土截面内增加纵向钢筋，使矩形或拱形管道纵向成为刚度很大的梁。在采用上述方法时，必须将管道两头支在坚实的原状土上，管道在原状土上的支承长度不得小于2m（图7-17）。

对于混凝土和钢筋混凝土预制圆管，必要时可做360°满包混凝土，做法见图7-18，混凝土强度等级不低于C20，包封尺寸及配筋根据计算确定。这时，排水管道上可能产生的荷载比按公式计算的土荷载更大，应根据具体情况研究决定。采用这种包封做法一般槽宽不宜超过2m，亦即管道纵向净跨不超过2m，两端支在原状土上的支承长度不得小于3m。

（四）排水管道接口与煤气或其他有毒物质管道的接口应错开，以防有毒物质管道漏气进入排水管道内。

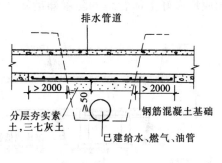

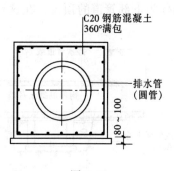

图 7-17 | 图 7-18

四、排水管道与电信、电力等各种电缆交叉

（一）排水管道在电缆下面

1．电缆为直埋且与排水管道同时修建时，一般可不进行特殊处理，但要求电缆下面的回填土密实度不低于 95%（压实系数 $D_y \geqslant 95\%$）。

2．电缆为混凝土管块且与排水管道同时修建时，管块下部沟槽内应回填低强度等级混凝土或用砖砌至管块基底，混凝土或砖砌体长度应比管块基础大 300mm（见图 7-19）。

3．当电缆管块为已建时，则在开槽施工时必须将电缆管块吊好并保证管块接头不出现裂缝，然后再在管块下面浇混凝土并使管块基底与混凝土顶没有任何空隙。有条件时宜采用顶管法施工，但通过管块下部时不得超挖。

（二）电缆不应埋在排水管道下面，如出现这种情况时，可参照本节"三"排水管道在铸铁管或钢管上面的情况处理。

五、排水管道与排水管道交叉

（一）排水管道在排水管道或热力管沟下面：

1．同时施工时，若下面的管道为圆管，其管座应采用 180°混凝土管座；若为混合结构矩形管道，其基础应采用整体式钢筋混凝土基础。在沟槽范围内必须用砖砌或混凝土回填到上面管道基底以下 50mm 处，然后铺砂一层。处理长度为上面管道基础宽加 300mm（见图 7-20）。

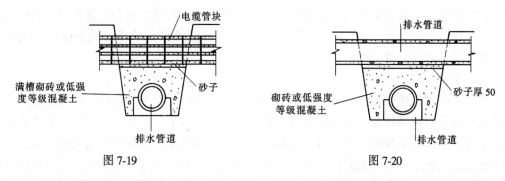

图 7-19 | 图 7-20

2．当上面管道为已建时，则新建管道的沟槽内必须用混凝土回填到上面管道基底，不允许留任何空隙。如交叉高差较大时则宜采用圆管并用顶管法施工，在通过排水管道下部时不得超挖。

（二）当管道交叉高差有冲突时（即当上、下两条管道相碰时），可考虑将上部管道基础作为下部管道的顶盖，在这种情况下应相应地做好上部管道的防渗漏措施（见图7-21）。

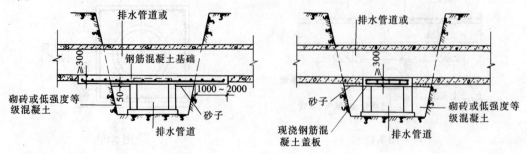

图 7-21

第三节　开槽法管渠铺设施工

一、管道基础

（一）基础施工的技术要求

1. 基础施工前，应检查槽底标高是否符合设计要求，工序上应在土方开挖、清底修边并对管道标高及中心线完成测量复核后进行；

2. 基础如遇局部地段土质松软时，应将其挖出，填以碎石或砂砾石并夯实；

3. 发现槽底土壤与设计资料不符，足以影响工程质量时，应与设计部门联系，研究确定解决办法后再行施工；

4. 槽底如有局部地段超挖，应用碎石或砂砾石填满并夯实找平；

5. 基础垫层铺好后，应立即浇混凝土。如在未浇混凝土前，因下雨或其他原因，垫层内充满泥浆时，应将垫层取出，清除泥浆，并将碎石冲洗干净重新铺设；

6. 基础应先铺检查井部位，随即将检查井混凝土基础打好，以利砌筑。

（二）管基浇筑

基础垫层铺装好后，应根据设计管道基础形式铺筑管道平基。通常而言，对市政及室外排水管道采用得最多的钢筋管道混凝土基础，当混凝土管座采用分层浇筑时，管座平基混凝土抗压强度应大于 5.0MPa，方可进行安管。若采用垫块法一次浇筑管座时，则先进行下管稳管，再浇筑管座混凝土。

二、下管

管子下放到沟槽内的方法，是根据管子的直径、管材的种类、沟槽的状况、施工期限的长短和施工机具装备条件来进行选择。对于小直径的管子一般用人力下管，对于大直径的管子可采用机械下管或人力下管。机械下管通常采用汽车式或履带式起重机。无论是人力下管或是机械下管，一定要注意安全和施工质量。为此，下管前应对进入施工现场的材料进行清点检查，将合格的管材管件按施工图要求运至沟槽边排好，以便于下管，并对沟槽作如下检查及进行必要的处理：

1. 检查沟壁有无裂缝及坍塌的危险；

2. 沟底宽度是否符合下管的要求，沟底土壤有无扰动，有无坍塌的土壤积在槽内；

3. 槽底标高是否符合要求，超挖应回填夯实，欠挖应挖至标高；

4. 放好沟底中心线，挖好必要的操作坑；

5. 下管时禁止人员在下管的沟槽区域内活动；

6. 机械下管时，起重机的行走道路是否畅通，起重机距槽边的距离应保证不少于1m。

图 7-22

人工下管的方法很多，常用的方法有：

1. 贯绳下管法

此法是用于直径300mm以下的铸铁管、混凝土管等管材。用一端带钩的粗麻绳钩住管子，逐渐松绳，将管子放入槽内，如图7-22所示。

2. 压绳下管法

这种方法用得较为广泛，方式也多。如图7-23所示的人工压绳下管和图7-24所示的竖管法压绳下管。管径400～600mm可用人工压绳下管；管径在800mm以上时可用竖管压绳法下管。它们的基本操作方法是在管子两端各套一根大绳，然后用人力或借助一些工具（如撬棍、竖管、木桩等）控制放松绳子，使管子沿着槽壁慢慢放入槽底。

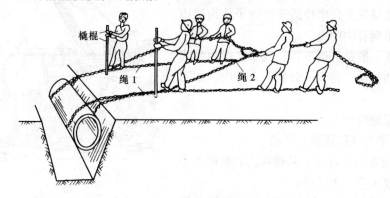

图 7-23

管子下沟时，一般以逆流方向铺设，当承插连接时，承口应朝向介质流来的方向，但在斜坡区域，承口应朝上，以利施工。

当管径大于600mm时，使用撬杠双压绳法已不安全，则改用立管下管法。这种下管

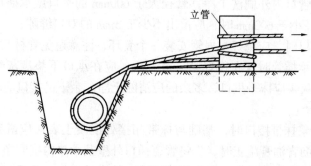

图 7-24

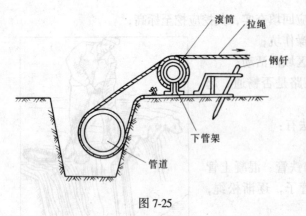

图 7-25

法是在沟槽边上埋一根混凝土管，埋入地下 1/2，1/2 留于地上，把大绳套在立管上，其他与撬杠双压绳法相同。

3. 简易机械法

人工下管在个别情况下，也采用吊链，电葫芦等半机械化工具进行。这类方法主要是利用一些常用的或特制的简易机械下管，如三角架手拉葫芦下管，绞磨下管，下管架下管等方法。这类方法多用于 300~600mm 的管子。图 7-25 为下管架下管示意图。

4. 机械下管法

机械下管是采用汽车式起重机、履带式起重机或其他起重机械下管。下管时，起重机沿沟槽开行。当沟槽两侧堆土时，其一侧堆土与槽边应有足够的距离，以便起重机开行。起重机距沟边至少 1m，保证槽壁不坍塌。此外，要根据管重与沟槽断面尺寸，选择起重机和其他工作参数，使起重量和工作半径适于把管子从沟槽边堆放处直接吊到管沟中央。

机械下管一般是分散下管，汽车式或履带式起重机沿沟槽移动，将管子分别下入槽内，如图 7-26 所示。

图 7-26

三、管道铺设

(一) 管道安装铺设施工要求

1. 管道应在沟底标高、基础标高和基础中心线符合设计要求后才可铺设；

2. 管基和检查井室底座一般应在下管前做好，井壁应在稳管并做好接口后修建；

3. 下管应由两检查井间的一端开始，如铺设承插管，应以承口在前；

4. 下管后应立即拨正找直，拨正时撬棍下应垫以木板，不应直接插在混凝土基础上；

5. 稳管前应将管口内外刷洗干净，管径大于 600mm 的平口或承插口管道接口，应留有 10mm 缝隙，管径小于 600mm 时，应留出不少于 3mm 的对口缝隙；

6. 使用套环接口时，应稳好一根管安装一个套环，注意避免管材互相碰撞；

7. 铺设小口径承插管时，在稳好第一节管后，应在承口下垫满灰浆。然后将第二节管插入，挤入管内灰浆应抹平里口，多余的应清除干净。余下的接口应填灰打严，或用砂浆抹严；

8. 施工水泥砂浆抹带接口时，基础与抹带相接处混凝土表面应凿毛刷净，使之粘结牢固；承插管采用沥青油膏施工时，先将管道插口外壁及承口内壁刷净，并涂冷底子油一遍，再填沥青油膏。承插管采用水泥砂浆施工时，管道插口外壁及承口内壁均应刷净。

（二）管道接口

接口形式、尺寸及每个接口材料用量详见第五章第一节所述，接口安装质量应符合下列规定：

1. 承插式接口、套环口、企口应平直，环向间隙应均匀，填料密实、饱满，不得有裂缝现象；

2. 钢丝网水泥砂浆抹带接口应平整，不得有裂缝、空鼓等现象，抹带宽度、厚度的允许偏差应为 0 ~ +5mm；

3. 预应力混凝土管及钢筋混凝土管的橡胶圈应位于插口的小台内，并应无扭曲现象。

四、稳管

稳管是将管子按设计的高程与平面位置稳定在地基或基础上。重力流管的铺设高程和平面位置应严格符合设计要求，一般以逆流方向进行铺设，使已铺的下游管道先期投入使用，同时供施工排水。稳管时，相邻两管节底部都应齐平，以免水中杂质阻塞而沉淀。为避免管口破损，使柔性接口能随少量弯曲变形，大口径管按触端应预留 10mm 的间隙。

压力流管道铺设的高程和平面位置的精度都可低些。通常情况下，铺设承插式管节时，承口朝来水方向。在槽底坡底急陡区间，应由低处向高处铺设。

（一）中线控制

中线控制主要用于重力流的排水管道。有下述两种方法。

1. 中心线法（见图 7-27）

连接在两块坡度板的中心钉之间的中线上挂一垂球，当垂球线通过水平尺中心时，表示管子已对中。

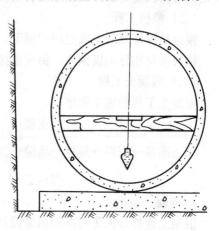

图 7-27

2. 边线法

边线两端有时是一端拴在槽底或槽壁的边桩上，稳管时控制管子水平直径外皮与边线间的距离为一常数，则管道处于中心位置，用这种方法对中，比中心线法速度快，但准确度不如中心线法。

（二）高程控制

管道高程控制前，在坡度板上标出高程钉，横跨沟槽的坡度板间距为 10 ~ 15m。相邻两坡度板的高程钉分别到管底的垂直距离应相等。因此，两高程钉之间连线的坡度，即为管底坡底，该连线称坡度线。坡度线上任何一点到管底的垂直距离是一个常数，称为下反数。高程控制时，使用丁字形高程尺，尺上刻有管底和坡底线之间距离的标记，即下反数的读数。将高程尺垂直放在管底，当标记和坡度线重合时，表明高程正确。

控制中心线与高程必须同时进行，使二者同时符合设计规定。

五、构筑物砌筑工程施工

（一）砌砖与砌块施工

1. 砌砖施工工艺：抄平放线→摆砖→立皮数杆→盘角、挂线→砌筑、勾缝。

2. 砖墙砌筑的基本要求：

（1）横平竖直；

（2）上下错缝；

（3）接槎可靠。

3．砌块吊装施工工艺：镶砖→铺灰→砌块安装就位→校正→灌缝。

（二）砌石

毛石砌筑前，应将表面泥土杂质清除干净，以利于砂浆与块石粘结。

石墙要分层砌筑，每层高 300～400mm，每天的砌筑高度不应超过 1.2m，灰缝应在最后用 1:1 水泥砂浆统一勾缝。

五、钢筋混凝土工程施工

（一）钢筋工程：钢筋加工包括调直、除锈、下料剪切、接长、弯曲等工作。钢筋连接方法有焊接、绑扎连接和机械连接。

其中，焊接包括闪光对焊、电弧焊、点焊、电渣压力焊、气压焊。绑扎连接必须符合规定的搭接长度要求，机械连接有挤压连接和锥螺纹连接。

（二）模板工程

模板是保证混凝土成型用的模型，模板系统是由模板、支撑及紧固件等组成。

模板按材质分钢模钢撑、钢模木撑、木模木撑。

（三）混凝土工程

混凝土工程的施工顺序。

支模┐

施工准备→配料→搅拌→运输→浇灌→振动→养护→拆模→质量检查→修补缺陷

绑钢筋┘

1．混凝土搅拌

混凝土搅拌分人工搅拌和机械搅拌，搅拌时间是影响混凝土质量及搅拌机械生产率的重要因素之一。时间过短，拌合不均匀，会降低混凝土的强度及和易性；时间过长，不仅会降低搅拌机械的生产率，而且会使混凝土的和易性又重新降低，产生分层离析现象。

2．混凝土的浇筑与振动

（1）混凝土的浇筑

混凝土须在初凝前注入模板，规范规定混凝土入模最短时间在温度为 20～30℃时不超过 1h。

1）浇筑前，应对钢筋、模板等进行清理，木模板应浇水湿润，缝隙应堵严。

避免产生离析现象，混凝土的自由下落高度不应超过 2m。超过 2m 时，应使用溜槽或串筒。

2）混凝土必须分层浇筑。

3）混凝土应连续浇筑，以保证结构良好的整体性，如必须间歇，间歇时间不应超过规定间歇最长时间，根据所用混凝土强度等级及气温条件，通常在 150～210min 之间。

（2）施工缝

由于技术或组织上的原因，混凝土不能一次连续灌注完毕，而必须停歇一段较长时间，以致原灌注的混凝土已经初凝，继续灌注时，后浇混凝土的振动将破坏先浇的凝结。在这种情况下，按一定的部位留置的缝称为施工缝。施工缝的位置，既要照顾施工的方便，又要考虑留在结构受力最小的部位。

在施工缝处继续浇筑混凝土时，应在原混凝土的强度达到 1.2MPa 以后才可进行。在施工缝处继续浇筑混凝土时，应按下列步骤对硬化的施工缝表面进行处理。

1）清除表面的水泥薄膜和松动石子或软弱混凝土层，然后用水冲洗干净，并保持充分湿润，但不得有积水。

2）浇筑前，在施工缝处先铺一层水泥浆或与混凝土成分相同的水泥砂浆一层。

3）施工缝处的混凝土振实，使新旧混凝土结合紧密。

（3）混凝土的振动

混凝土灌入模板后，有一定体积的空隙和气泡，不能达到要求的密实度，而混凝的密实度直接影响强度、抗渗性以及耐久性。所以必须用适当的方法在混凝土初凝前进行捣实，以保证混凝土的密实性。

振动器常用的插入式振捣器和平板振捣器。

3. 混凝土养护

为保证已灌注好的混凝土在规定龄期以内达到设计要求的强度，并防止产生收缩，必须做好养护工作。

自然养护是在常温下，用草袋、麻袋、锯末、塑料薄膜覆盖在混凝土构件上，并及时浇水，使混凝土在一定的时间内保持足够湿润的状态。

4. 混凝土质量缺陷与防治

常见的质量缺陷有蜂窝、麻面、孔洞、露筋、缺棱掉角，施工时应做好预防措施，治理措施一般可归纳为清理表面后用 1:2 水泥砂浆修补。

六、管渠施工质量检验

（一）非金属管道基础及安装的允许偏差见表 7-7。

非金属管道基础及安装的允许偏差 表 7-7

项 目			允许偏差（mm）	
			无压力管道	压力管道
垫 层		中线每侧宽度	不小于设计规定	
		高 程	0 −15	
管道基础	混凝土	管座平基 中线每侧宽度	0 +10	
		管座平基 高 程	0 −15	
		管座平基 厚 度	不小于设计规定	
		管座 肩 宽	+10 −5	
		管座 肩 高	±20	
		管座 抗压强度	不小于设计规定	
		管座 蜂窝麻面面积	两井间每侧≤1.0%	
	土弧、砂或砂砾	厚 度	不小于设计规定	
		支承角侧边高程	不小于设计规定	

项　　目		允许偏差（mm）	
		无压力管道	压力管道
管道安装（mm）	轴　线　位　置	15	30
	管道内底高程　$D \leqslant 1000$	±10	±20
	管道内底高程　$D > 1000$	±15	±30
	刚性接口相邻管节内底错口　$D \leqslant 1000$	3	3
	刚性接口相邻管节内底错口　$D > 1000$	5	5

（二）管渠砌筑质量允许偏差见表 7-8。

管渠砌筑质量允许偏差（mm）　　　　　表 7-8

项　　目		砌　体　允　许　偏　差			
		砖	料石	块石	混凝土块
轴线位置		15	15	20	15
渠底	高程	±10	±20		±10
	中心线每侧宽	±10	±10	±20	±10
墙　高		±20	±20		±20
墙　厚		不小于设计规定			
墙面垂直度		15	15		15
墙面平整度		10	20	30	10
拱圈断面尺寸		不小于设计规定			

七、排水管道的闭水试验

生活污水和工业废水管道要进行闭水试验。

闭水试验是在要检查的管段内充满水，并具有一定的水头，在规定时间内观测漏出水量多少。试验布置如图 7-28 所示。通常在管段两端用水泥砂浆砌砖封堵，低端连接出水管，高端设排气孔。水槽设置高度应使槽内水位为试验规定的水头高度。管内充满水后，继续向槽内注水，使槽内水面至管顶距离达到规定水头为止。此时，开始记录 30min 内槽

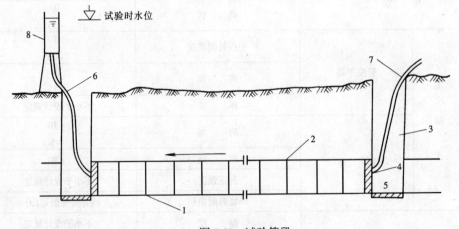

图 7-28　试验管段

1—试验管段；2—接口；3—检查井；4—堵头；5—闸门；6、7—胶管；8—水桶

内水面降落数值，折合每公里管道 24h 渗水量是否超过表 7-9 内规定。

闭水试验的水头，若管道埋设在地下水位以上时，一般为管顶以上 2m，埋设在地下水位以下时，应比原地下水位高 0.5m。

排水管道允许渗水量 表 7-9

管 道 种 类	管 径 （mm）									
	1km 长的管道在一昼夜（24h）内允许渗水量（m³）									
	200	300	400	500	600	800	1000	1500	1800	2000
混凝土管、钢筋混凝土管、陶土管	17.6	21.62	25.0	27.95	30.6	35.35	39.52	48.4	53.0	55.9

第四节 不开槽法顶管施工

一、顶管概述

地下管道，一般采用开挖沟槽的方法进行铺设。开挖沟槽要挖大量的土方，这种方法污染环境，阻断交通，给生产和生活带来很多不便，特别是管道需要在河流、铁路、繁华的街道下面铺设，经过技术经济比较，有的无法实现开槽施工，在这些地方，通常采用顶管法施工。

我国自 1953 年开始采用顶管法施工以来，经过几十年的工程实践，1981 年我国在浙江甬江的顶管技术已达到可顶管径 2600mm，单边连续一次顶达 581.9m，成为当时继美国依里诺斯州单边一次顶进 558m 之后，世界上单边一次顶进最长的顶管工程。1997 年竣工的深圳市污水排海海洋放流管为海域超长距离大口径曲线顶管工程，设计管径 2.6m，采用钢筋混凝土管，全长 1609.2m，是国内同类工程中最长的排污隧道，图 7-29 为深圳市污水排海海洋放流管顶管工程纵剖面图。

（一）顶管技术具有以下优点

1. 施工面由线缩成点，占地面积少，与同管径的开槽施工法相比，可节约土地；

2. 施工面移入地下，使地面活动不受影响，可保持交通运输畅通无阻；

3. 穿越铁路、公路、河流、建筑物等障碍时可减少沿线的拆迁工作量，节约资金和时间，降低工程造价；

4. 施工过程中易做到不破坏现有的管线和构筑物，不影响其正常使用；

5. 施工噪声低，减少对沿线环境的污染；

6. 顶管施工除工作面挖土尚多使用人工外，其他工序大部分实现了机械化，降低了劳动强度；

7. 在穿越河流时，既不需要导流，修筑围堰，也不影响正常的通航。

（二）顶管技术的缺点

1. 土质不良或管顶超挖过多时，竣工后地面下沉，路表裂缝，需进行修补处理；

2. 必须有详细的工程地质和水文地质勘察资料，否则顶进中遇到未估计到的恶劣土层，将出现不易克服的困难；

3. 遇到复杂的地质情况时，如松散的砂砾层、地下水位以下的粉土、施工困难，工程造价增高。

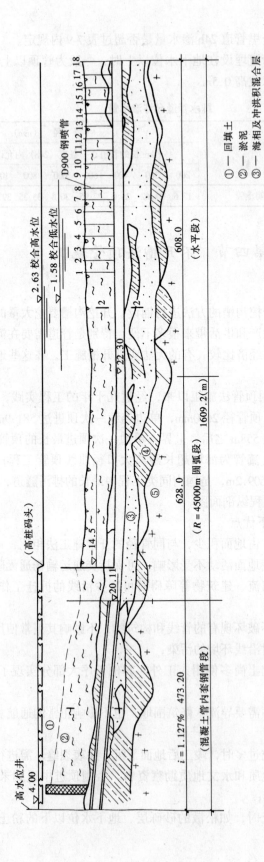

图 7-29 深圳市污水排海海洋放流管顶管工程纵剖面图

（三）顶管施工的适用范围

1. 管道穿越铁路、公路、河流或建筑物时；

2. 街道狭窄，两侧建筑物多时；

3. 在市区交通量大的街道施工，又不能断绝交通或严重影响交通时；

4. 现场条件复杂，上下交叉作业，相互干扰，易发生危险时；

5. 管道覆土较深，开槽土方量大，并需要支撑时；

6. 河道以下施工，采用隧道方式施工不经济或技术上有困难。

（四）顶管的分类方法（通常分成四种）

1. 按工作面土层的稳定程度，分成开放式顶管和密闭式顶管。当工作面土层的物理力学性质良好，土层处于稳定状态下，操作时不会出现塌方现象，能直接挖土，因工作面开敞，称开放式顶管。当工作面土层不稳定时，为了防止塌方，将管前端加以密封，有的并施以气压、水压或土压来支撑工作面，使工作土层稳定，由于工作面是密封的，称密闭式顶管。

2. 按管前方挖土方式的不同，可分为普通顶管、机械化顶管、半机械化顶管、水射顶管和挤压顶管。

（1）普通顶管　这是目前最普通采有的方法，管前用人工挖土，具有设备简单，能适应不同的土质，但工效低，见图7-30。

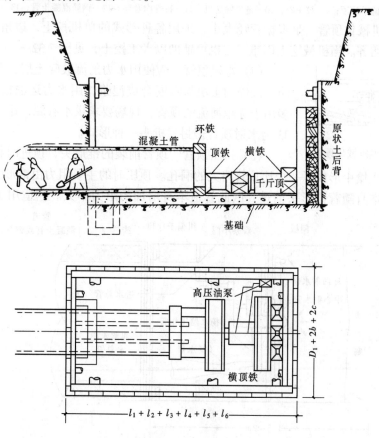

图 7-30　普通顶管

(2) 机械化顶管　在工作面采用机械挖土，工效高，但对土质变化的适应性差，该方法又可分为全面挖掘式和螺旋钻进式两种。图7-31为机械化顶管法的一种。

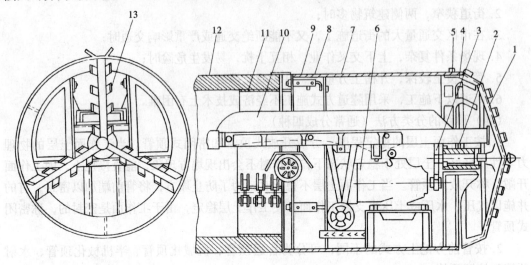

图7-31　机械化顶管法

1—机头；2—轴承座；3—减速齿轮；4—刮泥板；5—偏心环；6—摆线针轮减速电机；7—机壳；
8—斜偏千斤顶；9—校正室；10—链带输送机；11—特殊内套环；12—钢筋混凝土管；13—切削刀

(3) 半机械化顶管　是根据管径大小，采用各种形式的单机挖土，边角剩下的余土，靠前端刃脚切齐。当机械挖土困难时，也可辅助以人工挖土，见图7-32。

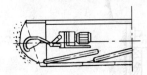

图7-32　半机械化顶管

(4) 水射顶管　为使用水力射流破碎土层，工作面要求密闭，破碎的土块与水混合成泥浆，用水力运输机械运出管外。多用于穿越河流的顶管，现场要求供水有源，排水有道。图7-33为水射顶管密封式机头一种形式。

(5) 挤压顶管　顶管前装的锥形头，顶进时将锥形头挤压进土内，在土壤中形成了一个比顶管略大的洞孔。顶压时的主要阻力由锥形头压入土壤而发生，管道本身随着锥形头前进，因此管道本身增加的阻力不大。它适用于非岩性的土

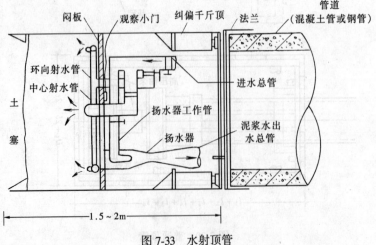

图7-33　水射顶管

壤，但不适用流砂性土壤。这种顶管法如图 7-34 所示。此法设备简单，不用人工挖土，但只能用于较小的管径。其缺点是顶管方向容易产生较大的误差。当管顶覆土浅时，会引起地面隆裂变形。

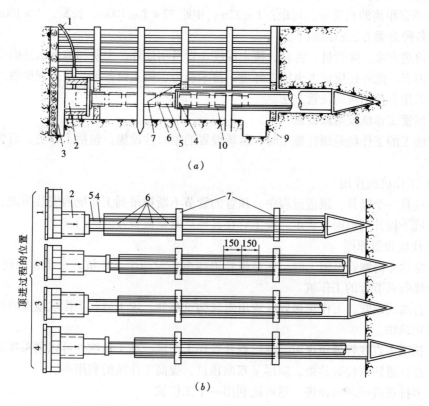

图 7-34　挤压法顶管施工布置图

（a）断面图；（b）平面图

1—油泵的油管；2—液压千斤顶；3—后背；4—钢插销；5—穿管；6—插钢插
销的孔；7—导向架；8—管尖；9—焊接坑；10—铺设的管子

3. 根据顶管前进所用的千斤顶装置的部分可分为：（a）后方顶进式；（b）前方牵引式；（c）盾头顶进式；（d）中继间接力式，见图 7-35。

4. 按顶进管径的大小可分为：将管径在 800mm 以上的，工人能直接进去操作，称为

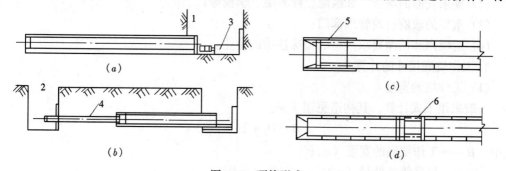

图 7-35　顶管形式

1—顶进工作坑；2—接收工作坑；3—千斤顶；4—牵引钢丝束；5—盾头；6—中继间

大口径顶管；而直径在 500mm 以下，工人不能进去操作，称为小口径顶管。直径在 500mm 以上、800mm 以下的管道，虽然人能进去，但无法操作，距离短时，也有勉强采用人工挖土的，距离长时，则多采用螺旋式钻进。

5. 按顶管距离的长度分，短距：$L \leqslant 32m$；中距 $32 < L \leqslant 100m$；长距：$L > 100m$。

现将各种分类方法归纳如下：

确定顶进方法，除管材、管径、覆土深度、管道用途外，土质和地下水是确定顶进方法的决定因素，此外还应该考虑施工环境、技术能力、施工设备等。按工程地质及水文地质的不同采用各种相应的顶管方法。

二、顶管工作坑及附属设施

顶管施工的工作坑是顶管施工时在现场设置的临时性设施，包括工作坑、后背、导轨和基础等。

（一）工作坑的作用

工作坑是一个竖井，顶进过程中，顶管的管节不断被吊到工作坑内安装顶进，管内土方陆续从坑下提升到地面上运走。竣工后在其地点修建检查井或阀门井。

1. 工作坑设置原则

（1）穿越障碍物管道施工时，在穿越管道两端各设一个工作坑，一个作顶进工作坑，另一个作接收首节管的工作坑。

（2）直线式顶管，工作坑最好在管道附属构筑物处，竣工后就工作坑地点修建永久性管道附属构筑物。

（3）长距离直线管道顶进时，在检查井处作工作坑，在工作坑处可以调头顶进。

（4）在管道转弯检查井处，应尽量双向顶进，提高工作坑的利用率。

（5）多排顶进或多向顶进，尽可能利用一个工作坑。

（6）地下水位以下顶进时，工作坑要设在管线下游，逆管道坡度方向顶进，有利于排水。

2. 工作坑的设置地点选择原则

工作坑是顶管工作活动最集中的地方，材料和土方的运输，水泵、电机等机械设备的运输，临时施工用房的设置等因素都会给周围带来影响和不便，因此设置工作坑的地点应避开：

（1）地方狭窄处或人、车流密集处；

（2）要求安静的场所，如医院、疗养院、学校等；

（3）重要的政府行政管理部门；

（4）对噪声和洁净要求严格的特殊性质的企业。

3. 工作坑底尺寸的计算

（1）工作坑的宽度

一般采用下式计算，其构造见图 7-36。

$$B = D_1 + 2b + 2c$$

式中　B——工作坑底的宽度（m）；

　　　D_1——顶进管节外径（m）；

　　　b——工作坑内稳好管后两侧的工作空间（m）；

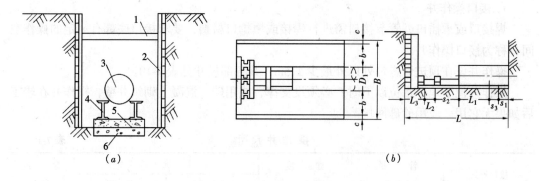

图 7-36 工作坑构造

（a）工作坑各部位；（b）工作坑尺寸

1—支撑（横撑）；2—立撑；3—管材；4—导轨；5—基础；6—垫层

当 $D \leqslant 1000\text{mm}$ 时，$b = 1.2\text{m}$

$D > 1000\text{mm}$ 时，$b = 1.6\text{m}$

c——支撑材料的厚度（m）；

  木撑板时，$c = 0.05\text{m}$；

  木板桩时，$c = 0.07\text{m}$。

为了简便估算工作坑底的宽度，还可以用下式计算：

$$B \approx D_1 + （2.5 \sim 3.0）（\text{m}）$$

（2）工作坑的长度　工作坑的长度与管节长度、千斤顶长度及背尺寸有关，还与顶进方法和运土工具有关。其长度一般按下式计算，见图 7-36：

$$L = L_1 + L_2 + L_3 + S_1 + S_2 + S_3$$

式中　L——工作坑底的长度（m）；

  L_1——管节长度（m）；

  L_2——千斤顶长度（m）；

  L_3——后背厚度（m）；

  S_1——顶进管节预留在导轨上的最小长度，视管节长度而定：

钢筋混凝土管 $0.3 \sim 0.5\text{m}$；

钢管　　　　$0.6 \sim 0.8\text{m}$；

  S_2——管内出土操作，在管尾留出的空间长度，视出土工具而定：

土斗车　　　$0.6 \sim 1.0\text{m}$；

手推车　　　$1.2 \sim 1.8\text{m}$；

  S_3——调头顶进时的附加长度，一般要大于 0.5m，单向顶进时 $S_3 = 0$

工作坑的长度也可以用下式估算：

$$L \approx L_1 + 2.5（\text{m}）$$

（3）工作坑的深度由设计管底高程及基础厚度而定，即管底高程减去基础厚度，就是坑底标高。

（二）工作坑的附属设施

1. 接口操作井

焊接口或承插口，管节接口需进行焊接或填捻口材料，要求接口底部有一定的操作空间，称为接口操作井。

操作井设在顶进管进口处以外最少1.5m，其各部尺寸见表7-10。

操作井位于地下水位以下时，必须设支撑，或用砖、混凝土砌筑井壁，操作井在竣工后如果无它用，应用砂砾回填。

操作井尺寸　　　　　表7-10

接口形式	管　径 (mm)	宽　度 (mm)	长　度 (m)		深　度 (m)
			承口前	承口后	
承插口	< 800	$D_1 + 1.2$	1.0	0.3	0.4
	800～1200	$D_1 + 1.2$	1.0	0.3	0.5
焊接口	< 1000	$D_1 + 0.8$	1.0		1.2
	1000～2000	$D_1 + 0.8$	1.0		1.2
	> 2000	$D_1 + 1.2$	1.2		1.2

2. 集水井

主要用于地下水的排除。当采用水下顶进或泥水加压顶管法施工时，还可作为排除泥浆的备用井。集水井一般为圆形，内径为1.2～1.5m，深为1.0～1.5m，视水量多少而定。

3. 工作棚

除因工期短、覆土浅，又不在雨期施工的顶管工程可不设工作棚外，一般均设防雨棚，以防雨雪。工作棚的覆盖面积要大于工作坑的平面尺寸。

4. 工作台

工作台位于工作坑顶部的地面上，一般由型钢支架构成，上面铺设方木和木板。在承重平台的中部设有下管孔道，设有活动式盖板。下管时盖好盖板，管节堆放到平台上，卷扬机将管提起，然后推开盖板再向下吊放，见图7-37。

平台主梁应通过计算选用。计算荷载是管重、人重及冲击荷载。横梁两端搭于地面上

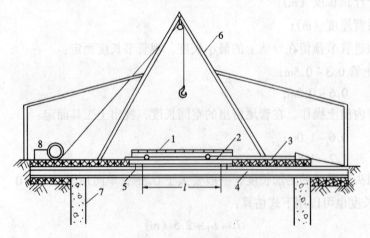

图7-37　工作台及工作棚

1—工作台盖；2—运行轨；3—150mm×150mm方木；4—工字钢；5—18号槽钢；

6—下管四足架；7—钢筋混凝土井筒；8—卷扬机

166

的长度不小于 1.2m。荷载区上部铺以 150mm×150mm 的方木，非荷载区铺 50mm 的厚木板。盖板下装有滚动轮，运行于轨道上。

平台口的尺寸按下式确定：

$$B = D_1 + 0.8$$
$$l = l_j + 0.8$$

式中　B——平台口宽度（m）；

　　　D_1——管节外径（m）；

　　　l——平台口长度（m）；

　　　l_j——管节长度（m）。

5．测量标志

管道轴线基桩、临时水准点，均应在工作坑内设置。

6．后背

（1）后背的要求：

1）要有充分的强度。在顶进中能承受主压千斤顶的最大反作用力而不破坏。

2）要有足够的刚度。当受到主压千斤顶的反作用力时，应使压缩变形小；当反作用力取消时，应能恢复原位，以充分发挥千斤顶的有效冲程。

3）后背表面要平直，并应垂直顶进管道的轴线，以免产生偏心受压。

4）材质要均匀，以免承受较大的后座力时，造成后背材料压缩不均，出现倾斜现象。

5）结构简单，装拆方便。

（2）后背的形式和类别

后背的结构形式可分为整体式和装配式两类。整体式后背多采用现场浇筑的混凝土，因造价高，而用的较少；装配式后背因其具有结构简单、支拆方便、适用性较强等优点，因而用得较多。图 7-38 是常用后背的结构形式。各种后背形式技术经济效果及优缺点比较见表 7-11 及表 7-12。

后背的技术经济效果比较　　　　　　　　　　　　　　　表 7-11

	后 背 形 式	材 料	承载能力（kN）	刚 度	工 期	造 价
1类	块石后背（c） 方木后背（e） 排管式后背（f） 重力块石后背（d）	块 石 方 木 钢筋混凝土管 块石、混凝土 钢筋混凝土	2000 3000 2500 2000 2000～4000	较好 好 差 较好 好	长 较短 较短 较短 长	稍高 较低 较低 稍高 最高
2类	简易后背（a） 钢板桩后背（b） 管道式后背（i） 土加固后背 板桩填土式后背（g）	方 木 钢板桩、方木 已顶钢筋混凝土管段 方 木 钢板桩、方木	2000～5000 2000～5000 2000～4000 2000～3000 2000～3000	差 较差 较好 较好 差	短 短 短 较长 较	最低 最低 最低 稍高 稍高
3类	钢筋混凝土拖拉式后背（h）	钢筋混凝土	4000～8000	最好	长	高
	钢筋混凝土整体式后背	钢筋混凝土	4000～6000	最好	长	高

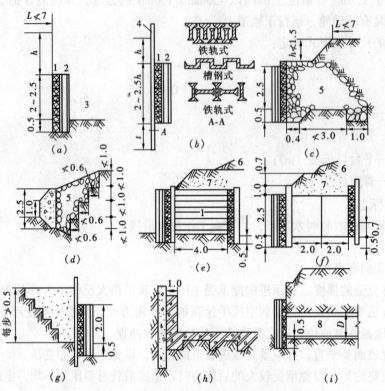

图 7-38 各种后背形式（单位：以 m 计）

1—方木；2—工字钢；3—横顶铁；4—钢板桩；5—砌块石；
6—堆石；7—填土夯实；8—已顶管段

各种后背优缺点比较　　　　　　　　　　　　　　　　　　　　　表 7-12

后背形式	优　　　点	缺　　　点
简易后背（a）	1. 利用原状土，降低工程造价 2. 支拆方便，材料可重复使用 3. 能承受较大顶力	1. 土体不均匀时，后背易倾斜 2. 粉细粒土排水不良时，后背易破坏
钢板桩后背（b）	1. 与工作抗同时施工，简化工序 2. 充分利用后背土的土抗力	1. 回弹量大 2. 板桩施工困难
块石后背（c）	1. 就地取材，砌筑方便，竣工后拆除 2. 刚度大，有利于增加千斤顶的有效冲程	1. 费工，劳动强度高
重力式块石后背（d）	1. 稳定，能承受最大的顶力 2. 刚度大，回弹量小	1. 费工，劳动强度大 2. 中等深度则不经济
方木后背（e）	1. 搬运方便，拆卸容易，成本低 2. 利用木材纵向压应力，能受较大顶力	1. 占用木材量大 2. 压缩变形大
排管后背（f）	1. 利用现场管节，方木拆除可重复使用 2. 刚度好，位移小，能承受较大顶力	1. 现场修建费工
板桩填土后背（g）	材料简单，用木料少	1. 分层夯实费工 2. 不能承受较大顶力
拖拉式后背（h）	1. 后背独立承受顶力，井筒不受影响 2. 利用土抗力和利用摩阻力	浇筑钢筋混凝土工期长
管道式后背（i）	1. 利用已顶完的钢筋混凝土管道，无需另建 2. 拆装方便，价格低廉	顶力受限制，取决于管径和管道长度

7. 基础的种类和形式

基础的形式取决于地基土的种类、管节的轻重以及地下水位的高低。当地基土的承载力大时，可以直接用天然地基作顶管地基。地基土承载力小时，就要做基础。一般的顶管工作坑，常用的基础形式有三种：

图 7-39（a）是土槽木枕基础，适用于地基承载力大、又无地下水的地方。这种基础施工操作简单，使用材料不多，方木可以重复使用，造价较低。

图 7-39（b）是卵石木枕基础。适用于虽有地下水但渗透量不大，而地基土为细粒的粉砂土。为了防止安装导轨时扰动地基土，可铺一层 100mm 厚的卵石或级配砂石，以增加其承载能力，并能保持排水畅通。在枕木间填粗砂找平。故这种基础具有形式简单，施工容易，便于排水，不扰动地基土等优点，较混凝土基础造价低。

图 7-39（c）是混凝土木枕基础，适用于地下水位高，同时地基土承载力又差的地方。混凝土的强度等级为 C10，厚为 200mm，浇筑宽度较枕木长度大 500mm。在混凝土内部埋 150mm × 150mm 的方木作轨枕，预埋时枕木安置高度见图 7-39（d），这种基础面干燥，无泥泞，不扰动地基土，能承受较大的荷载，但造价较高。

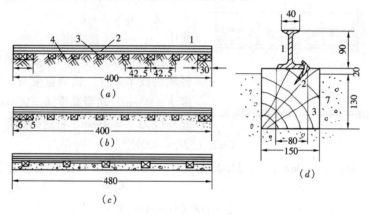

图 7-39 基础形式

1—钢轨；2—道钉；3—方木；4—原状土；5—粗料；6—卵石；7—混凝土

8. 导轨的位置

（1）导轨的类别

导轨分钢轨和木轨两种。钢轨耐磨且承载力大，木轨是将方木砍去一角来支承管体起导向作用。见图 7-40。

按顶管过程中管节在导轨上运行的状态划分，有滑动导轨和滚动导轨两种。图 7-40 的两种形式都属于滑动导轨。管节前进时，与导轨面作滚动摩擦的，称为滚动导轨，主要用于钢管，以防止钢管上的保护层磨损。图 7-41（a）为落地式、（b）为架空式滚动导轨示意图。

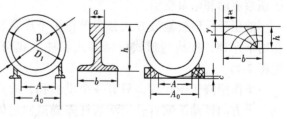

图 7-40 铁导轨和木导轨

各种导轨的使用条件及其优缺点，见表 7-13。

类 型		使 用 条 件	优 缺 点
滑动式	轻轨型	$\phi \leqslant 1500mm$ 钢筋混凝土管	安装方便，能重复使用，耐磨，材质轻，易得，用时要加工，浪费木材，在一定范围内能调轨距，安装方便
	重轨型	$\phi > 1500mm$ 钢筋混凝土管	
	木轨型	各种管径	
	排架型	各种管径	
滚动式	落地型	$\phi \geqslant 800mm$ 钢管	能防止保护层破坏；安装时调平困难
	高架型	$\phi \leqslant 500mm$ 钢管	保护层不易破坏，安装较方便

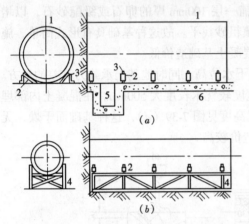

图 7-41

（a）落地式滚动导轨；（b）架空式滚动导轨

（2）导轨轨距计算　导轨埋设之前一定要算好轨距。导轨轨距取决于管径及导轨高，其计算方法参阅图 7-42。

从图 7-42 得：

$$\triangle abc \backsim \triangle cad$$

经计算整理得：

$$A = 2\left[D_1(h-c') - (h-c')\right]^{1/2}$$

又　$A_0 = A + a'$

式中　a'——轨顶宽度。

当用单位质量为 18kg/m 的轻轨时，根据轻轨的技术条件，轨顶宽度 $a' = 40mm$，轨底宽度 $b = 80mm$，轨身高度 $h = 90mm$。若假定预留缝高度为 $c' = 10mm$，将这些数值代入上式得：

$$A = 8\ (5D_1 - 400)^{1/2}$$

同理，当用度 $a' = 60mm$；$b = 110mm$；$h = 128mm$，单位长度的质量为 32kg/m 的重轨时，整理得：

$$A = 2\ (118\ (D_1 - 118))^{1/2}$$

将不同的 D_1 分别代入上式，则可计算出轨顶内缘距；然后可计算出轨中心距。

三、顶进设备

液压千斤顶按其驱动方式分为手压泵驱动、电泵驱动和内燃机驱动三种形式。顶管施工大多采用手压泵驱动和电泵驱动。

液压千斤顶按输液方式分为单作用千斤顶和双作用千斤顶，按构造形式分活塞式和柱塞式两种，见图 7-43。

单作用液压千斤顶，只有一个供油孔，故只能向一个方向推动活塞杆。当活塞杆需要退回缸体内时，垂直使用则靠自重，卧用时靠外力压回，顶管使用有些不便，故顶管施工一般使用活塞式双作用液压千斤顶。

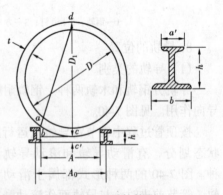

图 7-42　导轨轨距

a—导轨边缘与管子的接触点；b—通过 c 点水平线与过 a 点垂线的交点；c—垂直管外径的下端点；D_1—管节外径（mm）；D—管节内径（mm）；c'—预留缝高度（mm）；t—管壁厚度（mm）；A—轨顶内缘距（净轨距）（mm）；A_0—轨中心距（轨距）（mm）

图 7-43　液压千斤顶

（a）柱塞式单作用千斤顶；（b）活塞式单作用千斤顶；

（c）活塞式单杆千斤顶；（d）活塞式双杆千斤顶

　　顶铁是顶进过程中的传力工具，其功能是延长短行程千斤顶的行程，传递顶力并扩大管节端面的承压面积。顶铁一般由型钢焊成，强度和刚度应当经过核算。图 7-44 是矩形顶铁示意图。其中（a）为纵向顶铁，用于将千斤顶活塞的顶力向管子端面传递；（b）为横向顶铁，作用是传递千斤顶向前的顶力和向后的后座力，长约 2～3m。

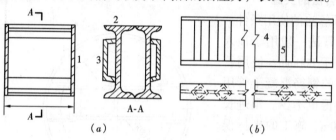

图 7-44　顶铁

1—12mm 钢板；2—32$^\#$工字钢；3—16$^\#$槽钢；4—40$^\#$工字钢；5—10$^\#$角钢

　　弧形或环形顶铁，用于管节端的均布传力和端面保护，如图 7-45 所示。图中符号意义为：

R——弧形顶铁内半径（m）；

R_1——弧形顶铁外半径（m）；

L——弧形顶铁长度（m）；

t——弧形顶铁厚度（m）；

D_1——环形顶铁外径（m）；

D_2——顶进钢管内径（m）；

D_3——环形顶铁内径（m）。

刃脚：

　　刃脚装于首节管端部，用它先贯入土中以减少贯入阻力，并防止管檐下土方坍塌，支撑作业空间，挡住挤压过来的土层，直到最后由后续管材来承受全部荷载和压力为止，是

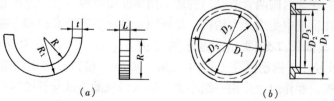

图 7-45　弧形顶铁

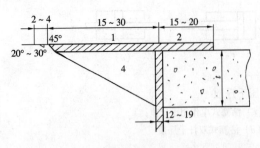

图7-46 刃角端部

顶管安全操作的专用设备。

刃脚由外壳、内环和肋板三部分组成。外壳以内环为界分成两部分，前面称遮板，后面为尾板，见图7-46。

刃脚外壳套于顶进管外部，外伸长度取决于土质。遮板端部呈20°～30°角，尾板长度15～200mm。用肋板增加其刚度，钢板厚度为9～16mm，肋板厚为12～19mm，多数肋板按中心角10°～15°位置作放射形设置。图7-47和图7-48是大型刃脚和小型刃脚实例。

四、普通顶管法的实施

（一）普通顶管法的使用条件

现在普通顶管法一般用于顶入的管节内径不小于800mm，使用管材以离心法生产的钢筋混凝土管用得最多，钢管用得也不少。顶进长度一般不超过60m。施工的坐标误差一般可达到10mm以内。该法的特点是设备简单，施工安装容易，时间短。但当管径大于1800mm时，工作面土壁可能会出现稳定性问题，尤其是土质松散或遇到地下水时，稳定性问题会更突出。普通顶管法的工艺流程见图7-49。

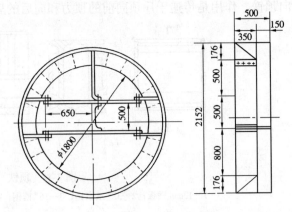

图7-47 大型刃脚

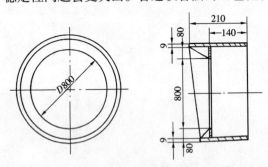

图7-48 小型刃脚

（二）顶进前的准备工作

1. 安装管节

管节安装下管前应先进行外观检查，包括管端面的平直度，管壁表面的光洁度，端面上有无纵向裂缝等。对马蹄形端面，裂缝超长，管壁粗糙者不应使用。检查合格的管子用卷扬机或龙门吊吊到顶管的导轨上，准备连接顶进。

2. 管道接口

管节稳好后，在管内侧两管节对口的地方用钢胀圈将两节管子连接起来，使接口处于刚性连接，避免在顶进中受力产生错口，保证顶进过程中管节高程和方向的准确度。钢胀圈固定管口的方式如图7-50所示。钢胀圈是用6～8mm的钢板卷焊而成圆环，宽度300mm。胀圈环外径小于钢筋混凝土管内径30～40mm。接口时将钢胀圈放在两个管节的中间，并打入木楔。操作时，先用一组小方木插入钢胀圈上部与管壁的空隙内，将钢胀圈固定。然后两个木楔为一组，方向相反、交错地打入缝隙内，将钢胀圈牢固地固定在接口处。

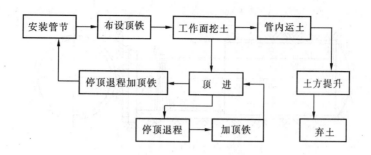

图 7-49　普通顶管工艺流程

对于钢筋混凝土管，为了接口填封，应在管节口间预先留出空隙，称预留缝。平口钢筋混凝土使用直径 30～35mm 的麻辫，放在管缝的外缘周围，借以留出空隙，如图 7-50 所示。顶管竣工后将钢圈拆除，再往管缝内填打石棉水泥。麻辫除有隔缝的作用外，在顶进过程中，尚能发挥均布顶力和保护管节的作用。

五、顶管工程的测量监督及误差校正

（一）测量

顶管施工时，为了使管道按照规定的方向前进，在顶进过程中必须不断观测管节前进的轨迹，当发现偏离设计位置时，就要及时地进行校正。管线位置发生顶进偏移，一般称为误差，误差过大不但校正困难，即使尽力校正后，有些误差的影响也难以完全消除，因此，必须在误差很小时就进行校正。这就要

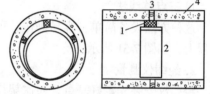

图 7-50　钢胀圈固定
1—木楔；2—钢涨圈；3—麻辫；
4—钢筋混凝土管

求顶管自始至终都要在测量工作的严格控制之下。测量工作大致可分为四个方面：

1. 顶进前的准备阶段测量

包括工作坑的方位、高程，标定管道中心线，设立临时水准点等。开始顶进的第一节管测量工作非常重要，第一节管顶得好，位置正确，以后的管子才能顶好。

2. 顶进过程中的测量

主要是对工具管和首节管进行测量，此种测量观测频繁，正常顶进时每顶进 300～400mm 就应测量一次，顶进第一节管时，测量的顶进间隔距离更要小些。除对工具管和首节管频繁测量外，每顶进 400～600mm 还需对整个顶进管段进行复测，主要是检查中间管节有无下沉现象。

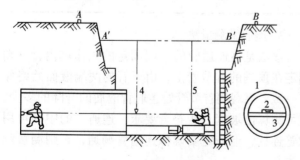

图 7-51　三点移线法测量中线

1—首节管；2—铁水平尺；3—中心尺；4—前锤球；5—后锤球

3. 工程竣工测量

一般是每节管都应测量，根据测量结果绘出竣工图。

4. 地面观察测量

观察地面有无沉陷和隆起。

（二）测量方法

开始顶进前，要选好基线（即管道设计的中心线）和基点（即临时水准点）。基线和基点一定要设置牢靠，

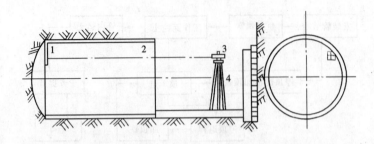

图 7-52　定点定位测量

1—固定标志；2—视线；3—测量仪器；4—支架

在整个施工过程中不能发生移动，特别是基线若方向发生少量移动则可能形成很大的误差。基线设置好后，就可以以基线为准测量顶管的中线。中线的测量可根据顶距的长短、精度要求的高低选择不同的方法。常用的方法有：

1. 三点移线法

这种方法设备简单，容易操作，可以近似地测出误差值，多用在顶距为几十米的顶管工程上，如图 7-51 所示。

2. 经纬仪测量

经纬仪安装先定好基点，每次架设仪器都要与基点对中，管内设测量标志，在顶进过程中反复测量。为了节省架设和调整仪器的时间，也可采用定点定位测量，即将仪器装在工作坑内固定的位置上，管内的测量标志也固定在首节管内的一个位置上，可节省人力，提高测量效率，如图 7-52 所示。但应注意支设仪器的地点不要与顶进设备相互干扰，并要防止操作时振动。管内的观测标志设置位置不要影响管内操作，可放在一角。根据装设的地点推算管道的高程。

国产激光经纬仪性能
表 7-14

仪 器 型 号	经 纬 仪 最小格值	激光器功率 （mW）	测程（m）	光点直径 （mm）	特 　 征
J₂-JD 激光经纬仪 （苏州）	1″	1～1.5	100	5	激光器并联在望远镜上
			250（昼）		
DJD-1 型激光经纬 仪（北京）	6″	3	100（昼）	12	纤维导光
			200（昼）	23	
			300	32	

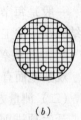

图 7-53　接收靶

（a）方形靶；（b）装有硅光电池的圆形靶

3. 连通管测量法

该法是将连通管的一端固定的工作坑内，一端固定在顶进的首节管上，由于管的两端液面始终保持一致，靠观测首节管处连通管液面的升降的多少，就可测算出坡度是否符合要求。连通管的中部可用软管连接，但一定要确保连通管畅通，否则测量就会失真。

4. 激光测量

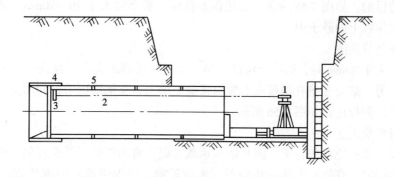

图 7-54　激光测量
1—激光经纬仪；2—激光束；3—激光接收靶；4—刃角；5—管节

这是 20 世纪 60 年代以后发展起来的一门新技术。激光测量就是将激光器与经纬仪或水准仪机械部件组合在一起固定于望远镜上。国产激光经纬仪的性能列于表 7-14。

测量时，在工作坑内安装激光发射器，按照管线设计的坡度和方向将发射器调整好。同时管内装上接受靶，靶上刻有尺度线，见图 7-53。当顶进的管道与设计位置一致时，激光点直射靶心，说明顶进质量良好，没有偏差，见图 7-54。

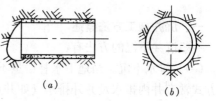

图 7-55　挖土校正法

（三）顶管误差校正

1. 顶管工作产生误差的原因很多，主要有：

（1）地质构造的变化，基础土层软硬悬殊；

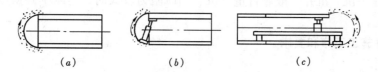

图 7-56　强制校正法
（a）衬垫法；（b）支顶法；（c）支托法

（2）顶进千斤顶用力不均；

（3）导轨移位，工作坑基础沉陷；

（4）局部障碍物导致施力偏向；

（5）挖土操作时开挖的尺寸不合适；

（6）顶进管节的端面不平行。

2. 顶管误差校正是逐步进行的过程，一旦形成误差不易立即将已顶好的管进行校正，而是逐步由误差调整到正确，常用的校正方法有：

（1）挖土校正法

这是采用在不同部位增减挖土量的办法，以

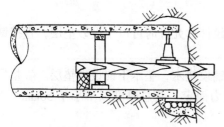

图 7-57　淤泥及流砂地段的管子低头校正

达到校正的目的。如图 7-55 所示。校正误差范围一般不要大于 10 ~ 20mm。该法多用于黏土或地下水位以上的砂土中。

(2) 强制校正法

当偏差大于 20mm 时，用挖土法已不易校正，可用圆木或方木顶在管子偏离中心的一侧管壁上，另一端装在垫有钢板或木板的管前土壤上，支架稳固后，利用千斤顶给管子施力，使管子得到校正，如图 7-56 所示。

(3) 衬垫校正法

对淤泥、流砂地段的管子，因其地基承载力弱，常出现管子低头现象，这时要在用顶木校正法的同时，在管底下部衬垫砂石、木板等物，以加强地基的承载力，如图 7-57 所示。

第五节 沉 井 施 工

一、沉井施工方法概述

一般沉井下沉的方法有：

(一) 排水下沉。当地下水补给量不大、且排水不困难时，一般都采用排水下沉。排水方式常有井内排水及井外排水（如井点降水等）。

(二) 不排水下沉。当遇到容易产生"涌流"的不稳定土壤，且地下水补给量较大而排水又有困难时，可采用不排水下沉。

在无地下水的稳定土壤中，沉井施工不存在排水或不排水施工的问题。

(三) 一次或分次下沉。根据井体高度及施工条件可采用分段浇筑一次下沉或分段浇筑分段下沉。

(四) 配重下沉。沉井一般靠自重下沉。当摩阻力较大时，为减少井壁厚度，可采用配重强迫下沉。

二、沉井施工工序和要求

(一) 制作

1. 基坑开挖

沉井制作前，先在设计位置上挖好基坑，以减少沉井下沉的深度，为此要求：

(1) 基坑开挖深度除考虑砂垫层厚度外，尚应使垫层底面高出地下水位 0.5m 以上。

(2) 基坑底部应设置一定坡度的排水沟，四角应设置集水坑，集水坑应比排水沟低 0.5m 以上。

(3) 基坑平面尺寸，每边应大于沉井尺寸，并有不小于 2m 的护道。

2. 砂垫层的铺设

(1) 当沉井建于表层土承载力较大的地基上，经计算允许时可以不设砂垫层，直接铺设垫木。重量较轻的沉井也可用土胎膜制作刃脚。

(2) 当地基表层土承载力不够时，常于刃脚下铺设垫木，垫木下铺设砂垫层。砂垫层的铺设厚度应视沉井重量和垫层底部地基土的承载力而定，其总厚度以不小于 50mm、不大于 2m 为宜。

(3) 砂垫层一般要选用级配较好的中、粗砂，分层洒水夯实。其密度的质量标准，用砂的干容重控制，对中砂取 1.6t/m³，对粗砂可以适当提高。

3. 铺设垫木

（1）铺设垫木应使顶面保持在同一平面上，并在其间隙中填砂夯实。垫木的埋设深度一般为其厚度的一半。垫木长度的中心应与刃脚中心重合。

（2）垫木的规格，数量应由计算确定。铺设垫木时，直边部分按垂直于井壁铺设，圆弧部分应对准圆心铺设。

（3）支承垫木的根数，由第一次下沉前沉井的重量及砂垫层的承载力而定。每米内垫木根数 n 按下式计算：

$$n = G/FR$$

式中　G——沉井第一节下沉前单位长度重量（t/m）；

　　　F——每根垫木与砂垫层的接触面积（m²）；

　　　R——砂垫层承载力（t/m²）。

4. 混凝土浇筑

（1）混凝土浇捣应按照《钢筋混凝土工程施工及验收规范》（GBJ204—83）的要求进行。

（2）沉井分节制作高度，应视土层性质及沉井的平面尺寸而定。第一节沉井的最小高度，应以撤除定位垫木前井壁能抵抗纵向弯曲为原则。一般情况下，底节的高度不宜超过 8～12m。

（3）下沉后沉井的接高，应以顶面露出地面 0.8～1.0m 为宜。接浇的高度一般每段为 3～5m。接高的各节竖向中轴线，按设计要求应与前一节的中轴线重合或平行。

接高工作应满足下沉稳定，并根据必要的计算加填土堤或在井内回灌压重水后方可进行，以防止发生"突沉"或过大变形。隔墙下面应增加必要的支点。

（4）支立第二节以上模板时，不宜直接支撑于地面上，以免沉井因自重增加而产生新的沉降，使新浇筑的混凝土内部产生拉力，造成裂缝。

（5）沉井直壁模板应在混凝土达到设计强度的 25% 以上，刃脚斜面承受混凝土重量的模板应在混凝土达到设计强度的 70% 以上时方可拆除。

5. 下沉

（1）抽除垫木

1）抽除垫木下沉应在第一节混凝土达到设计强度以后，其上各节达到设计强度的 70% 后方可进行。

2）抽除垫木时，应在专人指挥下，分组编号按顺序依次，对称、同步地抽除。

3）在抽垫木过程中，应随抽随填夯砂或砂砾石，在刃脚内外侧应填筑成小土堤，并分层夯实。

4）抽除垫木时应加强观测，注意下沉是否均匀。

（2）排水下沉

1）采用井点降低地下水位的办法施工时，应注意对邻近建筑物进行沉降观测，必要时应采取防护措施。

2）当采用水力机械冲泥时应以集泥坑为圆心逐渐向四周冲射，并注意在刃脚内侧保留 0.5～1.0m 宽的土台，均衡对称地，自上而下地一层层冲去。严禁用水枪掏挖刃脚踏面以下的土层。

3）采用人工挖土时，次序是先中央后四周，均衡对称地进行，并应根据需要留有土台，逐层切削，使沉井均匀下沉。

（3）不排水下沉

1）不排水下沉时，井内外水位不宜相差过大。挖松软土或流动性土时，应保持井内水位高出井外水位不少于1m。如不到1m，应向沉井内灌水，以防井外水向井内涌流。

2）多格沉井内的土，一般应均匀挖除，各井格内土的高差不宜超过0.5m。

（4）沉井下沉过程中应注意的几个问题

1）下沉观测　沉井下沉中应加强观测，每班至少测量一次，并应在每次下沉后进行检查，如发现倾斜、位移时，应随时注意纠正。沉井初沉和终沉阶段应增加观测次数。

2）防止突沉　为防止突沉，施工时应控制均匀挖土。在井壁四周靠近刃脚处挖土时，应注意不宜掏挖过深。

5．封底

（1）排水封底（干封底）

沉井干封底时，应遵守下列规定：

1）沉井下沉至设计标高。

2）下沉停止，不再继续下沉。

3）排干沉井内存水并除净浮泥。

4）为保证受力底板不受破坏，在封底混凝土尚未达到设计强度以前，应从井内底板以下的集水坑中不间断地抽水，使地下水位保持低于底板底面以下300mm。

（2）不排水封底（湿封底）

1）进行不排水封底前，井内水位不低于井外地下水位。

2）先由潜水员整理沉井中央锅底，使符合设计要求。沉积于表面的浮泥应予清除。超挖部分的回填，应先用300mm左右石块压平井底，再铺砂，然后按设计铺设垫层。

3）井内有隔墙或底梁时，应用模板将沉井分隔，逐格浇筑混凝土。

4）水下混凝土浇筑方法，一般采用导管法浇筑。

5）当水下封底混凝土达到所需强度后，方可从沉井内抽水。

6．容许偏差

（1）制作容许偏差

沉井横断面尺寸的容许偏差，长宽为±50mm；曲线部分的半径为上下±25mm；两对角线的差异为±75mm。沉井井壁厚度的偏差为±15mm。

（2）下沉完毕后容许偏差

1）沉井刃脚平均标高与设计标高的偏差不得超过100mm。

2）沉井的水平偏移，不得超过下沉总深度的1%。但下沉总深度小于10m时，水平偏移允许为100mm。

3）沉井四角（圆形沉井为相互垂直两直径与圆周的交点）中任何两角的刃脚踏面高差，不得超过该两角间水平距离的1%，且最大不得超过300mm。如两角间水平距离小于10m时，其踏面高差允许为100mm。

本 章 小 结

介绍了排水工程施工的各个工序的具体内容，包括土石方工程、支护加固措施、管道安装、砌筑工程等分部分项工程的施工方法与技术要求。专门介绍了顶管法施工技术以及排水构筑物沉井的施工方法。

复 习 思 考 题

1. 土方开挖的方式有哪些？施工中应注意哪些问题？

2. 地下管线主要有哪些？施工中应如何处理？

3. 管道安装的工序由哪些部分组成，施工的技术要求是什么？

4. 顶管有哪几种方式？相应的附属设施有哪些？施工中各个工序应注意哪些问题？

5. 沉井的下沉方法有哪几种？其施工工序和技术要求是什么？

第三部分 排水管网养护

第八章 排水管网作业安全知识

一个城市的市政排水管网四通八达，贯穿于城市的地面下，在管理这些管网时，工作量是非常巨大的，因为这些管网会经常由于各种各样的原因而发生不同情况的堵塞，为了不影响普通市民的日常生活，管理部门必须要有未雨绸缪的计划安排，来避免管道堵塞情况的出现，但是这些管理毕竟是有限的。大量的排水管线，尤其是污水管道，经常都会出现堵塞冒水的情况，如果堵塞严重时，管理部门就必须派人下到检查井里去疏通管道，又或者是日常的管网清疏工作，有时也是需要工作人员下到检查井里进行疏通的操作。因为检查井只有检查时才打开井盖，井盖长时间处于关闭状态，且井内大多数是不通风的，所以检查井里就会有很多不明的危险情况，如沼气、一氧化碳、硫化氢等有毒气体，这些气体不但有毒，而且当其量达到一定程度时，遇到明火时还会发生爆炸。工作人员如果不做任何安全防护措施就下井作业，很容易发生安全事故，这已经有很多血的教训。为了贯彻落实安全生产的方针，保障作业人员的安全和健康，确保排水管渠作业的顺利进行，提高排水管网管理的水平，养护作业人员必须严格遵守中华人民共和国建设部、劳动部颁发的《排水管道维护安全技术规程》和相关的安全管理制度及操作规程。

第一节 管网维修养护作业

管网维修养护作业主要包括：雨水口清疏、排水管网清疏、防洪排涝、排水设施维护四大项工作，也是管网管理单位的日常工作。在工作人员的具体操作中，会涉及到各种各样的安全问题，所以从业人员在进行这些操作之前，必需经过安全作业技术培训，熟练掌握各种安全技术知识，考核合格后持证上岗。

一、雨水口的清疏

雨水口的清疏有机械清疏（见图8-1）和人工清疏（见图8-2）两种。市政道路的雨水口主要分布在道路的低洼处，通常道路的设计是中间高，两边低，所以，雨水口的位置也一般在道路的道牙边上。对雨水口的清疏，就需要工作人员在道路边上操作，这时工作人员涉及到的安全问题有：路面交通安全和清疏机械的操作安全。

在道路上清疏雨水口，首先，要把清疏的范围进行适当的围挡，工作人员要先穿好反光衣后，在道路上放置反光锥，并用反光绳将各反光锥连在一起，围成一个清疏的工作范围。如果在道路较窄或者是道路上车辆行人繁忙地带时，还需要专门派工作人员现场指挥交通，要在尽量少影响交通的情况下，迅速清疏雨水口。其次，在操作清疏机械时，必须严格遵守清疏机械的使用操作规程，因为大型清疏机械不但价格昂贵，而且真空抽吸和水力冲洗的力度都很大，违规操作就有可能会威胁到工作人员的人身安全，所以大型清疏机械必须由受过专业培训的专业人员进行操作，禁止违规操作。

二、排水管网的清疏

排水管网的清疏有机械清疏（见图8-3）和人工清疏（见图8-4，图8-5）两种形式。

图 8-1　机械清疏雨水口

图 8-2　人工清疏雨水口

图 8-3　机械清疏检查井

人工清疏时工作人员下到管渠中用铲、锄等工具将泥土、垃圾、石块等杂物装入塑料袋或手推车，运到检查井后再传输到地面上，一般都是大型管渠的清疏，作业人员可以在较大范围的空间活动。机械清疏是用大型的机械设备来操作，现在常用的有吸污车和清污车，吸污车是用真空原理将泥土、垃圾等杂物吸入储泥罐，再到指定的地点倾倒。清污车是用强大的水压将堵塞物冲散，以达到疏通管渠的目的。管渠清疏是要下井操作的，井下作业具有一定的危险性，所以应尽量避免井下作业，尽可能利用工具或清疏机械设备来代替人工井下的工作。但是不论设备如何先进，还是不能完全避免井下作业，如非要下到井下去作业时，必须严格遵守下井作业安全操作规程。一切的井下作业，必须以作业人员的安全为前提，在保证安全的前提下制定完善的作业方案和采取措施后，才能下井作业。杜绝贸然下井作业和个人英雄主义，把安全放在首位，只有这样，才能更好地开展各项管理工作。

图 8-4　人工清疏检查井

图 8-5　人工清疏明渠

三、防洪排涝

防洪排涝是排水管理的一项重要工作，它分为汛前准备、汛期值班和上路、汛后检查整改三部分。汛前准备应包括物资、材料、设备及人员几项。汛期值班和上路是工作的重点，特别是在易涝易淹地段。雨期要安排包括节假日的日常值班，遇台风或暴雨天气时要安排 24h 连续值班。按照定人、定岗、定责的三定原则制定防洪排涝责任制，有强降雨时工作人员主动上路，清理聚集在雨水箅上的垃圾等杂物，确保路面排水的畅通。汛后检查整改主要是针对易涝易淹地段，提出切实可行的工程方案。强降雨经常出现在晚上，有时是台风造成，有时还伴随着雷电，另外下雨也影响司机的视线，因此工作人员在上路时要特别注意安全，做到眼观六路、耳听八方。

四、排水设施维护

日常排水管理工作还有一项就是排水设施的维护，排水设施需要专人去管理维护才能更好地发挥其功能作用，它包括设施巡查和设施维修（见图8-6）两部分。而在维护时，我们工作人员需要注意一些安全措施：

1. 在发现设施缺损或丢失，要在路面作业时，工作人员必须身穿反光衣，用反光锥围挡好作业范围，在尽量少影响交通的情况下迅速补缺，检查井盖更换见图8-7。

2. 车辆停靠或在马路上进行作业时，必须在车辆前后5m处设置作业标志，繁忙路段要设置行车辆导向牌，作业车辆要严格遵守车辆交通管理条例。

3. 井下作业或管渠维护应严格遵守下井作业安全操作规程等安全管理制度。

图8-6　检查井座维修

图8-7　检查井盖更换

第二节　作业安全设备

排水管网的作业安全设备主要有：安全带、反光衣、反光锥、防毒面具、鼓风机、安全导向牌、毒气检测仪等。

安全带（见图8-8）是保障高空或井下作业人员滑坠、脱落时人身安全的绳套装置。下井作业时必须系上安全带，遇紧急情况时它能保障井下工作人员的人身安全。

反光衣（见图8-9）是一种带荧光的反光背心，在道路上作业时必须穿在身上，它能警示在道路上行使的车辆注意安全。

图 8-8　安全带

图 8-9　反光衣

图 8-10　反光锥

图 8-11　防毒面具

反光锥（见图 8-10）是一种带荧光的红色长锥形桶，它是用作道路围挡的主要工具，能保障作业区域内人员的安全，且能警示在道路上行使的车辆注意安全。

防毒面具（见图 8-11）是一种在特殊环境下罩住口、鼻，确保操作人员呼吸正常，且能过滤空气中有毒气体的装备，井下作业时它能保障工作人员的生命安全。工作人员能在有毒气体存在的环境中进行短时间的操作。这种装备是井下作业不可缺少的。

图 8-12　鼓风机

鼓风机（见图 8-12）是一种连续

送风的机器，它能把地面上的新鲜空气送到检查井等密闭环境内，以增加检查井内氧气的含量，保证井下作业人员的生命安全。这种设备是井下作业不可缺少的，尤其在井下空气不符合安全操作条件时一定要先鼓风至符合安全操作要求。

安全导向牌（见图 8-13）是路面作业安全警示和疏导交通的工具，能保障作业区域内人员的安全，且能警示在道路上行使的车辆注意安全。

图 8-13　安全导向牌

毒气检测仪（见图 8-14）是一种检测综合气体浓度的仪器，它能准确地分析综合气体中氧气 O_2、一氧化碳 CO、二氧化碳 CO_2、氨气 NH_3、硫化氢 H_2S 的含量是否符合安全作业标准，如不符合，它能发出警报响声。这种仪器是井下作业不可缺少的，在下井作业前必须先用毒气检测仪检测合格后才允许下井。综合气体检测仪现在有很多种，有进口的，

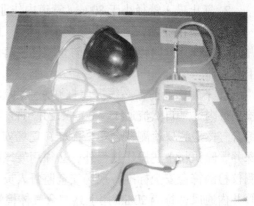

（a）　　　　　　　　　　　　　　　（b）

图 8-14　毒气检测仪

也有国产的。无论是国产的还是进口，综合气体检测仪主要是用来检测氧气、硫化氢、氨气、一氧化碳等有害气体的含量，并能在某种气体含量低于或高于某个特定值时，发出报警信号，以提示操作人员该密闭环境危险，必须采取强制措施来排除危险。

目前市政排水管网的管理部门大都配有综合气体检测仪，现介绍一种常用的美国产的（图8-14b）RAEPGM-7800毒气检测仪，它主要由探头、氧气传感器、氨气传感器、硫化氢传感器、碳氧化合气体传感器、可燃气体感染器组成，还有一些其他配件，如显示屏，软管等。在使用时，把探头放入要检测的密闭环境2~5min，如果有其中一种气体超过设定的安全标准，检测仪就会发出警报声音，如果在探头放入检测点2~5min后，检测仪没发出任何警报声音，则证明该密闭环境安全。表8-1是检测仪对各种主要气体发出警报信号的临界值。

各种气体的临界值　　表8-1

气体名称	临界值（%）
氧气	低于18，正常为21左右
氨气	高于10
一氧化碳和二氧化碳	高于50
硫化氢	高于10

第三节　排水管网作业安全操作规程

排水管渠作业指人工进入排水管渠或检查井内进行的清疏、维修、施工、检查和验收作业。有关作业人员上岗前必须接受必要的安全作业技术培训，掌握人工急救和防护用具、照明及通讯设备的使用方法及相关的安全知识，考核合格后持证上岗。

井下作业具有一定的危险性，所以应尽量避免一切井下作业，尽可能利用一切工具或清疏设备——吸污车和冲污车等清疏机械来代替人工井下作业，但是无论设备机械如何先进，还是不能完全避免人工井下作业，在不得不进行人工井下作业时，必须严格遵守以下规程：

1. 排水管渠作业，必须履行审批手续，由作业班组长填写《下井作业审批表》，明示作业管段的管径、作业水深、潮汐及上下游管网情况，经部门负责人、安全主管审核后，报主管领导审批。

2. 禁止进入管径小于800mm管道内作业。

3. 实施作业前，必须清点安全器材、工具及清疏机械、通风设备，确保性能良好，并认真检查井内的爬梯状况，防止爬梯脱落伤人。严禁在设备、安全器材不齐备的情况下下井作业。

4. 下井作业前，必须提前打开作业井和上、下游各2~3个检查井的井盖，让管道、检查井内空气自然流通15~30min，并用竹（木）棒搅动泥水，以散发其中有害气体，经综合气体检测仪检测符合安全标准，现场安全监督人员予以确认后方可下井；2m以上的深井，除执行上述操作规程外，必须用鼓风机进行强制鼓风15~30min，再经综合气体检测仪检测符合安全标准，现场安全监督人员予以确认后方可下井。井下作业期间必须保持管井内通风，每隔20min用上述综合气体检测仪检测一次，合格才可继续作业。

5. 井下作业至少应有两人在井面配合、监护；若需要工作人员进入管道作业时，必须在井内增加监护人员作中间联络，这样井下工作人员即使有意外，井面工作人员也能实施救援工作，井面监护人员在井下作业人员未上至井面之前，不准擅离井口，要时刻注意井下作业人员状况，要经常和井下作业人员保持联络。井面上的工具或物品不能靠近井口，必须在井口 2m 外的范围。井底与井面之间传递作业工具和输送淤泥等，要用绳索系牢进行，不得随便抛扔，且井圈范围内井下不得站人，在输送工具或其他物体时，井下工作人员在输送物未到井底时，不能在井圈内，要在管道中，或先上井等输送物品到达井底时，再继续下井作业，避免所输送的物品砸伤井下工作人员。

6. 进入管渠或深井（深度超过 2m）作业时作业人员必须佩带悬托式安全带及防毒口罩、胶手套、安全帽，必要时穿上水衣裤，不能怕麻烦而不做足安全措施。

7. 每人每次下井连续作业时间不得超过 40min。一旦发现安全隐患，必须立即停止作业，马上上到地面，采取应急防护措施，退到安全地带并保护好现场，迅速报告上级领导处理。

8. 在道路上进行作业时，为了井下作业人员的安全，必须围挡作业范围，所有作业人员必须穿安全反光衣，不得在作业现场嬉戏，在建筑地盘周围检查作业时必须戴安全帽，并时刻注意四周的情况。

9. 如果作业管道内水位较高，必须先做降水工作，直到水位不影响井下作业，降水工作可以要求有关污水提升泵站或污水处理厂配合。

10. 尽量避免在特殊天气情况时下井作业，如台风、暴风雨或下雨等不利井下作业情况，非要下井时，必须采取足够安全措施，保证工作人员的人身安全、工作安全和在一切安全措施落实后方可作业，但前提是一定要尽量避免，尤其是在一些大管径，而且井内水量、流速大的情况。

11. 作业范围内严禁吸烟、点火，不准携带火种（火柴、打火机等）、易燃易爆物品下井。地面的工作人员不能在井口吸烟、点火或任何能产生火种的事，井下作业照明必须使用防爆照明设备，亮度必须达到标准，亮度不够时，不能下井，此外，其供电电压也不得大于 12V。

12. 所有有关作业的车辆须开启警示灯或危险灯，停靠车辆前后 5m 处设置作业标志，繁忙路段要设置行车导向牌，作业区域应设置足够的安全标志，必要时指派专人维护现场秩序，以保证车辆、行人和作业人员的安全。作业车辆及人员应遵守交通规则，如无特殊情况，不得随意逆行，严格遵守有关车辆管理条例。

13. 作业车辆和机械设备应由专人负责操作，其他任何人不得摆弄或操作。

14. 作业完毕，必须立即盖上打开的井盖，及时清理作业现场，避免污染环境及影响交通安全，清出来的污泥或其他垃圾要送到有关污泥填埋场或污泥处理场。

15. 井下作业是一种高强度，高危险的工作，有关作业人员必须是经过培训，熟练掌握有关的操作规程和有关的专业知识，才能下井作业，禁止下列人员下井作业：

（1）在经期、怀孕期、哺乳期的女工；

（2）有聋、哑、呆、傻等严重生理缺陷者；

（3）患有深度近视、癫痫、高血压、过敏性气管炎、哮喘、心脏病等严重慢性病者；

（4）有外伤疮口尚未愈合者。

16. 各作业班组长应经常对安全生产工作进行认真检查和落实，每周须将安全生产情况向主管部门及领导汇报。安全管理人员应定期到现场检查和督促，并将各班组安全生产情况每月向主管安全生产直接负责人汇报。

下 井 作 业 审 批 表

表 8-2

年 月 日

申报部门		申报人		作业时间	
现场监督人		现场负责人			
现 场 情 况					
地点		管道类别		井深	
井内积水（泥）高度		管道排水情况		爬梯状况	
路面交通等其他情况					
工具准备及安全措施情况					
作业方案（内容）					
应备工具（设备）					
主要安全措施					
部门负责人意见					
安全主管意见					
领导审批					

任何需要下到井下作业的，在下井前都必须做好有关的调查，并遵照有关下井作业的步骤和落实各项安全措施后才能下井。具体要按以下程序进行：

1. 现场勘察

有关部门负责人、现场负责人应明确下井作业目的，全面了解下井作业地点、管道类别、检查井的深度、井内积水（泥、渣）深度、管道排水情况、爬梯状况、路面交通等情况。

2. 准备必要的工具和设备

根据生产和安全措施的需要，备齐安全生产工具和设备，并确保上述工具和设备性能良好。

3. 申报与审批

现场负责人填报"下井作业审批表"表 8-2，部门负责人负责审核作业方案，安全主管负责审核安全措施。

4. 下井作业程序

（1）出车前的检查

检查安全生产工具和设备是否齐全，且性能是否良好。

（2）到达现场后，车辆要停放在合适的位置，不能妨碍交通和行人，但也要有利于作业需要。

（3）设置警示标志

作业人员下车，穿上反光衣服，在作业区域用反光锥、反光带围挡好，将作业警示标志牌等警示标志放在适当而显眼的位置。

(4) 通风与气体浓度的检测

a. 打开检查井盖及其上、下游各两至三个检查井盖，同时，用相关的综合气体检测仪测定井内氧气 O_2、可燃气体、一氧化碳 CO、硫化氢 H_2S 等气体浓度。

b. 观察井内气体浓度随通风时间的变化情况。

在管道畅通或下井作业的检查井上游（或下游）管道畅通的情况下，如果 O_2 浓度（含量）不断减少，或可燃气体、CO、H_2S 等气体中的一种或几种气体的浓度（含量）不断增加，则说明管道内有较多有毒有害气体，需进一步通风或用鼓风机鼓风排气。

在下井作业的检查井上游、下游管道都堵塞的情况下，如果井内氧气 O_2、可燃气体、一氧化碳 CO、硫化氢 H_2S 等一种或几种气体浓度不在安全标准范围内，则需用鼓风机鼓风排气。

c. 确保井内氧气 O_2、可燃气体、一氧化碳 CO、硫化氢 H_2S 等气体浓度在安全标准范围内。

当井内氧气 O_2、可燃气体、一氧化碳 CO、硫化氢 H_2S 等气体浓度稳定在安全范围内时，方可下井作业。注意：氧气 O_2 的浓度（VOL%）应大于 18%（表 8-3）。

下井作业井内气体浓度安全范围值　　　　　表 8-3

气体名称	短时接触最大值 (10^{-6})	经常接触最大值 (10^{-6})	说明（要求）	
O_2			>18%（VOL）	
可燃气体			<25%LEL	
H_2S	15	6.6	<6.6	
CO	400	24	操作 1h 以上	下井浓度 <40
		40	操作 1h 以内	
		80	操作 30min 以内	
		160	操作 20min 以下	

(5) 下井作业注意事项

a. 现场负责人应向下井作业人员交代工作任务和注意事项。

b. 下井作业人员必须佩带好悬托式安全套绳、安全帽、手套、防毒面具、手电筒等。

c. 井上至少要有两名以上人员牵住下井作业人员佩带的悬托式安全套绳的上端，才能让下井作业人员下井作业，并把绳索固定在合适的物体上，并不时用绳子与井下工作人员保持联系，路面人员负责安全监视工作。

d. 井内作业注意事项：

①如果井内没有爬梯，则要用梯子代替爬梯下井，梯子要绑在处于刹车状态的机动车上或其他固定而又稳当的物体上，保证作业人员的安全。

②必要时，用竹竿搅动检查井内的污水或泥渣，以探明检查井内杂物情况，同时也能将井内一些有毒气体或可燃气体排放出来，降低作业的危险性。

③确保井上无工具等物体掉入检查井内，地面的工具要放在井口 2m 以外，不准向井内抛丢工具。

④在井内用竹片或铁钩清理上（下）游管道内的堵塞物时，应采取适当的降水措施，

来帮助井下作业，并持续对井下进行鼓风。当上（下）游管道水位较高，井内作业人员在进行疏通管道时，一定要通知地面工作人员，以防水位突降而冲溺井下作业人员，必须在排除完所有潜在的危险和制定出相关的安全应对措施后，才能继续作业。

⑤清理较大废井盖时，应确保绳索牢实，并将废井盖捆绑牢靠，在井盖难以拉出井口时，应在井底将井盖打碎，再分别拉出。在拉出井盖时，井下的工作人员，应站在管道中，或先爬上地面，不能站在井圈的范围内，以避免绳子脱落被井盖砸伤。

⑥用桶或筐清理井内垃圾、泥砂等杂物时，装载量不能超重，且在装载物拉出井筒时，井圈的范围内也不能站有人，以免有人员受到伤害。

⑦井上人员应密切注视井内作业人员的状况，一旦有异常情况发生，迅速采取救援措施，将井内作业人员拉到地面上。

⑧检查井内禁止带强电作业。

（6）收尾工作

在井内作业结束后，要盖回检查井盖，清理干净作业区域的垃圾和现场，并收拾好工具。

本 章 小 结

简要介绍了管网维修养护作业内容及其安全操作事项；作业安全设备的特点及应用。重点讲述了下井作业安全操作规程的内容及下井作业程序和注意事项。

复 习 思 考 题

1. 排水管网维修养护作业的主要内容有哪些？
2. 管网维修养护作业主要的安全设备有哪些？
3. 下井作业前，必须采取哪些通风和检测措施？

第九章 排水管网管理

第一节 技术档案的管理

一个城市的市政排水管网是错综复杂的，而且量特别大，在管理这些排水管网时，如果没有一个系统的方法，工作起来就相当困难，且容易混淆出错。市政排水管网的管理，首先就要对市政管网的档案资料有一个系统的管理，各种分类、归档都应该符合档案管理的技术和制度要求，且有一套完整的计算机管理系统，这样对管网的管理才会更科学、系统化，管理起来才更加方便。市政排水管网的管理，要对每一项竣工后的排水工程档案资料进行管理。其次，每一项市政排水工程竣工验收后都要移交给养护管理部门来管理，养护管理部门是专门从事市政排水管网养护和管理的机构。养护部门的管理工作主要有以下几个方面：

1. 技术档案的归档。归档的内容包括：技术设计图纸，说明书及计算书；施工组织设计及施工记录；工程预决算及竣工图；竣工验收证明；归档编号；标入系统图；填写登记册等。

2. 对管网的定期巡查和维护，包括平时的巡视检查、技术检查、管网清疏和维修。

3. 对用户接管的审批和监督。

4. 对排水水质的监测和分析。

5. 对现有管网存在的问题从规划、设计、施工的角度提出整改方案。

在进行工程验收移交时，参与验收的人员，必须核对该施工单位所提供的图纸资料是否齐全，图纸标示是否正确。如图纸资料提供的不齐全，或资料不完整，以及图纸标示的资料不准确时，均不能接收，等待资料齐全准确无误后，才能验收和移交。需要移交的资料有：

1. 技术设计。包括：

(1) 总平面图及流域面积划分图；

(2) 平面图，应标明管位、起止点、流向、座标位置；

(3) 纵断面图；

(4) 特殊结构物设计图，以及以上四项图纸的电子文档资料；

(5) 设计计算书；

(6) 设计说明书；

(7) 工程预算。

2. 施工组织设计有关资料：

(1) 施工组织设计；

(2) 混凝土浇筑记录；

(3) 闭水试验及隐蔽工程验收记录；

（4）回填土密实度试验报告；

（5）与其他管线交叉及其他特殊处理记录；

（6）工程决算、竣工图和竣工图的电子版。

将以上资料，按地域或按系统编号、归档、一式两份。绘到 1:5000 或 1:10000 地形图上。同时将有关资料编入登记册。登记册有总帐。标示出该工程总号、系统号、起止点、各种断面情况及长度，检查井，过街管及进水井数量等。这部分资料，供计划统计用。

分户帐采用每个工程一页，并备有技术检查栏，将该工程发生破坏，修复等情况记述，犹如医院病历以备检查，其他项目应与总帐相同。

与此同时，也应该将这部分资料的编号，以及检查井号，用油漆标在井框上，以备巡视检查记录用。

对接户管线的编号也应按此系统，统一编号，这样便于管理。

现在计算机的应用已基本普及了，工程档案资料在很多地方已经充分地利用了计算机的优势，进行了电脑化管理，经过实践证明，计算机对工程档案资料的管理，能大大地提高工作效率，并且还有着很多优越性，对工程档案资料的管理应该尽量地利用计算机的便利，计算机对工程资料的管理，有着下列优点：

（1）计算机的储存量大，能储存大量的工程资料，并且是一段长时间的工程资料，这样对工程档案资料的连贯性起很大的作用，同时也方便了工程档案资料的统一管理。

（2）计算机在查找某个工程档案资料时，能迅速地查找，极大地提高了工作效率。现在计算机对资料的管理都是运用某个资料管理软件来进行管理的，这些软件都有一个共同的功能，就是对查找某个资料时，只要输入资料名称，或名称的一部分时，就能快速地找到所存放的位置。

（3）利用计算机来管理资料时，能把资料长时间的保存，不怕资料在查阅多次后会有损坏，这个对以前的管理方法有着很大进步。

（4）利用计算机管理资料，能节省很多存放的地方。所有的资料能在一个电脑里保存下来，任何形式的资料都能在电脑里看到。

（5）计算机对资料的更改和变动也是很方便的。

技术档案信息是庞大的，如果用人力进行管理会耗费大量的人力物力财力，如果用计算机系统来进行管理不但快捷还省力，MIS 系统是一种专门管理信息的计算机系统，它是Management Information Systems 的缩写，是一类日常事务操作系统，在此系统中，为管理的需要记录并处理有关数据。为高层决策把问题孤立出来，并把信息反馈给上层管理人员，以便反映出在达到主要目标方面的进展或不足。一个管理信息系统也能使行政部门及时地管理一个单位负责人的资料。用 MIS 系统来管理市政排水管网的档案资料是可行的，也是我们提高管理水平的手段，在以后的工作中要着手这方面的开发。

MIS 系统是一个不断发展的新型学科，MIS 的定义随着计算机技术和通讯技术的进步也在不断更新，在现阶段普遍认为 MIS 是由人和计算机设备或其他信息处理手段组成并用于管理信息的系统。

完善的 MIS 具有以下四个标准：确定的信息需求、信息的可采集与可加工、可以通过程序为管理人员提供信息、可以对信息进行管理。

具有统一规划的数据库是 MIS 成熟的重要标志，它象征着 MIS 是软件工程的产物。

通过 MIS 实现信息增值，用数学模型统计分析数据，实现辅助决策。

MIS 是发展变化的，MIS 有生命周期。

MIS 的开发必须具有一定的科学管理工作基础。只有在合理的管理体制、完善的规章制度、稳定的生产秩序、科学的管理方法和准确的原始数据的基础上，才能进行 MIS 的开发。

因此，为适应 MIS 的开发需求，企业管理工作必须逐步完善以下工作：

1. 管理工作的程序化，各部门都有相应的作业流程。

2. 管理业务的标准化，各部门都有相应的作业规范。

3. 报表文件的统一化，固定的内容、周期、格式。

4. 数据资料的完善化和代码化。

第二节 管网技术管理

一、管网的技术参数及其管理

排水管网主要包括排水管道、暗渠、明渠三种形式，简称为管渠。要管理好一个城市的地下排水管渠，首先要清楚管渠的技术管理，技术管理中有几个重要参数：时间、破损、长度、坡度、流量。

时间是指管渠的使用年限。

破损是指管渠的完好状态。

长度是指管渠检查井之间的距离。

坡度是指管渠检查井之间的坡度。

流量是指该管渠段的流量。

这些参数都是要管理人员在管理时总结观察得出的，而且有些参数在不断变化。管道的技术管理主要包含四个方面工作：管渠的日常巡查、巡视检查工作和养护维修工作的监督考核、管渠的技术性检查、管渠流量的测定。

1. 管渠的日常巡查。

为了管理好下水道，使其排水畅通，避免发生堵塞及其他事故，同时为了有计划地进行养护工作，必须进行日常巡视检查工作，发现有问题，就及时处理，达到未雨绸缪。一个巡视员一般担负 30km 为宜。巡视员最好步行，沿管线检查。但是，由于现在城市的飞快发展，一个巡视员如果只担负 30km 的巡查，则不能符合一个城市的实际需要，现在很多城市已经利用汽车代替步行，利用汽车来巡视管线，能大大地提高巡视的量度，但是不能像步行那样很好地发现管道中存在的问题。步行巡视已经不能适合一个现代城市的发展，汽车参与巡视，能在单位时间内，对大量的管线都能巡查到，但是利用汽车巡视，也要尽量达到步行巡视的效果。我们目前的做法是把日常巡视检查工作分为两部分，一为巡视、二为检查。巡视的要求是每天必须把辖区范围的路面排水设施巡视一遍，确保排水设施不缺损。检查的要求是在两周 10 个工作日内把辖区范围的排水检查井盖打开检查一遍，确保排水管网的排水通畅。其检查内容如下：

（1）管道两侧地面有无沉陷和异常变化，如有异常，做好记录并汇报领导；

（2）要经常揭开不同的井盖观测井墙有无异变、裂缝等，如有异常，做好记录并汇报领导；

（3）经常揭开不同路段不同的井盖观测管道内水流是否正常，是否有积泥，如有积泥的，可用标尺测量泥深；是否有堵塞物堵塞管道，如有，要记录在册，及时汇报领导处理；

（4）谛听管内流水声音是否正常，如有异响可能有堵塞物，可用手电筒进一步观测，如有异常，做好记录并汇报领导；

（5）用毒气检测仪检测井内气体含量。如果超过规定，应打开井盖通气，通气时注意安全，遵守安全操作规程。如有异常，做好记录并汇报领导；

（6）有无违章接管的情况，如有异常，做好记录并汇报领导；

（7）检查井壁是否有裂缝，如有，记录在册，汇报领导处理；

（8）检查井座是否能稳当地放置好井盖，如不能，记录在册，汇报领导处理。

巡视人员应将以上情况如实填入记录表，重点问题应写出报告来，交给主管人员处理。

雨后检查，特别是暴雨后的检查具有十分重要的实际意义。暴雨后，能够发现原来夯土不实的地方，可能发生沉陷。

能够观察积水的溢流状况，记录这类状况，将为改进排水工程设计，提供十分可贵的第一手资料。

巡视检查人员，应进行专业培训，使他们能够掌握管道检查的基本技能，熟悉必要的业务知识。平时应加强对巡视人员的管理和专业知识教育。

要有一定的管理考核制度来管理巡视人员，更好地调动他们的积极性和自觉性，主管人员应做以下工作：

（1）主管人员应经常检查、巡视、填好检查记录表，并指出重点的检查地段。

（2）定期召开巡视检查人员会议，汇报工作和互相交流经验。

（3）规定巡视检查人员，每天检查行走路线，并指定与另一地段巡视员相会时间和地点，交换证件。

（4）巡视人员长时间巡视一个区块，会养成习惯。对地物地貌、排水管道习以为常，不易发现问题。这样于工作不利，可以定期一个季度或半年调换一次。

2. 管理机构的主要负责人和技术负责人，应定期组织综合检查，包括对巡视检查工作和养护维修工作的监督考核，或者对重点地段的检查。参加检查的人员有巡视员，养护班长，这种检查工作，应比平时巡视检查详尽，必要时应下井检查，检查后写出报告，找出问题，提出解决方案。

3. 管渠的技术性检查。管渠技术检查应由技术管理部门负责，亦可由管理机构负责。一般应安排在每年春秋季进行，即在汛期前后。或因其他原因而临时组织实施。

在这种技术性检查前，应写出计划，提出检查地段，检查内容和安全措施。对大型管径 DN1000 以上，应进行内巡。内巡的不安全因素较多，必须有充分准备。应严格按下井作业安全操作规程执行，准备工具应包括毒气检测仪、鼓风机、防水衣、安全带、安全绳及必要的工具，在水量较大的管道内，应备有救生衣、橡皮筏、供氧式防毒面具、安全照明器材、必要的摄影工具、以及测量工具等。同时要备有救护车辆及通讯器材。

检查的主要内容如下：

（1）雨水口和检查井内的、管渠内的淤积情况；

（2）砖拱管的拱顶、拱脚有无变异；

（3）砖缝及管内壁腐蚀情况和管渠的寿命情况；

（4）水深变化情况、地下水渗入情况；

（5）检查井各配套设施是否齐全；

（6）要改造管渠的一切情况。

对于处于满流状态的管道，应测量水面高程，并绘出纵断面图以检查分析具体排水状况，属于管径太小的，要制定对应的改造方案。

对于管道和明渠，应定期测量其流量变化，这对于积累资料，改进设计工作是十分重要的一个环节。

在分析管渠腐锈原因时，应检查其水质。

随着科技日异更新，管渠的技术检查也可以利用机器代替人工进入管渠检查，它比起人工下管渠检查有着很多优越性：

（1）避免了作业人员直接面对井下众多的危险情况，很好地保证了人员安全问题。在一些危险的情况下，机器也能照常下井工作。

（2）能进入一些人员难以进入的小管道。如果是人工下管检查的话，在一些小管径的管道，人是无法进入其中进行检查的，这时管道检查机器就能起到很好的作用，而且作用的效果并不比作业人员下到管中要差。

（3）能将管中所拍摄的各种情况都储存起来，方便日后对有问题的地方进行充分分析，而人工下管检查只能是下管的作业人员知道管中情况，并且每个人的表达和理解都不同，对于管中的情况就不能很好地认识。

现在很多城市都用了这样的管道检测设备，效果很好，如英国产的 TS202 型电视摄像检查设备，它主要由遥控焦距彩色摄像器、信号光缆、显示器、遥控器、录像设备和发电机等其他的配件组成。

4. 管渠流量的测定。

管渠流量的测定很重要，首先它是一种资料的积累，其次它还能为今后的设计改造工作提供重要的数据，其测定的方法很多，我们常用的有以下几种：

（1）堰测水。以通过薄壁堰顶的水深，来测定流量的量水方法，这种测定流量的方法，是较精确的测水方法。它可以采用三角型（见图 9-1）堰口——称三角堰。

测小流量常用，通过水量大时可采用矩形堰、梯型堰，使用时在堰的上部测水深，按横断水流安设。为了测水流量，提前在管道流槽上，先做好凹槽。使用时可将堰板插入槽内，然后通过自动记录水位计，将堰的水深记录下来，进行水力计算，就可以求出流量来。

三角堰常应用于测定较小的水流量。三角堰的孔口断面成直角等腰三角形。其顶角（直角）倒置于下。

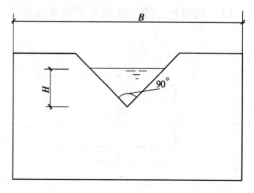

图 9-1 三角堰测流量

三角堰的流量公式为 $Q = 1.343H^{2.47}$ （L/s）

使用此堰时，最小水头为 0.05m，最大容许水头为 1.0m。由于堰口水面有一个坡降，测量水深时应在堰上游三倍 H 值处测量。

测量堰顶水深，可用人工定时测量，也可用自记水位计测量。

在表 9-1 中列入以 L/s 为单位的流量 Q 与水头 H 的关系。

按公式 $Q = 1.343H^{2.47}$ （L/s）计算而得。

三角堰中水深、流量关系表   表 9-1

H	Q	H	Q	H	Q	H	Q
m	L/s	m	L/s	m	L/s	m	L/s
0.03	0.23	0.09	3.5	0.18	19.43	0.40	139.9
0.04	0.47	0.10	4.55	0.20	25.29	0.45	186.9
0.05	0.81	0.12	7.14	0.25	43.82	0.50	242.7
0.06	1.29	0.14	10.45	0.275	55.36	0.55	306.0
0.07	1.88	0.15	12.40	0.30	68.67	0.60	380.1
0.08	2.62	0.16	14.54	0.35	100.40	0.65	463.2

梯形堰：见图 9-2，堰孔端面成梯形。

梯形堰所用符号为　　　H：堰边以上水深；

　　　　　　　　　　　b：堰孔底边的宽度；

　　　　　　　　　　　β：堰孔侧边与铅垂线的交角。

该堰水量公式为　　　　$Q = 1.86bH^{3/2}$

（2）用测污水中盐分的变化方法测水量。

用一水箱，配制一定浓度的食盐水，水箱出口处有一流量表，测水流量时，先取下游井水样化验。求出其氯化物含量，然后将水箱中食盐水按一定速度放入上游井中。由于盐水会使污水中氯化物增加，再从下游井中取样分析，则求出混合后的氯化物增加量，则根据比例关系求出流量来。

如：放入井中盐水浓度为 80%，以 0.1L/s 排入上游井。而从下游取样化验后，其中氯化物增加 1%，则管道中流量为

$$80\% \times 0.1\text{L/s} = 0.01 （Q + 0.1） \text{L/s}$$

则 $Q = 7.9\text{L/s}$

这种方法在有大量地下水涌入的情况下使用，测量则不够准确。

（3）利用先进的仪器设备测量水流量。

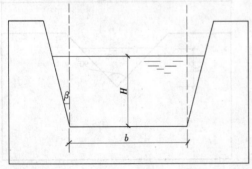

图 9-2　梯形堰

目前在一些城市里，采用了先进的测量水流量的高技术产品：在线流量仪。不同的流量仪由于计量的方法不同，在使用上、精度上也不同。对不同的水质有不同的要求。

如 AVM 1066-P 流量仪，该种流量仪主要是用来测污水的流速，通过流速来计算流过的水流量。污水的流速是通过流量仪的一个探头来测得，该探头能发

出超声波,而污水里有着大大小小的颗粒,在探头发出的超声波碰到某个颗粒时,超声波就会返回,这时,流量仪里会记录一个发出超声波到碰到颗粒的时间,以及从颗粒表面返回超声波的时间,这两个时间有时差,其时间差除以该超声波的速度,就是污水的速度了。当然在污水的不同层面上,会有着不同的流速,所以安放这流量仪的探头也很讲究,不同水深要求探头放的位置也不同,而测出来的污水流速只是一个大约平均速度而已,不过这速度也有一定的代表意义。其他类型的测流装置也很多,由于其理论计算比较繁杂,这里不再介绍。

二、管网改造、清疏计划申报

一个城市随着时间的不断推移,规模也不断地扩大,早期或很久以前建设的排水管网已不能满足使用的要求,或者是特殊情况的损坏,其埋在地下的排水管网也就需要进行相应的改造和扩建。另外,管径大于 $DN1000$(mm)的管渠清疏量特别大,不属于管网日常维护的范围,是要求单独申报年度清疏计划的。排水管网改造、清疏计划的申报一般一年一次,是要按一定的程序进行的。具体如下:

1. 各管理单位在汛期或日常工作时记录发现的需要进行改造或清疏的管渠。

2. 在汛期结束或年底,管理单位将所记录的资料统一填写《排水管渠、池体清疏计划申报表》和《排水管渠改造计划申报表》,经主管领导审核后,交上级生产部门核实并统一汇总。相关表格见表9-2、表9-3。

3. 生产部门将需要改造、清疏的项目选好,送审计或经营部门审批。

4. 审批完后交有关施工单位进行施工。

5. 施工完后交申报的管理单位进行项目验收管理。

排水管渠、池体清疏计划申报表　　　　　　　　　　表 9-2

申报单位:

序号	项目名称	管渠池体尺寸	淤积深度 H (cm) 淤积长度 L (m)	淤泥量 (m^3)	清疏原因	预算价 (万元)	主管部门 意见
1							
2							
3							

单位负责人:　　　　　　　　　填表人:　　　　　　　　　填报日期:

排水管渠改造计划申报表　　　　　　　　　　表 9-3

申报单位:

序号	项目名称	起止点	现状管径	工程量	改造原因	预算价 (万元)	主管部门 意 见
1							
2							

单位负责人:　　　　　　　　　填表人:　　　　　　　　　填报日期:

三、月生产报表

管理单位每月需要进行一次生产总结,并要填写《排水管网维修养护情况月报表》报上级有关部门,该月报表要能充分反映该管理单位在这个月中所有的生产工作完成情况,并与过去的生产量相比较,发现有问题的环节,以便在下月的生产中进行统筹安排。相关报表见表9-4、表9-5、表9-6、表9-7。

排水管渠清疏完成情况明细表

填表单位：　　　表 9-4

　　年　月

序号	路　名	污水管 （km）	雨水管 （km）	方渠 （km）	污水检查井 （座）	雨水检查井 （座）	雨水口 （座）	淤泥量 （m³）
1								
2								
3								
小计								

负责人：　　　　　　　填表人：　　　　　　　电话：　　　　　　　填报日期：

排水管渠维修完成情况明细表

填表单位：　　　表 9-5

　　年　月

序号	路　名	雨污管渠		污水检查井 （座）	雨水检查井 （座）	雨水口 （座）	其　他 项　目
		管径规格（mm）	长度（m）				
1							
2							
3							
小计							

主管领导：　　　　　　　填表人：　　　　　　　电话：　　　　　　　填报日期：

排水管渠清疏维修完成情况月报表

填表单位：　　　表 9-6

　　年　月

类别	项　　目	本月数	去年 同期数	同期 增长率	累计数	去年同期 累计数	同期累计 增长率
清 疏 项 目	污水管（km）						
	雨水管（km）						
	方渠（km）						
	污水检查井（座）						
	雨水检查井（座）						
	雨水口（座）						
	人工清管（km）						
	机械清管（km）						
	清污车（台班）						
	平板车（台班）						
	清淤泥（m³）						
	雨污管渠（m）						
维 修 项 目	污水检查井（座）						
	雨水检查井（座）						
	雨水口（座）						
	换井盖（个）						
	换井座框（个）						
	换雨水箅（个）						
	换箅座框（个）						
	装爬梯（个）						
	其他耗材（元）						
设 备	应运行总台时（h）		—	—		—	—
	完好率（%）		—	—		—	—

单位负责人：　　　　　　　填表人：　　　　　　　电话：　　　　　　　填报日期：

198

填表单位： 年 月

类别	序号	路 名	雨水井盖(个)	污水井盖(个)	井座框(个)	雨水箅(个)	箅座框(个)	边沟盖板(块)	其他
辖区内补盖	1								
	2								
	3								
	4								
本月合计									
辖区外补盖	1								
	2								
	3								
	4								
本月合计									
辖区内本年累计									
辖区外本年累计									

四、管网普查

排水管网对于每一个排水管理单位来说，是基础，是家底，如果排水管网情况不明细的话，很难进行有效的管理，所以排水管理单位首先就需要对自己辖区内的排水管网很熟悉，相关的图纸档案资料很重要。但是由于各种各样的原因，有些路段的排水管网不一定有图纸资料，或者是该资料与现场情况不相符合，也有一些管网在使用一段时间后有改造或维修，这时就需要组织人员对无图纸档案资料或资料不齐全的排水管网进行管网普查。具体普查的步骤如下：

1. 把所需要普查的路段或地区划分好，并将普查工作分解到具体每一个人，也就是说要做到责任到人。

2. 现场具体普查。在现场普查的工作人员必须分为三部分：记录人员、测量人员、协助人员。记录人员负责平面图资料的记录、需要测量路段或测量点的记录。测量人员负责所需测量的路段或测量点的数据测量。协助人员协助配合上述人员。

3. 记录人员和测量人员对现场资料进行统一汇总，并绘制成相关图纸资料。

管网普查不仅是对无资料路段的，对已接收路段电子文档不符合管理要求的也要进行普查，在普查前一定要先制定好普查的方案，相关工作人员按照普查方案的目标和要求进行。

五、防洪排涝责任制

每个城市都有自己的不同的汛期和非汛期时间段，深圳每年公历四月十五至十月十五为汛期，其余时段为汛前准备期。在准备期各相应单位应做好来年防汛准备工作，为切实做好防洪排涝抢险工作，保障汛期人民群众的生命财产安全和经济建设的顺利进行，根据有关规定，结合管理部门多年防洪、排涝、抢险的实际工作经验及本市市政雨水排放设施的具体状况，制订相应的防洪排涝管理规定。

防洪排涝也是排水管理部门的一项重要工作。一年中，对于排水管理单位来说不管是汛期和非汛期都有大量工作要做，汛期要进行防洪排涝的抢险救灾和巡视检查预防工作，特别是路面积水的及时迅速排除；非汛期要进行汛期前的物资准备和管网的检查清疏工作。防洪排涝工作责任重大且要求严格，不能出任何差错。因此必须按定人、定责、定岗的原则责任到人（见表9-8），实施责任制，确保每个责任范围排水畅通，才能把辖区内的排水设施管理到位。

另外，在汛期要建立包括休息日的值班制度，在台风和大暴雨到来时实行24h值班制度，随时应对出现的各种情况。

防洪排涝工作涉及到辖区排水责任单位（如分公司）、排水泵站、污水厂等相关排水管理、生产单位，它主要包括三大项工作：防洪、排涝、抢险。这三项工作要实行统一指挥，分片、分级管理。在汛期主要承担的任务为：确保管辖范围内市政排水设施正常运行。如遇重大灾情、险情调动相关力量抗洪抢险，并服从上级部门的统一调度、指挥。

防洪排涝定人定岗表　表9-8

序号	姓名	责任路段范围	联系电话
1			
2			
3			

防洪排涝必须设定工作指挥部门，该部门在防洪、排涝、抢险工作中承担的具体职责是：

1. 组织有关单位汛前、汛期排水设施的情况检查，排除隐患，并负责普查各单位汛期前人员、物资的准备工作；

2. 负责管辖范围内防洪、排涝、抢险工作的指挥调度、协调工作；

3. 与市政府相关职能部门相协调，传达上级领导的指示和命令，通报重大汛情、险情；

4. 负责汛期重要情况调查，分析积水原因，整理各责任单位的事后抢险情况报告并报市政府有关部门。

各下属单位的主要职责是：

1. 制定本单位的汛期防洪、排涝、抢险工作方案；

2. 准备汛期防洪、排涝、抢险物资；

3. 根据指挥部门的统一协调，及时排除险情。

防洪排涝在排水管理部门中不仅仅是汛期里的一项重要工作，在汛期前的准备工作也很重要，具体准备如下：

1. 当年汛期结束后，各防汛责任单位应及时清点防汛物资的损耗、库存情况，安排次年防汛物资计划，上报上级部门。

2. 台风、暴雨过后，各防汛责任单位应根据当年雨水管渠、排水泵站的运行情况及时总结。对存在的防洪隐患分析原因，提出处理方案，上报有关上级部门。各有关上级部门应按各自职责核定防洪责任单位上报的相关计划，落实相关资金，确保汛前准备工作的准确及时到位。

3. 各责任单位在三月底前应结合上一年度情况制定本年度防汛抢险方案，报有关上级部门。该上级部门应汇总各责任单位方案，制定出相应的防洪、抢险方案。

在汛期前的充分准备后，要在汛期来临之前组织单位各部门负责人对防洪物资进行汛前自查。上级部门组成检查小组对各单位进行抽查。汛前检查的内容如下：

1. 各责任单位防洪抢险方案制定情况；

2. 指挥、通讯系统是否畅通；

3.抢险物资准备情况；

4.抢险设备、车辆运转情况；

5.抢修人员安排落实情况。

当汛期到来前期，有关部门还要再进行汛期的检查，其主要内容为：

1.各级指挥系统是否在正常运作；

2.责任人员是否到位；

3.个人责任是否清楚；

4.防洪抢险设备、车辆及物资是否备齐，运转情况是否正常；

5.发生水淹情况后的处理方法是否得当。

在汛期中，排水管理部门要依照情况安排有关人员值班，及时处理各种突发事件。各管理单位应根据具体情况安排值班及日常工作，对气象台发布不同的台风、暴雨、排洪信号来确定管理人员的具体工作。各值班人员应及时、准确地传达、记录接到的上级领导的各项指示，并在值班期间必须坚守岗位，在相关信号未撤除前不得擅自撤离。指挥部门在接到有关台风、暴雨信号或其他紧急情况的信息后应立即组织安排、开展相关抢险救灾工作。在汛期各相关责任人应严格按照所制定的防洪抢险方案开展防洪、抢险工作，若有特殊情况应及时向上级部门报告。

受淹抢险应急处理方法：

各防洪责任人员发现受淹灾情后，应立即向主管领导报告受淹情况，记录积水深度及起止时间，估算受淹面积，并查找受淹原因。受淹情况严重的要及时上报上级部门。处理受淹灾情，一般可采取以下措施：

1.排除积聚在雨水算子上的垃圾、树叶、树枝等；

2.半打开雨水算子；

3.防止较大的固体物冲入管道中，防止造成管道堵塞；

4.管道不通时，可用高压冲洗车冲洗；

5.启用潜水泵临时排水；

6.必要时，挖掘临时排洪沟渠。

处理受淹灾情时，一般应采取以下相应的安全措施，来避免安全事故的发生：

1.在打开检查井盖时，必须有专人职守；

2.在打开或缺失检查井盖、雨水算子的井口、雨水口上围上围栏或标上危险标志，并派专人看守；

3.在危险地段树立警示标志；

4.协助疏导行人或车辆通行；

5.灾情严重地段，必须派专人职守。

暴雨停止，积水基本排除后一般应采取以下措施进行汛后处理：

1.及时盖回排洪时临时打开的雨水算子、检查井盖；

2.清除雨水进水口中的泥沙和固体垃圾物；

3.冲吸检查井内及管道中的淤泥，避免固结；

4.维修防汛机械设备和车辆；

5.补充易耗防汛物资。

灾情消除后，各防洪责任单位应在一天内汇总积水路段、受淹面积等现场记录，并分析原因上报上级部门，必要时报政府相关部门，相关报表见表9-9。

受淹情况汇总表 表9-9

序号	受淹路段	受淹面积	受淹深度	受淹历时时间	受淹原因初步分析
1					
2					
3					

填表单位：　　　　　　　填表人：　　　　　　　填表时间：

六、员工考核

在管理单位里，管理层应该不断地激发员工的士气，使员工认真自觉地做好本职工作，建立起一整套切实可行且有效的考核管理制度，对不同的岗位区别对待，做到奖罚分明。这样才能使员工们认识到自己的短处，发挥其长处。考核不仅仅是定性考核，对一些可以量化的指标尽量用定量的方法来处理，将考核项目细化，具体规定考核的内容和要求及打分规则，考核的结果与奖金挂钩。考核不但是年终考核，而且还要实行月、季度、半年的考核，不断地帮助员工们总结自己的优缺点、工作中的长处和短处，以便进一步做好工作。表9-10为巡查工考核表，计算考核成绩与奖金挂钩。

部门：管网管理部　　岗位：巡查工　　被考核人：　　考核期间：　　年　　季度　表9-10

考核项目	分值	考核内容及评分办法	加、扣分及原因	得分
遵守公司规章制度	10	违反者视情节扣分，情节严重取消考核资格		
劳动纪律	10	按考核期间的考勤计算，出满勤为10分，迟到、早退、离岗每次扣2分，旷工每次扣5分		
工作态度及劳动技能	10	考察工作的主动性，是否服从公司、部门及班组安排，按时完成任务，考察业务素质和技能水平，按工作表现评分		
安全生产	10	根据违章作业情况扣分，未造成事故的每次扣5分，其他情况一票否决		
设施巡查工作情况	50	1. 对已发现的残缺、损坏或丢失的给、排水井盖、雨水箅子，在上（下）班时间，1（2）小时内未更换或补上的，扣10分； 2. 对责任路段丢失的给、排水井盖、雨水篦子，应发现而未发现的，扣10分； 3. 未如实填写巡查记录的，扣2.5分； 4. 对责任路段中已发现存在安全隐患的现场，未及时设置危险标志或未及时汇报的，扣2.5分； 5. 十天内未完成对责任路段的给、排水管网状况打开井盖检查一遍的，扣5分； 6. 因对给、排水管网检查不到位，未发现阀门漏水、碎井盖、石块木方等较大杂物，导致漏水时间过长、冒水的，扣5分； 7. 对路面积水、冒水、漏水，应发现而未发现的，扣10分； 8. 对违章接管、违章排放、违章倾倒、违章用水、偷水、损坏、非法占压、占用市政设施，管道下沉、坍塌、开裂、可能损害市政设施等情况，应发现而未发现的，扣5分，因而造成较大损失的视情况追加扣分； 9. 凡在职责中规定应汇报而未汇报的，扣5分； 10. 不严格执行分公司的《防洪排涝》管理规定的，扣5分。		

考核项目	分值	考核内容及评分办法	加、扣分及原因	得分
工作评价	10	班长对被考核人工作完成的质与量、德、能、勤、绩等综合评定		
加分		1. 在工作中表现突出，得到公司和社会一致表扬的； 2. 在非工作时间内为公司创造较好的经济效益和社会效益；根据实际情况加分		
合计				

考核人：　　　　　　考核时间：　年　月　日～　年　月　日

第三节　排水管网日常管理

一、日常检查的内容

排水设施的管理主要体现在日常的管理，管理的内容如下：

1. 雨水口

雨水口（见图9-3）包括雨水箅子，规范的尺寸是75cm×45cm，它是在雨水管渠或合流管渠上收集雨水的构筑物，街道路面上的雨水首先经过雨水口，再通过连接管流入排水管渠的。

图9-3　雨水口

雨水口设置的位置，应能保证迅速有效地收集地面雨水，通常设置在道路边上的最低处，一般应在交叉路口、路侧边沟的一定距离处以及没有道路边石的低洼地方设置，以防止雨水漫过道路或造成道路及低洼地区积水而妨碍交通。其设置的数量是根据不同地方的需求和不同雨水支管管径来确定，通常应按回水面积所产生的径流量和雨水口的泄水能力确定，一般一个平箅雨水口可排泄15～20L/s的地面径流量，一般 DN200 雨水支管设置一个雨水口，DN300 支管设施2～3个雨水口，DN400 支管设置4～5个雨水口，市政道路上的雨水支管最小要求是 DN200～DN300，北方地区为 DN200，南方地区为 DN300，雨水口设置的间距还要考虑道路的纵坡和路边石的高度，在道路上雨水口的间距一般为25～50m（视汇水面积大小而定），低洼易积水的地段，应根据需要适当增加雨水口的数量。

由于它是在雨季时排除路面的积水，起收集雨水的作用，所以雨水口在日常的管理中必须注意其淤积程度、雨水支管的畅通情况和排水状况。及时发现，及时处理，及时清淤是雨水口日常管理的重要内容。

2. 检查井

检查井（见图 9-4）也叫窨井，井口规范的尺寸是 70cm 直径，它是为了便于对管渠系统作定期检查和清通而设置的。当检查井内衔接的上下游管渠的管底标高跌落差大于 1m 时，为消减水流速度，防止冲刷，在检查井内设有消能措施，这种检查井称跌水井；当检查井为了隔绝易燃、易爆气体进入排水管渠，而设置了水封设施的井叫水封井，跌水井和水封井都是特殊检查井。

图 9-4　检查井

检查井通常是设置在管渠交汇处、管渠变径处、一定的距离（约 30m 左右）、坡度变化、方向变化、跌水等位置。检查井内的空间是根据不同的管径而定，管径越大井内空间就越大。它主要由井盖、井筒、爬梯组成。井盖和爬梯规范要求用铸铁制作，爬梯还要用沥青做外防腐。检查井日常管理需要注意其淤积情况和井内水的流态。

淤积情况：

检查井有另外一个作用就是通过其内部的淤积情况反映管道的淤积状况。因为沉积物一般是均匀沉积的，所以如果管道堵塞或部分堵塞，那么检查井的情况也和管道内的状况差不多，而我们可以通过查看检查井内部的情况而得知管道内部的淤积状况。这也是在管理中经常运用到的。

井内流态：

通过井内淤积情况能知道管里的淤积状况，同样，井内的流态也能反映出管内的流态状况。因为井和管是连通的，如果井堵塞了，那么管道也是相应堵塞了，反过来井内水流状态很好，则管里的流态也是很好的。

3. 雨水管（渠）

在降雨量大的地方，为了及时有效地排除雨水，市政的雨水管管径一般最小要求为 DN400，连接雨水口的支管最小管径为 DN200 ~ DN300，雨水管的管材一般都是钢筋混凝土，也有用玻璃钢作管材。日常雨水管渠管理的重点是：管（渠）内水流状况、洪水时的排水状况和管渠的淤塞情况。雨水管的作用是排除雨水，所以在设计雨水管时是先确定设计重现期（T），再套用暴雨强度公式且按满流设计的，主要是为了能迅速地排除雨水，而强降雨的特点一般是雨量大、历时短，因此雨水管管径的设计一般应放大。雨水管

（渠）日常管理主要为观察管（渠）内水流状况及暴雨时的排水状况和管（渠）的淤塞情况。

管（渠）内水流状况：

雨水管渠内的流水情况可以通过观察雨水检查井内的流水状况来掌握，如果下游的检查井内水流不如上游的井快或水量小过上游的检查井，那么这两井之间管道中的水流必定是受到阻碍，这阻碍可能是堵塞物或管道倒坡又或者是坡度减小。坡度是否有变化可以查图纸得知。管道是否倒坡可以用手电筒在两检查井内互射，观察是否能见到对方的光线，见不到的就有问题了。用肉眼一般都能看出是否倒坡。如果两者都不是则这段管道一定有不同程度的淤塞，需要清通了。

暴雨时的排水状况和管渠的淤塞情况：

由于强降雨的特点是雨量大、历时短，雨水管的设计必须根据该城市的防洪能力而定。暴雨时，可以观察路面积水是否能及时排除，不能及时排除时要总结原因。通常不能及时排除的原因有：雨水箅被树叶垃圾堵塞、雨水口堵塞、雨水口连接管堵塞、雨水管渠堵塞、雨水口数量不够、超过雨水管渠的泄洪能力等原因。最常见的是雨水口被树叶垃圾堵塞而造成雨水不能及时排除，因为路面上的雨水是往雨水口流的，树叶垃圾通常被水流夹带，当流到雨水口时被截留，导致了雨水口的堵塞。当然也有雨水口数量不够或超过雨水管渠的设计能力的原因，这些原因都是在暴雨天时才能被发现的。

4. 污水管（渠）

为了清疏检查的方便，市政污水管径最小要求为 $D300mm$，管材一般为钢筋混凝土，也有用玻璃钢作管材的。污水管渠的设计是按不满流设计的，具体设计是根据地区人口的数量、用水量标准及用水性质等计算得出。

按不满流设计的原因：

（1）污水流量时刻在变很难精确计算，而且雨水或地下水可能通过检查井盖或管道接口渗入污水管道，所以保留一定的管道断面，为未预见水量的增长留有余地，避免污水外冒，使污水顺利排除。

（2）污水管道内沉积的污泥可能分解出一些有害气体，留出适当空间，以利于管道的通风，排除有害气体，对防止管道爆炸有很好效果。

（3）便于管道的清通和维护管理。因为一般不满流的流速要比满流的流速大，这样不利于淤泥沉积。

在日常工作中对污水管渠管理的主要内容为：观察水流状况和水量变化、实际排水能力状况。

水流状况和水量变化：

观察污水管的水流状况和雨水管一样，也是通过观察检查井内的水流状况来确定，上下游的检查井内水流状况的不同都能反映出管道里的水流状况。如果管道在正常的情况下，下游的污水量比上游的污水量明显少了，则表示该管道已经受到一定程度的堵塞，需要及时清通。实际排水能力状况也能通过观察掌握，虽然在一天内不同时段有变化，看水流痕迹可以判断。

5. 出水口

出水口是指排水管渠水体的排放口，通常有淹没式排放和非淹没式排放。排水管渠的位置和形式，应根据河水水质、下游用水情况、水体的水位变化幅度、水流方向、波浪情况、地形变迁和主导风向等因素确定。出水口与水体岸边连接处应采取防冲刷、加固等措施，一般用浆砌块石做护墙和铺底，在受冻涨影响的地区，出水口应考虑用耐冻涨材料砌筑，其基础必须设置在冰冻线以下。

为使污水与水体混合较好，污水管渠出水口一般采用淹没式，但污水也必须经过一级处理。其出水口位置除考虑上述因素外，还应取得当地环保部门的同意，如果需要污水与水体水流充分混合，则出水口可长距离伸入水体分散出口，此时应设置标志，并取得航运管理部门的同意。雨水管渠出水口可以采用非淹没式，其底标高最好在水体最高水位以上，一般在常水位以上，以免水体水倒灌。当出水口标高比水体水面高出太多时，应考虑设置单级或多级跌水。出水口（见图9-5）形式有淹没式、江心分散式、一字式、八字式等。其日常检查的内容为排水的状况和淤积情况。

图9-5 出水口

二、巡路日记的填写

为了管理好城市排水管网，确保其排水畅通，避免发生堵塞及其他事故，同时为了有计划地进行养护工作，必须进行日常巡视检查工作，发现有问题，就及时处理。其检查内容如下：

（1）管道两侧地面有无沉陷和异常变化，如有异常，做好记录；

（2）要经常打开不同的井盖观测井墙有无异变、裂缝等，如有异常，做好记录；

（3）经常打开不同路段不同的井盖观测管道内水流是否正常，是否有积泥，如有积泥的，可用标尺测量泥深；是否有堵塞物堵塞管道，如有，要记录在册；

（4）谛听管内流水声音是否正常，如有异响可能有堵塞物，可用潜望镜进一步观测，如有异常，做好记录；

（5）有无违章接管的情况，如有异常，做好记录；

（6）检查井壁是否有裂缝，如有，记录在册；

（7）检查井座是否能稳当地放置好井盖，如不能，记录在册。

巡视人员应将以上情况如实填入记录表和巡路日记，重点问题应写出报告来，交给主管人员处理。

管渠的技术性检查的主要内容如下：

（1）雨水口和井内的、管道内的淤积情况；

（2）砖拱管的拱顶、拱脚有无变异；

（3）砖缝及管内壁腐蚀情况和管道的寿命情况；

（4）水深变化情况、地下水渗入情况；

（5）检查井各配套设施是否齐全；

（6）要改造管道的一切情况。

对于处于满流状态的管道，应测量水面高程，并绘出纵断面图以检查分析具体排水状况，属于管径太小的，要制定对应的改造方案。

对于管道和明渠，应定期测量其流量变化，这对于积累资料，改进设计工作是十分重要的一个环节。

巡查人员职责如下：

（1）服从工作安排，有很强的事业心和责任心。

（2）严格遵守安全生产和下井作业操作规程。

（3）巡查作息时间：每日 8：00～11：30，14：00～17：30。

（4）每天对责任路段巡查一遍。准确记录每条路段的巡查起止时间及发现情况。

（5）确保责任路段的供排水设施井盖、箅子安全可靠。认真仔细地检查责任路段的排水井盖、雨水箅是否残缺、损坏或丢失，一旦发现有残缺、损坏或丢失的情况，应作好安全标志并及时汇报。上班时间发现的，应在一小时内更换或补上。

（6）对在下班时间发现的残缺、损坏或丢失的井盖、雨水箅，应在两小时内更换或补上。

（7）设施检查人员十天内对责任路段的排水设施打开井盖检查一遍，确保设施完好及管网的正常运行。

（8）尽可能清理检查井（深度小于 1.5m）内的碎井盖、石块、木方等大块杂物，确实无法清理的，应及时向部门主管汇报。

（9）及时发现责任路段中的违章接管、违章排放、违章倾倒、损坏市政供排水设施、非法占用排水设施等行为；路面积水，冒水，管道下沉、坍塌、开裂等情况，并及时向部门主管汇报。

（10）按照《防洪排涝抢险实施方案》的要求，做好防洪排涝的各项工作。

巡查人员应按规定要求如实地做好巡查记录。详细记录当天巡查情况和问题产生的原因、处理结果等。

巡查人员在每天巡查完后，要将以上有关的内容填写巡路日记（见表 9-11），发现问题及时处理，并定期将巡路日记交给主管人员检查，巡查主管人员可以根据巡查人员填写的日记掌握辖区内排水管渠的状况，以便安排工作和定出解决问题的方案。

巡路日记	表 9-11

年 月 日 天气：

巡查路段：
巡查情况：
打开井盖位置及数量：
管、渠、井内排水状况及处理情况：
备注：
巡查人员：　　　　　　主管部长：

要有一定的管理制度和措施来管理巡视人员，更好地调动他们的积极性和自觉性，主管人员应做以下工作：

（1）主管人员应经常检查、巡视、填好检查记录表，并指出重点的检查地段。

（2）定期召开巡视检查人员会议，汇报工作和互相交流经验。

（3）规定巡视检查人员，每天检查行走路线，并指定与另一地段巡视员相会时间和地点，交换证件。

（4）巡视人员长时间巡视一个区块，会养成习惯。对地物地貌，排水管道习以为常，不易发现问题，这样于工作不利，可以定期为一个季度或半年调换一次。

三、常见问题的处理方法

管理排水管网时通常会遇到下列问题：排水设施缺损、排水管道堵塞、违章排放接管、粪便及废渣的倾倒、排水管道下沉、路面积水、施工占压及损坏等。对这些问题要及时处理，这是管网管理的重要工作，但也是工作中的难点，有时仅依靠管理部门是不能解决的，需要政府各部门的合作支持。一般的处理方法如下：

1. 排水设施的缺损

排水设施的缺损通常为：井盖和雨水箅子。排水管理单位有固定的设施巡查人员每天在路上巡查，发现有缺损的设施要及时报告，并在规定时间内尽快补缺。目前井盖、雨水箅的偷盗现象很严重，有时一天几十个，管理部门防不胜防，这要得到公安部门的协助。

2. 排水管道堵塞

排水管道堵塞有很多类型，有油渣、垃圾、施工材料、棉布、塑料、木板、水桶等等，排水管网中也是应有尽有，特别是一下大雨，什么垃圾全都冲进来，造成管渠的堵塞。管网是否有堵塞主要靠巡查人员去发现，发现后应及时上报，安排高压清疏车辆和人员去处理。清疏车辆能清通的，就不再影响排水。清疏车辆清不通的，要安排人工清疏，人工清疏下井作业时必须严格遵守下井作业安全操作规程。

3. 违章排放接管

一些建筑工地或用户在未经排水管理部门批准，不办理排水接管手续后就私自接驳排水管道的行为叫违章排放接管，这种现象比较严重。特别是一些路边门店，且雨水、污水管错接很普遍，造成雨污混流现象严重，污染了河流和湖泊。巡查人员发现后要及时上报，要求其立即进行整改，并视其破坏市政排水设施的严重性给予应有的惩罚。同时要加强违章排放接管查处的力度，督促其按规定办理排水接管手续。

4. 粪渣及泥浆的倾倒

一般用户的下水管会接入化粪池，经化粪池处理后再排入管网，各种垃圾积聚在化粪池中后，很容易造成堵塞，因此就需要专门的机械抽吸车（简称吸粪车见图9-6）来抽吸，吸粪车吸取的粪渣必须有一个倾倒场所，可是现在很多的吸粪车主贪图方便，随意打开一个排水井盖就倾倒进去。另外，很多房屋施工做基础时需要挖孔桩，在孔桩施工时会产生大量的泥浆，施工场地狭窄时就必须近快处理运走这些泥浆，这时也会用吸粪车来抽吸，吸取的泥浆也是经常倾倒入排水检查井，现在排水管道的堵塞大部分都是违章倾倒粪渣和泥浆造成的，而且这种现象很普遍，成了排水管网管理上的"老大难"问题，发现违章倾倒后要及时报告领导，要求违章倾倒方立即进行管道的清疏，并视其对市政排水设施破坏的程度给予应有的惩罚。这一项工作光靠排水管理部门是很难完成的，管理部门很被动，只能是伏击围堵，投入大量人力、物力，可是收效甚微，必须得到政府交管、城管、路政、公安等部门的协助。

5. 排水管道下沉

图 9-6　机械抽吸车及违章倾倒情况

(a) 吸粪车；(b) 违章倾倒

管道发生沉陷有很多方面的原因。如管道基础下面有渗井、枯井，施工中并未发现，通水后或因管道滴漏，或因覆土及自重，造成沉陷；附近自来水漏水造成沉陷；其他管道施工，扰动了排水管道造成沉陷；管道接口不严密，发生渗水沉陷等。

管道沉陷或断裂，一经发现，就很紧急，所以，处理此类事件，要积极采取紧急措施。

其处理方法：

发现管道下沉后，应立即加固附近的建筑物。如房屋、电杆、自来水、电线等，以防止发生更大的破坏，造成更大的损失。在沉陷附近应设置交通标志，防止车辆行人误入；并用土围起来，防止地面水大量流入，扩大破坏范围。

调查管道直径、水量以及上游用户状况，以决定断水方法。小型管道可以堵管，在上游蓄水抽升，然后突击抢修。管道直径大，水量也较大时，可以接临时导流管，向雨水管、附近河道、湖里导流。如没有导流条件，可以用渡槽、管道，跨越沉陷地段，排入下游管道中。

在堵水完成后，立即进行开挖，并检查管道的损坏程度，如管道未损坏，只发生接头漏水的情况，则不必拆除管道，可用避水浆加水泥堵塞漏水处，外用玻璃丝布缠绕，用有机胶粘剂和无机胶粘剂粘结（无机胶粘剂即用避水浆加细砂，加入少量水泥粘结，有机胶粘剂即玛琋脂粘合），也可以加套管打口。

在排水量较大，无法断水，也没有较大的抽水设备时，可采用修建跨越井段的方法，待跨越井段完成后放水，再将原井段堵塞，废弃。这种施工方法，往往涉及到管位的变动，所以事先应对附近管线进行详细调查，提出方案，并征得规划部门同意后实施。

四、雨天积水分析

一个城市的防洪能力设计不但是从合理角度去考虑，同时也要从经济角度去考虑，雨水管渠设计时选取的设计重现期一般都偏低，而强降雨的特点是降雨历时短、雨量大。由于排水能力的设计值比较低，所以在暴雨时，雨水通常不能及时排除，造成了路面积水。这只是雨天积水的其中一个原因，造成雨天积水的原因还有：路面的树叶垃圾堵塞雨水口、雨水口连接管堵塞或雨水主干管堵塞不通畅等原因。

如果是排水能力的问题，则需要根据该地区的暴雨情况，改造整治该地区的雨水系统。

一些落叶或绿化修剪的残枝如果不及时清理会在雨天时随着雨水流到雨水口，或者是雨水冲刷带入大量垃圾、泥沙。这些杂物被截留在雨水口上，也会造成堵塞，这时就需要派人前去清理疏通。

雨水口或连接管堵塞是由于平时管理不到位造成的，或者是雨水冲刷带入垃圾、泥沙造成堵塞，这时就需要用清污车或人力进行疏通。

雨水主干管堵塞的话要立即上报领导，及时组织疏通的施工。

对于易积水的路段，应认真分析积水原因，针对积水原因提出整改方案，并督促实施。

五、客户投诉处理

为了更好地促进管理，设立有关投诉部门是很有必要的，它能更有效地监督工作的开展，暴露管理中的薄弱环节，使管理单位能有针对性地改进工作。同时也是提高服务水平的有效手段。

投诉部门不但是对内的，而且对社会也应该是完全公开的，能让市民或用户将问题细化地暴露出来，有关工作人员在接到客户投诉时要马上纪录投诉人姓名、联系方式、投诉内容（见表9-12），及时报告领导或安排相关人员去现场处理。这样不但能促进管理，而且还能更好地树立管理单位服务市民的形象。

客户投诉汇总表 表9-12

序号	投诉内容	投诉人姓名及联系电话	处理结果	处理人	记录人	备注

六、竣工工程验收

在一项市政排水工程竣工后，管理单位要对其进行验收接管。验收按阶段可分为初验和终验，初验时要认真仔细地检查，发现存在的问题，并要求施工单位对存在的问题进行整改，整改完成后再进行终验，终验主要检查初验时发现并要求施工单位整改的问题，如整改不符合要求，还需要另加一次终验，一直到存在的问题处理了才能接收。

市政排水管道中污水管道在其隐蔽前要进行闭水试验，闭水试验的要求如下：

1. 仔细审查施工单位所提供的图纸资料，确定那部分污水管道要进行闭水试验。

2. 根据规范规定的污水管道允许渗漏公式计算出该试验管段的允许渗水量。

3. 要求施工单位先将需要做闭水试验的管道用水浸泡至少24小时。

4. 查看试验管段的接口是否符合设计及规范的要求，并查看管道接口位置和检查井是否有漏水现场。

5. 要保证试验水头至少2m。

6. 在开始水面位置用粉笔做好记号或用尺子量好深度，并记录该时间。

7. 察看水面的下降是否符合允许渗水量，不符合的要求施工单位进行整改，直至试验通过为止。

8. 试验通过后，施工单位要把试验前所砌的砖墙清除干净。

排水工程接收初验的工作步骤如下：

1. 仔细审查施工单位提供所需接收排水工程的竣工图纸资料是否齐全，要求施工单位提供两套竣工图，同时提供图纸资料的电子文档。并查看所要验收的内容。

2. 根据所要验收的内容组织人员进行分工，分组验收。

3. 在初验时，检查人员要进入每一个检查井内，打开雨水箅仔细查看各项施工是否符合设计与规范的要求，并记录存在的问题。

4. 把存在问题汇总交予施工单位，施工单位按要求进行整改。

排水工程接收终验的工作步骤为：

1. 根据初验所发现的问题，安排人员分组验收。

2. 各组人员根据初验发现的问题，逐个问题进行查看，检验施工单位是否按要求进行整改和整改的结果是否符合设计与规范的要求。

3. 如仍有问题，接收单位再次汇总存在问题要求施工单位进行整改。如问题已经全部解决，终验通过。

排水工程接收初验的内容：

查看的内容为：管道各项参数（位置、管径、长度、坡度等）是否按设计进行施工、井盖与井座是否符合设计与规范的要求、是否有设防盗链、爬梯的设置是否符合设计与规范的要求、井壁是否有批荡、井中接入的管头是否符合要求并做批荡、雨水口的连接管是否有淤积物、管道流槽是否符合设计与规范要求、上下游管道内是否有淤积物、上下游管道是否倒坡、雨水箅子与箅座是否符合设计与规范的要求、箅子是否有设防盗链、雨水箅子是否有按设计和规范的要求进行施工、雨水口内是否有淤积物等。

排水工程接收终验的内容为：

逐一查看初验所遗留的问题是否已按要求进行整改，整改是否符合设计与规范的要求。

第四节　管网管理技术进步

随着科技的进步，管网管理的技术也在进步，它主要体现在三个方面：首先，管网管理的信息化水平不断提高，计算机软硬件技术的发展促进了信息化水平的提高，管网管理技术也由人工管理逐步过渡到自动化管理。其次，管网管理的机械化作业水平不断提高，技术的进步促进了制造业的发展，管网作业的机械设备不断改进，管网作业也逐步从人工作业过渡到机械化作业。再次，新材料、新试剂、新工艺的应用也促进了管网管理技术的进步。

一、新试剂：生化-2000

美国 Sybron 化学有限公司、George A.Jeffreys 公司、InterBio 发酵公司及 Semco Bioscience 等公司主要生产用于废水处理、生物修复，公用及家用清洁领域的工业微生物制剂。以生物技术解决环境保护中的问题是一些生物公司的宗旨。

生化-2000 是一种专一驯化的，具有专门降解动植物的脂肪、油和脂类（FOG）的细菌混合体。该产品在深圳的市政排水管网维护管理中试用，能有效解决小型污水管中的 FOG 积聚问题。

生化-2000 包装于专利性的 BIOSOCK 交运系统中或方便的 Sol-U-Pak。为通过市政运作的脂类维护提供有力的工具，并在高达45℃时仍有效。包装于BIOSOCK交运系统的2000 GL用于收集系统能降低管道和泵站的维护费用、消除管道紧急堵塞、降低脂类处置费用及免除客户投诉。

生化-2000产品特性为：细菌计数、5000亿/克；稳定性，在推荐条件下储存，最大损失1.0 log/年；pH范围、6.0~8.5；水分含量、15%；散装密度、0.5~0.61 g/cm³；外观、散落性棕褐色粉末。最佳使用条件为：BI-CHEM中的细菌功效pH范围为6.0-9.0，pH接近7.0时活性最佳。废水温度亦影响微生物活性，温度每升高10℃最大生长速率约增加一倍，最高温度限于40℃。5℃以下时活力消失。从试验的结果（见图9-7）看，油渣分解效果很好，特别是在南方油渣多的管道。

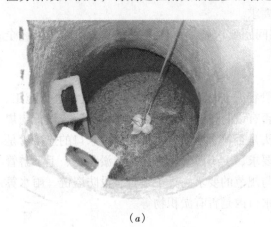

(a)　　　　　　　　　　　　　　　　　(b)

图9-7　生化-2000试验

(a)试验前；(b)试验后

二、新管材：聚氯乙烯双壁波纹管、聚氯乙烯加筋管和聚乙烯双壁波纹

目前，在铸铁管作为排水管材被淘汰后，国内排水管材使用最多的，是钢筋混凝土管，其成型工艺主要采用离心成型、悬辊成型和立式湿法振动成型等。由于钢筋混凝土管应用比较早，制作工艺比较成熟，国家又有明文的技术要求及质量控制检测方法，所以多年来钢筋混凝土管以其质量可靠、抗渗抗裂能力强、密封性好、耐久性高等优点占领排水管材的主要市场。随着塑料工业的迅速发展和国家对化学建材的大力推广以及城市基础设施建设步伐的加快，特别是欧洲或其他发达国家先后推广使用塑料排水管材获得成功后，国内的塑料管材生产厂家如雨后春笋般地发展起来，新型塑料排水管材的应用成为一种新的潮流，它以重量轻、内壁光滑、水力条件好、抗冲击、耐酸碱腐蚀、易安装、施工方便、综合造价低等优点，必然会抢占排水管材市场。然而，尽管国内一些城市，如上海，已明文规定在一些小口径的排水管材上严禁使用钢筋混凝土管，推广使用塑料管材，但是国内的塑料管材生产厂家由于设备、技术、资金、质量控制手段和行业管理的滞后、市场不够规范等主客观的因素影响，新型塑料排水管材的发展前景仍存在一些隐患。

目前国内生产的新型排水管材有聚氯乙烯双壁波纹管、聚氯乙烯加筋管和聚乙烯双壁波纹管等，生产规格为直径150~1200mm，据市场调查个别生产厂家还将投资生产直径为1500mm的生产线。聚氯乙烯双壁波纹管和聚氯乙烯加筋管使用的原材料都是PVC树脂，只是生产工艺、力学性能及外形波纹略有不同而已，均为小口径（600以下）管道；聚乙烯双壁波纹管使用的原材料为 HDPE 树脂，为大口径管道；它们都是一次挤压成形，采用橡胶圈承插连接方式。国内大部分生产厂家所用的原材料为新加坡、韩国、上海、山东、浙江等地的原料。

新型排水管材由于市场前景广阔，多数已生产塑料管材的生产厂家纷纷扩大生产规模，还有一些看中排水管材市场的"企业家"跃跃欲试，准备加入行业的竞争，这样市场上就难免存在鱼龙混杂的情况。又由于国内的许多管线业主和地方政府尚在观望，静静地注视新型排水管材市场的发展，加之行业管理的滞后等原因，新型排水管材的发展并非一帆风顺。

排水管材在现阶段的应用，依然是具有性能稳定、质量可靠、耐久性高等优势的钢筋混凝土管处于主导地位。但是由于钢筋混凝土管具有综合造价高、施工安装不方便、管道基础要求高等劣势，加之随着新型排水管材的出现，特别是随着塑料工业的迅速发展、科学技术的不断进步、聚氯乙烯双壁波纹管与聚氯乙烯加筋管产品质量的不断改善、人们对聚乙烯双壁波纹管认识的不断提高及研究的不断深入、高质量的大口径塑料管材的不断推出和国家对化学建材的大力推广，新型塑料管材以其良好的物理性能、水力条件和安装方便、综合造价低等的优势，必将取代目前钢筋混凝土管在排水管材中的主导地位，钢筋混凝土管将有可能逐渐淡出排水管材的市场。

三、新工具：防洪排涝探测警示桩及井盖开启工具

（一）防洪排涝探测警示桩

防洪排涝探测警示桩如图 9-8、图 9-9 所示。

1. 背景技术

目前使用的各种道路施工、防洪排涝抢险现场警示装置均没有探测装置，若在洪涝灾害天气中，一般检查井、雨水口均处于水下，排水维抢修人员很难找到检查井、雨水口的准确位置，从而极大的增加了施工抢险难度。另外，在北方冰雪天气环境中，冰雪覆盖井盖，使维修人员也较难找到井盖的准确位置。

2. 发明目的

通过在警示桩上设置探测磁铁和警示灯，使操作人员在雨水洪涝天气或冰雪天气中能通过探测装置准确、快速地找到井口与井盖位置，从而快速施工维修，避免更大的损失与损害，并且在维修施工时，通过探测磁铁磁力作用，可以将警示桩竖立在井盖上，起到固定的作用，警示灯可以提醒路人及车辆避让。

3. 发明内容

本实用新型警示桩主要由探测底座、标志杆、警示灯三部分组成，探测底座由探测磁铁及底座固定凹框构成，探测磁铁位于底座腔体内，通过底座固定凹框固定在底座中，底座上端采用圆腔设计，用来固定标志杆，标志杆采用通用的管式设计，警示灯位于标志杆顶部，警示灯内部空腔内设置电源、灯泡、开关，在施工现场光线较弱时，打开警示灯，达到预期警示作用。

本实用新型警示桩可昼夜使用，尤其在雨水洪涝天气、冰雪天气中更为实用，其设计简单，使用方便，实用性强，便于携带，是路面施工，尤其是水务维修、防洪排涝施工不可多得的实用工具。

附图说明：

具体实施方式

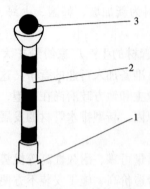

图 9-8　结构示意
1—探测底座；2—标志杆；3—警示灯

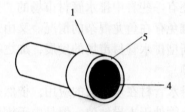

图 9-9　底座结构
1—底座；4—探测磁铁；
5—底座固定凹框

如图 9-8、图 9-9 所示，为本实用新型警示桩结构示意图，底座中设有永久探测磁铁，其作用可以用来探测井盖的位置，当警示桩接近铁质井盖时，会产生强大磁力作用而实现探测功能。同时，在施工时本发明也可以通过探测磁铁牢固吸附于铁质井盖上，成为直立于路面上的醒目警示标志。当环境光线较暗时，打开位于标志杆顶部的警示灯开关，其电源位于警示灯腔体内，底部的电源也可以采用光敏控制电路控制，在光线较弱时可以自动启动，发出警示光。

图 9-9 为本实用新型警示桩底座结构示意图，1 为底座，4 为探测磁铁，5 为用来固定探测磁铁的底座固定凹框。

（二）井盖开启工具

井盖开启工具如图 9-10 所示。

1. 背景技术

传统的检查井井盖表面设有两个开启孔，开启时全凭维修人员用钩子向上提，劳动强度大，特别是在北方，井盖容易被冰霜冻结，开启时有用火烧的，锤子砸的，也有用开水烫的，给开启维修带来一定困难。

2. 发明目的

本实用新型开启工具目的是针对现有检查井盖开启困难的问题，提供一种结构简单，操作方便快捷的专业工具。

3. 发明内容

本实用新型开启工具主要由：开启杆、弯钩、挂钩构成，开启杆与弯钩为一体设计，弯钩呈弯月弧形，开启杆与弯钩共同作为开启时的杠杆臂，在开启杆与弯钩的结合处设有轴栓，挂钩的尾部由轴栓固定在开启杆与弯钩的结合处，当需要开启检查井盖时，只需将挂钩插入井盖表面的开启孔，以弯钩顶部作为支点，向上扳动开启杆即可拉开检查井井盖。

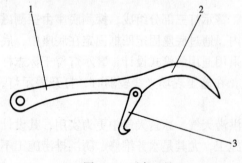

图 9-10　开启工具
1—开启杆；2—弯钩；3—挂钩

本实用新型开启工具结构简单、携带操作方便，实用性强，是一种不可多得的井盖开启工具。

具体实施方式：

如图 9-10 所示为本实用新型开启工具结构示意图，开启杆的手柄处采用圆弧形设计，增加了操作的舒适度，同时较为美观，弯钩与开启杆一体相连，采用弯月弧形设计，弯钩的顶部作为开启井盖湿的支点，挂钩近似镰刀钩形，挂钩的尾部通过设在开启杆与弯钩结合处的轴栓与杆体相连，挂钩可以在同一平面上以轴栓为轴调节角度，以适应不同的使用需要。当使用时只需将挂钩插入井盖表面的开启孔，以弯钩顶部作为指点，向上拉动开启杆即可开启井盖。

本 章 小 结

介绍了排水管网技术档案的管理内容；管网技术管理的项目和方法，重点讲述了管网技术参数的管理；阐述了排水管网的日常管理的主要内容；简要概括了管网管理的技术进步。

复 习 思 考 题

1. 排水管网的技术参数包括哪些？
2. 目前我们把日常巡视检查工作分为哪两部分？具体要求是什么？
3. 防洪排涝责任制的"三定"原则是什么？
4. 管理排水管网时通常会遇到哪几类问题？

第十章　排水管网的养护内容

第一节　排水管网淤塞分析

一、污水管堵塞分析

市政污水管道经常都会遇到堵塞的情况，堵塞的原因有内部管理上的问题也有外部的因素，归纳起来有以下几点：

1. 油渣垃圾堵塞

油渣是一种油脂类的物质，该物质在温度降低时易积聚凝结成块，随着时间的推移及温度的进一步降低其硬度会相应增加，如果该物质积聚在管道或检查井内得不到及时清理，其硬化后就会堵塞住管道和检查井，造成污水排放不畅冒出路面。一旦形成硬化的油渣，管道将会严重堵塞，这时仅用简单的工具是很难清通的，就需要用机械冲污车和机械吸污车来进行疏通，先把检查井内的油渣吸掉，再把冲污车冲头放入管道中，利用冲头将硬化成块的油渣打碎，但有时硬化成块的油渣并不容易打碎，处理起来就更麻烦。

2. 管道直角拐弯多

因为排水管渠的设计一般是重力流，为了使水流畅顺，在设计规范里，不允许其他管道以大于或等于90°接入主管道。另外如果管道拐弯的地方多，也会直接消耗水的动能，减低流速。这样不但不利于排水，更容易造成淤积物沉积，同时管道拐弯也易卡住长条大块垃圾。因此，排水管渠在设计时要尽量减少拐角，并且不能有其他管以大于或等于90°接入主管道。

3. 长期排放不畅造成泥沙淤积

管道如果水流不畅顺的话，很容易造成污水中的淤积物沉积下来，日积月累就会造成管道堵塞。但是，如果水流情况好的话，淤积物就会随着污水一起流走，不会淤积在管道里。所以如果管道是长期排放不畅顺的话，管道极易淤积堵塞。这有设计的原因也有施工的原因还有其他外部的原因。在设计上一定要考虑有足够大的坡度和各管道接入的角度，使得水能畅顺地流走。在施工时一定要按设计的坡度和管道接入角度来施工，遇特殊情况需要更改管线时也要先考虑水流顺畅的问题，不能造成管道倒坡或其他管道接入角度不符合设计规定。外部的原因有管道沉降或遭到外力的破坏，这时就需要及时处理。

4. 闭水试验的砖墙未拆除

市政排水管道中污水管道施工时按规范规定是要做闭水试验的，做闭水试验前要在试验管段的两端砌上砖墙，然后在试验管段内充水。试验合格后，所砌的砖墙必须拆除，否则就完全堵死了管道，造成污水没出路。现实中有一些施工单位为了贪图方便，闭水试验合格后，不及时拆除砖墙还想蒙混过关。这样就需要管理单位的验收人员在验收时仔细检查管道内部的砖墙是否已拆除干净，如果没有必须责令施工单位进行拆除。

5. 管道下沉

管道下沉在市政排水管网的管理中时有发生，其原因很多，前面也有介绍，一旦发生管道下沉就必须马上处理，否则会造成污水不能顺畅排出。

6. 施工破坏影响

排水管网是埋设在地下的，路面可见的是雨水口、检查井等设施，在进行城市建设时，通常都会出现破坏排水管网的问题，尤其是路面开挖施工。如果发现施工时破坏了市政排水管网，必须马上采取紧急措施进行处理修复。

7. 吸粪车违章倾倒粪便垃圾

化粪池里的粪便和建筑工地上泥浆等垃圾可以由专门的吸粪车抽吸装载，再送到填埋场或焚烧场处理。在有的城市把这项工作承包给了私人业主，他们为了自己的私利和方便，在抽吸完后就打开市政排水检查井井盖，往井内违章倾倒粪便垃圾。由于倾倒的量特别大，使得排水管道难以承受，造成管道堵塞，堵塞后如不及时发现处理，会迅速硬化，那时再来处理就很难了，严重的甚至造成整条管道的报废。这种行为在管理上很难禁止，不法分子通常利用非工作时间违章倾倒，而且我们国家有关的排水管理办法和条例处罚太轻，达不到制止这种违章行为的效果，要想完全遏止这种违章行为就必须加大惩罚的力度，同时发动群众一起来制止这种破坏市政设施的行为。

8. 倒虹管堵塞

倒虹管是在遇到河流、山涧、洼地或地下构筑物等障碍物时，不能按原有的坡度埋设，而是按下凹的折线方式从障碍物下通过的管线。倒虹管是由进水井、下行管、平行管、上行管和出水井等组成。

由于该种管道是依靠上下游管道中的水面高差进行的，这高差一旦达不到设计要求时就很容易造成管道堵塞，而且一旦发生堵塞，倒虹管比一般管道在清疏上要困难得多，因此必须采取各种措施来防止倒虹管内污泥的淤积，在设计时，可采取以下措施：

（1）提高倒虹管内的流速，一般采用 1.2～1.5m/s，在条件困难时可适当降低，但不宜小于 0.9m/s，且不得小于上游管渠中的流速。当管内流速达不到 0.9m/s 时，应定期冲洗，冲洗流速不得小于 1.2m/s。

（2）管径不能小于 200mm。

（3）在进水井中设置可利用河水冲洗的设施。

（4）在进水井或靠近进水井的上游管渠的检查井中，在取得环保部门同意的条件下，设置事故排水口，当需要检修倒虹管时，可以让上游污水通过事故排水口直接泄入河道。

（5）在上游管渠靠近进水井的检查井底部做沉泥槽。

（6）倒虹管的上下行管与水平线夹角应不大于 30°。

（7）为了调节流量和便于检修，在进水井中因设置闸门或闸槽，有时也用溢流堰代替。进、出水井应设置井口和井盖。

（8）在虹吸管内设置防沉装置。

倒虹管是以下凹的折线方式埋设，虽然有防沉装置，养护不及时还是极易造成堵塞。

9. 管道中未及时清除生长的树根

管道是埋设在马路下的，并且一般都在路边，而路边通常都是植有树的，树根是向下生长的，有的树树根的生长能力非常强，它能穿透管道、检查井、雨水口等排水设施。管道中存有污水是树根生长的良好环境，所以在市政排水管中生长有树根的情况是常见的。

管里生有树根不但管道的过流断面减少，而且当树根的量特别大时，就会造成管道堵塞。因为树根穿透管壁长进管内会破坏管道的结构，很容易造成管道损坏或坍塌，所以排水管理单位的日常管理工作中必须有清除管道树根这项工作，而且还必须及时清除。树根的清除可以是人工清除，也可以是机械清除。人工清除时用拉刀、铲子等特定工具将其铲除；机械清除是针对一些树根粗大，人工很难清除的管道，它有专门的设备，例如：树根切割器。

10. 管理不到位

除了上述所列的原因造成污水管堵塞外，还有管理上的问题。排水管理是一项极其繁杂的业务，要确保管理到位，必须要有一整套系统的管理方法。但目前大部分的城市都没有一套切实有效的管理方法，这形成了许多由于管理不到位而造成的管道堵塞问题。内部，每个雨水口、检查井、管段都需要根据不同的情况定期进行清理；外部，对每一个可能危害到市政排水设施的行为都要严格督察，同时要求有一整套系统的管理方法来指导工作。

11. 规划设计的问题

如果规划和设计时不能很好地解决污水的水流顺畅和排放出路问题，那么管理再怎么到位也没有用，这就要求规划设计人员结合现状管网的特点，充分考虑各方面的因素，将可能涉及到的各类问题统筹考虑解决，特别是设计的标准不能太低。

二、雨水管堵塞分析

市政雨水管堵塞的主要原因有以下几种：

1. 道路冲洗及清扫

市政雨水系统主要包括雨水口、雨水口连接管、雨水井、雨水管渠等设施。雨水的收集主要靠雨水口，它一般设置在路边低洼的地方，所以在道路冲洗时，冲洗水会把道路上的垃圾杂物一起冲进雨水口里。另外，一些清洁工人为了贪图方便，把道路上打扫的垃圾直接往雨水口里扫，而不是装运到指定的地方倾倒，这时雨水口如果得不到及时的清理，垃圾就越积越多，日积月累就会造成雨水口、雨水口连接管甚至雨水管渠的堵塞，使得在雨天时，雨水不能及时排放。

2. 下雨冲刷引起水土流失

雨天时，一定强度的暴雨冲刷就会造成水土流失，同时雨水冲刷时夹带着大量的垃圾，垃圾及流失的水土随着雨水流进了雨水口、雨水口连接管和雨水管渠，如果不及时清理，时间长了很容易造成雨水口、雨水口连接管和雨水管渠的堵塞。

3. 支管中生长树根

这情况与污水管中生长树根一样，只不过在雨水系统中，雨水口中也生长树根，树根生长在管或雨水口内都会减少雨水的可流动断面，如不及时清理，会堵塞管道和雨水口。

4. 管道淹没出流造成泥沙淤积

雨水排放口有淹没出流和非淹没出流两种，雨水的排放口一般要求是非淹没出流的，但有些雨水管由于标高或其他原因的问题，不得不采取淹没出流式，这时在下游处于淹没的管道部分，由于管内水流速度慢，很容易造成淤积物在管内沉积下来，而且淹没出流的管道长期被水淹没，清疏管内淤积物很困难，特别是水深的下游管道。

5. 违章施工破坏

按照排水管理的要求，用户进行临时和永久排水施工要经过排水管理单位的严格审批，临时的施工排水要求先经过沉砂池沉淀后才能排入市政雨水管道，临时的生活污水要经过化粪池处理才能排入市政污水管道，用户永久的排水要严格实行雨污分流，污水要经过化粪池后才能排入市政污水管道。但是现在有很多施工单位为了方便、赶工期、省事等原因，常常私自接驳排水管道。而且建筑工地施工时大都要土方开挖或挖孔灌桩，会有大量的施工排水直接往市政雨水管道里排放，此施工排水含有大量的泥沙等沉积物，这些沉积物在管道中通常都不能流走而沉积在管道里，并且能在极短的时间内堵塞管道，这种行为对管道的危害性极大，而且防不胜防。其他形式的违章施工也极易造成管道的堵塞，比如：把建筑垃圾丢进检查井、雨水口；挖坏挖断排水管；施工机械压坏检查井、雨水口。

6. 吸粪车与建筑垃圾的违章乱排放

这与污水管的吸粪车与建筑垃圾的违章乱排放是一样的。所倾倒的粪便垃圾如得不到及时的清理，就会使雨水系统受到极大的损坏，甚至造成雨水管的报废。

7. 管道下沉

这与污水管下沉也是一样的，管道一旦下沉就要紧急处理，以避免雨天时雨水无处排放。

8. 管理不到位

雨水系统和污水系统也是一样需要有系统地进行管理，管理不到位的话，会使很多环节脱钩，造成雨水管渠堵塞严重，雨天时，雨水不能顺畅地排放。

三、水淹道路的原因

1. 洪水冲刷

下暴雨时，大量雨水的积聚汇集，形成一定程度的洪水冲刷；同时冲刷的雨水中夹带着大量的垃圾，垃圾随着雨水流入雨水系统，堵塞雨水口、支管或管渠，使得雨水得不到及时的收集排放，造成了雨水积聚在道路上。

2. 水土流失严重

在城市的某些地区，由于大规模的开发建设和自然环境及山体的破坏，绿化又不及时或其他的原因，造成一下暴雨时水土流失严重。在雨天时，大量流失的泥土会把雨水口、支管或管渠堵塞，使得雨水无处可排，造成了路面积水。

3. 雨水排放无出路

在一些城市里，尤其是一些比较落后的城市，由于规划、建设、管理的脱节，造成雨水系统不完善。使得部分地区的雨水收集后无处排放，造成了路面积水现象。

4. 路面坡度大

路面坡度很大，下大雨时雨水还没来得及被雨水口收集就已重力流到了低洼地方，使得低洼地段的实际雨水收集量大大地超过了该地区设计的雨水收集能力，雨水不能及时排放，造成了路面积水。

5. 雨水口设计不合理

雨水口是收集雨水的主要设施，如果雨水口的设计不合理，雨水就不能得到很好的收集。

（1）雨水口不设置在低洼地段会使得道路部分地段积水；

（2）雨水口采用的形式不同会使雨水得不到及时的收集，雨水口的形式有侧入式和平算式，另外还有一种是前两者的联合叫联合式，雨水口形式的选择要结合路面的特点和排水量的大小，现在一般都采用平算式或联合式，不同方式对雨水的收集都有不同的效果，其中联合式的效果较好；

（3）路面雨水口设计的数量不够多，雨水量很大时，往往会出现路面雨水不能及时排除，造成路面积水；

（4）雨水口的连接方式也会影响到雨水的排放，如果雨水口不是通过连接管直接进入雨水井，而是再通过另外一组雨水口或更多组雨水口后才进入雨水井，对雨水的排放是很不利的，这样也会由于排水不及时而造成路面积水。

6. 垃圾堵塞

雨水口、雨水口连接管或雨水管渠被垃圾堵塞，会大大地降低雨水的收集排放能力，从而使雨水不能及时排除，造成路面积水。

7. 管道堵塞

雨水口的连接管或雨水干管被堵塞，就不能有效地排除雨水，造成路面积水。

8. 排水乱接

排水管道的新接管必须按管网的设计排放能力合理接入，不能随意乱接乱排。现状雨水管网的运行要系统地考虑整体的布局，如果不按规划设计来布置，就会破坏整体的布局，导致局部水流不畅，造成路面积水。

9. 雨水口侧入式

雨水口侧入式是雨水口的一种形式，这种形式的弊端是过水断面小，而且一旦路面垃圾多，就很容易堵塞雨水流入口，在雨量大的地方很不适用。侧入式的雨水口已很少用，大都已改造成联合式的雨水口。

10. 设计的原因

在进行雨水系统设计时，一般每个城市都有规定的设计重现期标准，有时标准会偏低，这样设计出来的雨水系统的排水能力也偏低，在超过设计重现期标准的强降雨出现时，雨水系统的排水能力就不够，这时即使雨水系统没任何堵塞，水流再畅顺也还是要积水的。

11. 潮水影响

雨水管渠的排放口一般要求是非淹没式的，但有的地方由于各种原因采用了淹没式的排放形式，那么当涨潮水位上升时，雨水就不能有效地排放，造成了路面积水。有的地方虽然采用了非淹没式的排放形式，但是当涨潮水位上升至排放口，甚至淹没了排放口时，雨水也不能很好地排放，也会造成了路面的积水。

四、管渠破坏的原因分析

排水管渠维护工作目的是确保排水设施完好及正常运行，为了做好管网维护的工作，我们必须掌握管渠破坏的原因。

1. 管材质量问题

排水管道的管材有很多种，有陶土的、球墨铸铁的、塑料的、钢筋混凝土的，不同材质有着不同的作用。目前在市政排水工程中比较常用的是钢筋混凝土管，因为这种管材有着抗腐蚀、抗压、抗渗漏等良好性能。但是有时由于价格或其他的原因，会采用不合格的管材来施工排水管道，这样的管道存在极大的隐患，例如：有可能受到外部的荷载而坍塌，也有可能被污水腐蚀而漏水，也有可能接口位置不能很好地吻合而发生漏水等现象。

2. 管道下沉

管道下沉的原因很多，主要有因管道滴漏后受覆土和自重影响造成的沉陷，因自来水漏水侵蚀而造成的沉陷，施工扰动管道造成的沉陷，管道接口脱落造成的沉陷等。

3. 施工破坏

在施工时如果不对管渠作有效的保护，很可能会造成管渠的破坏，主要表现为管道基础的破坏或管渠本身被挖断，或者是检查井、雨水口被损坏或填埋，特别是土方开挖时。

4. 外部荷载

排水管道是埋设在地下的，要求有一定的覆土厚度，然而有时由于各种各样的原因达不到规定要求，地面有大型荷载通过就有可能把管道压破，如大型车辆或机械碾压等。

5. 接口施工技术不过关

排水管道如果发生大的漏水只有两个地方，一个是检查井壁漏水，另一个就是管道的接口位置。如果管道接口施工技术不过关的话，很可能会造成管道接口漏水，管道漏水如果没及时处理，则会造成管道坍塌。

6. 污水腐蚀

排水管道一般采用钢筋混凝土管，但是有的地方也有用其他管材的，如陶土、铸铁和钢管、塑料管等，陶土管的抗腐蚀性强，塑料管材一般也有很强的抗腐蚀性，铸铁和钢管的抗腐蚀性弱。污水的腐蚀性很强，特别是一些化工厂等产生强腐蚀性污水的企业，污水不经处理就直接向市政管网排放的，即使是陶土管或钢筋混凝土管都会受到一定程度的腐蚀，长期的腐蚀会破坏排水管道。

7. 设计不合理

排水管渠在实际中有很多地方采用跌水的方式，如果在设计时没把握好跌水的程度，日积月累的跌水会使检查井井底或井壁甚至管口被滴穿。

8. 施工技术不过关

市政排水管网的施工技术含量比较高，因此对施工队伍的要求也高，但有时由于各种各样的原因，未达到应有技术水平的施工队伍也参与了施工，造成施工的管道在质量上存在严重的隐患，这样在使用时管道就很容易被破坏。

9. 路面下沉

在一些地区，由于过分抽取地下水或回填没有夯实等其他原因造成路面下沉，破坏了管道的基础，也会使管道随之破坏。

10. 管理不到位

市政排水管网的管理是一项复杂的系统工程，一定要有一套切实可行的管理方法来管理，管渠的维护维修都需要系统的管理。若有一个环节脱节就会造成管渠的破坏。

第二节　排水管渠的清疏

排水管渠在建成通水后，为保证其正常工作，必须经常进行养护和管理，排水管渠内最常见的其中一个故障是：污物堵塞管道。这也是管渠系统管理养护中经常性和最大量的工作。在排水管渠中，往往由于排水量不足，坡度较小，污水中污物较多或施工质量不好等原因而发生沉淀、淤积，淤积过多将影响管渠的通水能力，甚至使管渠堵塞。因此，必须定期清通管渠，清通的方法有两种：人工清疏管渠和机械清疏管渠。

一、人工清疏管渠

人工清疏管渠是用手工加简单的工具来操作，它是以往常用的方法。按管辖区域成立相应的清疏队伍或班组，一般以6～10人为一组。人工清疏管渠的对象为：雨水口、检查井、管渠。清疏使用的工具为：水管、铲子、锄头、竹片、箩筐等。

1. 雨水口的清疏

人工清疏队伍或班组按计划到达需清疏的地点后，穿好反光衣服，并将工作区域围挡好。再用铁钩将雨水箅子打开，打开时要把箅子拉开一侧放稳至路面，不能随意悬放箅子，以防止箅子突然倒下而压伤操作人员。用铲子、锄头等工具将雨水口中的淤积物清理出来，如果雨水口里生长有树根，则用镰刀等工具将其切除。清理完成后，盖好箅子，把清疏出来的淤积物清理干净并装运走。

2. 检查井的清疏

要下井作业的，必须严格遵守《下井作业安全操作规程》。在清疏前，先向上级领导报告，填写《下井作业审批表》。经批准后，在清疏队伍到达清疏现场时，相关操作人员穿好反光衣服，并将工作区域围挡好。再打开操作井井盖及上下游2～3个检查井井盖自然通风15～30min，用毒气检测仪检测井内是否符合安全作业要求。如果不符合，用鼓风机强制鼓风，直至用毒气检测仪检测符合安全作业要求并做好一切安全措施后才能下井作业。井下作业时，先把井内的淤积物清理干净，并将淤积物装好，等工作人员上达地面后，再把淤积物拉上地面。在清疏时要注意井中的水流情况，防止受到水流的冲击。

3. 雨污水管渠的清疏

清疏管渠时需要下井作业的，也必须严格遵守《下井作业安全操作规程》。禁止进入管径小于800mm的管道内作业。井下作业时，先把井内的淤积物清理干净，再清理管道中的淤积物。可以用水管先捅松淤积物，再用铲子铲出，所有淤积物必须在工作人员达到地面后才能拉上来。

二、机械清疏

当管渠堵塞严重，淤泥已硬化成块，人工清通也有困难时，需要采用机械清通方法。以往经常采用的机械清通操作时首先用竹片穿过需要清通的管渠段，竹片一端系上钢丝绳，绳上系住清通工具的一端，在清通管渠段两端检查井上各设一架绞车，当竹片穿过管渠段后将钢丝绳系在一架绞车上，清通工具的另一端通过钢丝绳系在另一架绞车上，然后利用绞车往复拉动钢丝绳，带动清通工具将淤泥刮至下游的检查井内，使管渠得以清通。绞车的动力可以是手动的，也可以是机动的。

在有些地方井深较浅的下水道上和旧城区的合流管道上一般采用绞车拉泥的办法清理排水管渠。

1. 钢丝绳的穿管牵引，目前使用较多的是用竹爿牵引。先将竹爿用铁丝连接起来，穿入管内、有时竹爿由于弧度大、不易穿进，即在下边放一支架，俗称打爿架子，改变力的传递方向。这种竹爿不用时应放入水中，以免干裂。绑扎要牢固，以免竹爿断于水中。

国外有使用钢丝穿通牵引的，但其弹性较差、重量大、不及竹爿方便。而玻璃钢材料较多，且有较好的钢度和韧性，是制造下水道疏通工具的好材料。

在水量充沛的情况下，亦可采用漂浮物牵引尼龙绳的办法，先将尼龙绳穿过管道，再牵引钢丝绳。

有关方面一直都在研究牵引器。这种牵引器，有电动和手动两种，虽然不太完善，但一定会成功地取代竹片穿管。

当绳索拉紧时，支撑腿向外扩张支撑在管壁上。牵引器不能向后运动，而弹簧也被拉伸长，当绳索松动，弹簧迅速反弹，即将牵引器推向前进。

2. 绞车

当钢索穿通后，即可使用绞车牵引钢丝绳带动清管工具。绞车有机动和手动两类，机动的设备技术要求高，有时起动制动时，变速不够理想。当清管器卡死时，能将钢丝绳拉断，有待进一步完善，手动绞车有重型和轻型两种。重型应分快慢档，轻型可架在其他车辆上，或作折叠式，在农田作业较为方便。钢索在管内运动，需经过滑轮改变力的方向。

3. 清理工具

清理工具常用的有：

（1）拉泥刮板。是用钢板夹橡皮板制成，用于管内刮泥，有各种直径，配用各种管道。

（2）铁锚。当管内有坚实沉淀物，遇有橡皮刮板不能刮动的泥时，使用铁锚刮泥、松泥，效果较好。

（3）拉刀。在管内有树根等物时，应及时割断，可采用钢片蜗型截根拉刀。拉刀是用薄钢片制成，可以将树根拉断。

（4）管刷、系环形鬃刷。可用钢丝绳牵引。清洗管壁附着油脂等物品。

机械清通工具的种类繁多，按其作用分有耙松淤泥的骨骼形松土器；有清除树根及破布等沉淀物的弹簧刀和锚式清通工具；有用于刮泥的清通工具，如胶皮刷、铁畚箕、钢丝刷、铁牛等。清通工具的大小应与管道管径相适应，当淤泥数量较多时，可先用小号清通工具，待淤泥清除到一定程度后再用与管径相适应的清通工具。清通大管道时，由于检查井井口尺寸的限制，清通工具可分成数块，在检查井内拼合后再使用。

多年来，国外采用气动式通沟机与钻杆通沟机清通管渠。气动式通沟机借压缩空气把清泥器从一个检查井送到另一个检查井，然后用绞车通过该机尾部的钢丝绳向后拉，清泥器的翼片即行张开，把管内淤泥刮到检查井底部。钻杆通沟机是通过汽油机或汽车引擎带动一机头旋转，把带有钻头的钻杆通过机头中心由检查井通入管道内，机头带动钻杆转动，使钻头向前钻进，同时将管内的淤积物清扫到另一个检查井中。

淤泥被刮到下游检查井后，通常也可采用吸泥车吸出。如果淤泥含水率低，可采用抓泥车挖出，然后由汽车运走。

而我们目前所讲的机械清疏是指用大型的机械设备来操作，现在常用的有吸污车和清污车，一般都是从国外进口的，如英国产的 WHALE 鲸鱼，美国产的伐克多（VACTOR）、骆驼（CAMEL）。吸污车是用真空原理将泥土、垃圾等杂物吸入储泥罐，再到指定的地点倾倒。清污车是用强大的水压将堵塞物冲散，以达到疏通管渠的目的。

排水管渠的养护工作必须注意安全，管渠中的污水通常能析出硫化氢、甲烷、二氧化碳等有毒气体，某些生产污水能析出石油、汽油或苯等，这些气体与空气中氮混合能形成爆炸性气体。另外，煤气管道失修、渗漏也能导致煤气逸入管渠中造成危险。如果养护人员要下井，除应有必要的劳保用具外，下井前必须先将安全灯放入井内，如有有毒气体，灯将熄灭，如有爆炸性气体，灯将会在熄灭前发出闪光。我们采用的是用毒气检测仪检测井内环境是否符合安全作业要求。在发现管渠中存在有害气体时，必须采取有效措施排除，例如将上下游两检查井的井盖打开一段时间，或者用鼓风机向井内鼓风一段时间，鼓风后要进行复查，在确认安全后，养护人员下井时要做好各种安全措施才能下井作业，井上的人员要随时给予井下人员必要的援助。

第三节　管网养护机械设备

排水管网养护常用的机械设备有：冲污车和吸污车（见图10-1）、管道电视检测车、毒气检测仪、超声波流量仪。冲污车、吸污车又有单冲、单吸、冲吸两用三种。

(a)　　　　　　　　　　　　　　　(b)

(c)

图 10-1
(a)、(b) 冲污车；(c) 吸污车

一、冲污车和吸污车

管网养护的机械设备主要是一些大型冲污车、吸污车。它们是一种利用水力来清通管道的设备，并且它能很好地代替工作人员的井下作业。水力清通方法是用水对管道进行冲洗。可以利用管道内污水自冲，也可利用自来水或河水。用管道内污水自冲时，管道本身必须具有一定的流量,同时管内淤泥不宜过多(20%左右)。用自来水冲洗时,通常从消防龙头或街道集中给水栓取水,或用水车将水送到冲洗现场,一般在街坊内的污水支管,每冲洗一次需水约 2000~3000kg。

虽然我国有自己生产的清污车和抽吸车(见图 10-2),但是在性能上还是存在很多缺点,和进口的清污车技术水平还是有一段差距,现在很多城市都采用进口的清污车来疏通市政排水管网,其效果很好,如美国产的清污车——骆驼牌冲、吸清污车。它包括冲洗、抽吸二部分,其操作使用如下。

(1)冲洗部分

①骆驼牌清污车冲污使用的注意事项:

图 10-2 国产抽吸车

喷嘴的压力由仪表盘上控制按钮来控制,要提高速度使其进入排水管中。一般情况下的压力值为 600~800 磅/平方英寸,如管道阻塞严重时,需要压力为 2000 磅/平方英寸,最好用最小压力来驱动喷嘴,这样可以节约水。另外,在确保输水软管不松动的情况下尽可能提高卷轴的速度也可以节约水。发动机的转速最高可达到接近 2100 转/min,如果速度值超过以上数值将会对设备造成永久性伤害。

操作者必须具有熟练的技巧,掌握合适的输水管的速度。如果输水管缠在一起,需要退回操作,卷在卷轴上,将缠绕的管子解开,再继续进行。

输水管可以用卷轴的控制柄将其拉出,常规速度由速度控制按钮控制。操作时,将喷嘴拉到需要的位置或有阻塞物的位置,如果喷嘴运行比较慢,应先停下,返回再操作,如果管线堵塞严重,操作一次可以清理 25~50 英尺。最长一次可以清理 300 英尺。如果碰到阻塞物时,喷嘴一次可以清理 5 英尺,然后需要重复原来的步骤,达到所需压力后再清理。可多次重复以上的步骤,要确保喷嘴喷射压力能打碎阻塞物,如果以上操作不起作用,可以让输水管多进入检修孔 1~2 英尺。快速开关阀门,也能使水压达到最大,并可以多次重复。

当喷嘴完成任务后,就要把它收回,在收回输水管的时候,水压应达到最大,以获得最大的清洗效果,最后要确保排水管卷好在水平卷轴上。输水管要慢慢地收回,收管时应留心检修孔,以防管侧面喷水,并关闭输水系统一段时间,将管中多余的水排放干净。

当排水管和喷嘴到检修孔的时候,操作者要注意用水平卷臂将管子水平地卷在卷轴上。当操作者看到管子最前端的时候,应停止卷管,前端部分用手操作,并将卷轴放好,使其处于运输状态,卷好各带子,并将防护装置放好。

当管线清洁完毕,喷嘴也复位后,操作者应降低发动机速度至 1200~1400 转/min。在仪表盘上将水泵和显示灯关闭。

此外,冲污车应按程序规定按时对零部件维修保养。

②清洗枪使用的注意事项:

a. 清洗枪必须由熟练操作人员操作，远离儿童。

b. 用枪时不能对准人或身体任何部位，高压水可穿透人的皮肤并造成严重的伤害，严重的可导致截肢或死亡。如果皮肤接触到喷溅出来的水，要尽快看医生。

c. 不能把手或身体任何部位放在喷嘴前。

d. 禁止改动装置，如果确需修理，请联络专业公司。

e. 禁止扳动清洗枪保护装置的扳机。

f. 禁止操作最大水压。

g. 禁止在带水的情况下离开，要在关闭供水后，直至水不流后才可以离开。

h. 禁止使用破损的管子。

i. 如果包装材料、配件、管子有泄漏时，禁止操作。

j. 要在关闭压力后才能移动枪或其他部份。

k. 在操作前，要仔细检查并确保连接紧密，确保安全无泄漏。

l. 在操作前，把任何可以滑动的夹子锁紧。

m. 操作前应采取安全姿势。

n. 使枪保持清洁，以达到高效、安全。

o. 要严格遵守操作规程。

p. 在危险环境中枪要关闭。

③输水管的使用事项：

为了延长输水管的使用寿命，要注意输水管的使用方法。

a. 在冬天时，要将所有管子和水泵内的水放空，或者将清洗装置放在温暖室内。

b. 在冰冻的水中使用时，要将水循环回水箱中，再进行下一次冲洗。

c. 要定期检查连结器，确保安全。

d. 当喷嘴插入充满污水的检查井中，应注意控制压力，在看不到喷嘴的情况下，它可能会碰到障碍物而偏离方向，就会导致喷嘴冲出检查井，伤害到旁边的人，这时操作者应降低水压。

④喷嘴的使用类型：

喷嘴的使用可以根据不同的情况，而使用不同的喷嘴，这样可以达到清理的目的。

a. 标准喷嘴15°，用于砂、石块较轻的情况，有6个向后的喷口。

b. 标准喷嘴35°，用于砂石情况，且有大块阻塞物，一个向前喷口，6个向后喷口。

c. 向前喷嘴 – 15°，用于砂石情况，且有大块阻塞物，一个向前喷口，6个向后喷口。

d. 向前喷嘴 – 35°，用于油渣情况，且有大块阻塞物，一个向前喷口，6个向后喷口。

e. 穿透喷嘴，用于大块阻塞物要打穿。

f. 油渣喷嘴，用于油渣阻塞严重的情况。

g. 砂石喷嘴，用于砂石阻塞严重的情况，用低角度来达到较大穿透力。

h. 强力喷头，用于充满砂石的情况。

i. 双强力喷头。用于更高效解决问题。

j. 油渣喷头，最大效率冲洗油渣，35°最大穿透喷头和45°最大清洗喷头结合使用。

k. 双平喷头，是一种特殊的大口径喷嘴，用于充满砂石的情况。

l. 四平喷头，是一种大口径配有向侧面的喷头，还有元件和绞车相连，用于拉动大块杂物。

m. 侧面清洁装置,可以配合任意的操作流程。

⑤高速冲污车的其他用途:

冲污车上有一个或几个"手动枪",利用其压力冲洗部分,可用于其他用途:

a. 一般用途

在桥的连接处或隧道等处的冰、灰尘等难以清洁的地方,可以使用此工具。交通和街道标志等难清理之处也可以用此工具。

b. 清洗街道

用于街道、涵洞、沟渠上的尘土、泥浆、雪、冰等的清洁。

此外,它还可以用于许多宽敞、暴露的地方,如公园、斜坡等。使用时,要确保旋转和移动顺畅;确保安全防护装置就位并发挥作用;操作时,要戴好眼睛和耳朵的保护装置;要确保每一部件都放在运输时应该放的位置上,才进行运输,在操作的过程中,应谨慎,防止操作不规范而带来的严重伤害。

⑥安全操作事项:

a. 去工作点前的准备。

b. 用防止轮子滚动的垫木,使车不会移动。

c. 关闭所有排水阀门,装好塞子、过滤器、计量器。

d. 检查连结卷轴位于运输状态。

e. 确保碰锁和水平卷轴在正确位置。

f. 确保侧面控制板关闭阀门。

g. 用侧面水管注满水箱,在使用前应先对取水管除锈和除砂。

h. 打开止水水泵的阀门。

i. 操作者在操作以上工序时应打开进水阀门进水,关闭排水阀门。

⑦清疏注意事项:

a. 将机械顺着检查井放入清洗的排水管中,如果配有连结卷轴,卷轴要转动起来。

b. 使车处于刹车状态。

c. 用防止轮子滚动的垫木,使车不会移动。在清疏过程中,车的移动将引起人和机械的损伤。

d. 打开水泵,让水泵正常工作。

e. 拿开连结防护装置的碰锁,拉开固定水平卷轴的橡皮钳子的插栓。

f. 用手拉出 4~5 英尺的排水管,要确保卷轴速度按钮已关闭。

g. 把喷嘴及附件放在管子前面,并用手固定,调整水流和压力来达到最大工作效率和安全,再把喷嘴放入检查井时,井外留有 2~3 英尺的管子。

h. 喷嘴及附件与污水管侧面平行。

i. 打开防护装置。

j. 在控制板上调正发动机速度到最大 1200 转/min。

k. 喷嘴从侧面进入。

l. 放低排水管使突出部分也从侧面进入,开始清疏。管子处于正确的位置可以减少磨损,并能顺畅前行。

m. 提高发动机速度推进喷嘴，一般情况下为 600～800 磅/平方英寸，如果有大块阻塞物，则提高喷嘴的压力，但为了节约用水，用尽量小的压力。在清通时，管子可能会拧在一起，这时，操作者应停止卷管子，降低发动机速度，整理管子。

n. 水管由卷轴控制柄控制进出，速度由速度控制按钮控制，把喷嘴拉到需要的地方。当喷嘴速度减慢时，表明有阻塞物，这时要复位再来一次。

o. 在污水管中，操作者一次可以清理 25～50 英尺，累计 300 英尺/次，如果碰到大阻塞物时，应返回 5 英尺才可以达到最大水压工作，以上可多次重复。

p. 清通完后，降低发动机速度至不工作状态。

q. 慢慢地将排水管从检查井中收回，并放置好。

r. 将卷轴放置为运输状态。

s. 把防护装置防护好，并把带子卷好。

t. 在检查所有装置已放好后才开车。

⑧冲污车的排水管养护措施

a. 冲污车排水管不能强行加压进入污水管，这样会导致喷嘴反转到污水管中，从井中冒出来，对在检查井附近的人员造成伤害。

b. 要用管子导向管收回冲污车的排水管，否则，排水管会在侧面的边缘处磨损或切断，管子应由有水压的卷轴收回，禁止用移动的车来收管子。如果检查井较远，再用一段管子，然后在所有人远离后才能加压。

c. 管尖应放在管子末梢，以明确喷嘴何时到达检查井，并使阻塞物打碎，管尖与排水管之间是高压连接器，要用合适的扳手固定管尖与排水管连接。

管尖说明：人工橡胶外皮

长度：30 英寸～10 英尺

操作压力：2000 磅/平方英寸

爆发压力：8000 磅/平方英寸

d. 在不平或磨损的排水管中，要使用喷嘴附件。

e. 高压排水管要使用无缝塑料管，外层为聚氨酯。

f. 管子应经常检查或检测。有以下的情况需更换：

A. 连结器移动；

B. 外表损坏；

C. 外层起泡；

D. 管子扭结；

E. 连结处边缘的配件插入管子。

⑨冲污车排水管防冰冻事项：

为了防止冷冻，必须排放干净系统中的水。

a. 将水箱水从 T 形过滤器中排放。

b. 拔掉排水塞，打开排水阀门栓（标注 "Drain here"）排放。

c. 将喷嘴从管子上拿开，用塑料绳将管子固定在卷轴上。

d. 打开排水阀门。

e. 使卷轴旋转，直至管子中水排放干净，大约要几分钟的时间。

f. 停止水泵工作 1~2min。

g. 如果配有手动枪，把它的管子放在地上，把手枪举高，拉动扳机，水就会流出，当再没有水流出时，可以再装配好。

h. 解开注水入水箱的管子，让水流出。

(2) 抽吸部分

抽吸部分主要是利用真空产生一股吸力，这股吸力能将检查井里的垃圾杂物等抽吸上来。抽吸部分主要由抽吸钢管、抽吸软管、真空管、容积罐、真空泵组成，还有其他配件如排气阀、消声器、减压阀、金属过滤网等配件。

①具体抽吸过程及原理按使用说明书操作。

②将所需的抽吸钢管连接好，连接部分用特定的连接扣锁好。

③将连接好的抽吸钢管与清污车上的抽吸软管连接好，连接部分也是用连接扣锁好。

④用控制器将连接好的管道放入需要抽吸的检查井内。

⑤开真空泵，排水阀。

⑥钢管的抽吸口对着需要抽吸上来的物体，如果物体体积大过抽吸钢管的口径时，可以用工具将其打碎成钢管能抽吸的小物体，抽吸的时候，加入适量的水能提高抽吸的效率。

⑦抽吸完后，将部分抽吸钢管解开，让抽吸管抽吸一部分清水，这样能在一定程度上清洗部分抽吸的钢管和抽吸软管，完毕后停止真空泵。

⑧将各个抽吸钢管清洗好后，放回在车上，并将抽吸软管的头放好在车上的固定位置，并使其固定好。

⑨去到特定的地点，打开容积罐后面的排泄门，将容积罐里抽吸上来的垃圾杂物倾泄干净。

⑩在容积罐排泄完毕后，用车上的清洗枪清洗干净容积罐里面残余的垃圾杂物，避免垃圾杂物留在罐上，腐蚀罐体。

以上是抽吸部分的操作，其余的操作部分与冲洗部分大致相同，具体可参考冲洗部分。

除了用冲污车和吸污车清疏管渠外，还有以下设备和方法：

1. 用充气橡皮球堵水冲洗下水道。首先用一个一端由钢丝绳系在绞车上的橡皮气塞或木桶橡皮刷堵住检查井下游管段的进口，使检查井上游管段充水。待上游管中充满并在检查井中水位抬高至 1m 左右以后，突然放走气塞中部分空气，使气塞缩小，气塞便在水流的推动下往下游浮动而刮走污泥，同时水流在上游较大水压作用下，以较大的流速从气塞底部冲向下游管段。这样，沉积在管底的淤泥便在气塞和水流的冲刷作用下排向下游检查井，管道本身则得到清洗。

污泥排入下游检查井后，可用吸泥车抽吸运走。吸泥车的形式有：装有隔膜泵的罱泥车、装有真空泵的真空吸泥车和装有射流泵的射流泵式吸泥车。因为污泥含水率非常高，它实际上是一种含泥水，为了回收其中的水用于下游管段的清通，同时减少污泥的运输量，我国一些城市已采用泥水分离吸泥车。采用泥水分离吸泥车时，污泥被安装在卡车上的真空泵从检查井吸上来后，以切线方向旋流进入储泥罐，储泥罐内装有由旁置筛板和工业滤布组成的脱水装置，污泥在这里连续真空吸滤脱水。脱水后的污泥储存在罐内，而吸滤出的水则经车上的储水箱排至下游检查井内，以备下游管段的清通之用。生产中使用的泥水分离吸泥车的储泥罐容量为 1.8m³，过滤面积为 0.4m²，整个操作过程均由液压控制系统自动控制。

2. 用浮桶法冲洗下水道。用放浮桶冲洗下水道的原理，是在排水管道内放入浮桶，减少水流断面，增大流速，管道内的淤积物被冲走，达到清理管道的目的。

操作方法是：将浮桶系在钢丝绳上，并放入管内，用轻便绞车徐徐放绳，使浮桶沿管道冲下，在下游井中可将冲下的石块等捞出。这种施工方法适用于水量充沛，可将浮桶浮起的管道内使用，效果较好。

浮桶一般用木、竹制成，少用铁件，主要考虑万一卡死在管道里，可以用疏通工具把浮桶破坏掉，而不致堵塞，酿成事故。在管道断面大，检查井口小，浮桶可做成装配式，放入井中进行装配。

对于长期处于满流状态的管道，或倒虹吸管，使用浮球有阻塞的危险，为了保证管道的安全，可用冰球代替浮桶，这种球在万一卡死后，冰即融化，而无堵塞危险。

无论用浮桶、冰球、橡皮球，制作时直径应在 0.51～0.91 倍管径之间，太小起不到减少断面、加大流速的效果，太大易卡死，造成事故。

3. 用冲水车冲洗下水道

冲水车是一种多用的管道清理机械，它是使用外来水源，用高压泵加压，用高压喷头喷射，同时喷头上有反射喷嘴，以推动喷头前进。

这种冲洗车由半拖挂式的大型水罐、机动卷管器、消防水泵、高压胶管、射水喷头和冲洗工具箱等部分组成。它的操作过程是由汽车发动机供给动力，驱动消防泵，将从水罐抽出的水加压到 11～12kg/cm²（日本加压到 50～80kg/cm²）；高压水沿高压胶管流到放置在待清通管道管口的流线形喷头，喷头尾部设有 2～6 个射水喷嘴（有些喷头头部开有一小喷射孔，以备冲洗堵塞严重的管道时使用），水流从喷嘴强力喷出，推动喷嘴向反方向运动，同时带动胶管在排水管道内前进；强力喷出的水柱也冲动管道内的沉积物，使之成为泥浆并随水流至下游检查井。当喷头到达下游检查井时，减小水的喷射压力，由卷管器自动将胶管抽回，抽回胶管时仍继续从喷嘴喷射出低压水，以便将残留在管内的污物全部冲刷到下游检查井，然后由吸泥车吸出。对于表面锈蚀严重的金属排水管道，可采用在喷射高压水中加入硅砂的喷枪冲洗，枪口与被冲物的有效距离为 0.3～0.5m，据日本的经验，这样洗净效果更佳。

生产中使用的水力冲洗车的水罐容量为 1.2～8.0m³；高压胶管直径为 25～32mm；喷头喷嘴有 1.5～8.0mm 等多种规格，射水方向与喷头前进方向相反，喷射角为 15°、30° 或 35°；消耗的喷射水量为 200～5000L/min。

国产高压射水车有 P36 型、P100 型。

P36 型主要参数

水罐容积	3m³	水泵型号	50DG-7
自重	5.6t	3DS-12/100 为三柱塞泵	
输通管道长度	55m		
水泵工作压力	36kg/cm²		
泵流量	16.2m³/h		

P100 型主要参数：

水罐容积	$3m^3$
自重	5.6t
输通管道长度	55m
水泵工作压力	$100kg/cm^2$
泵流量	$12m^3/h$
水泵型号	$3DS'-12/100$

水力清通方法操作简便，工效较高，工作人员操作条件较好，目前已得到广泛采用。根据我国一些城市的经验，水力清通不仅能清除下游管道 250m 以内的淤泥，而且在 150m 左右上游管道中的淤泥也能得到相当程度的刷清。当检查井的水位升高到 1.20m 时，突然松塞放水，不仅可清除污泥，而且可冲刷出沉在管道中的碎砖石。但在管渠系统脉脉相通的地方，当一处用上了气塞后，虽然此处的管渠被堵塞了，由于上游的污水可以流向别的管段，无法在该管渠中积存，气塞也就无法向下游移动，此时只能采用水力冲洗车或从别的地方运水来冲洗，消耗的水量较大。

二、管道电视检测车

随着科技进步的日新月异，管道的技术检查也可以利用机器来代替人工进入管道检查，它比起人工下管检查有着很多优越性。

（1）避免了作业人员直接面对井下众多的危险情况，很好地保证了人员的安全问题。在一些危险的情况下，机器也能照常下井工作。

（2）能进入一些人员难以进入的小管道。如果是人工下管检查的话，在一些小管径的管道，人是无法进入其中进行检查的，这时管道检查机器就能起到很好的作用，而且作用的效果并不比作业人员下到管中要差。

（3）能将管中所拍摄的各种情况都储存起来，方便日后对有问题的地方进行仔细分析，而人工下管检查只能是下管的作业人员知道管中情况，并且每个人的表达和理解都不同，对于管中的情况就不能很好地认识。

所以现在一些城市采用了管道检测的机械设备，而且其效果很好，如英国生产的 TS202 型电视摄像检查设备，该设备主要由遥控焦距彩色摄像器、信号光缆、显示器、遥控器、录像设备和发电机及一些其他的配件组成。

它的操作使用步骤如下：

（1）将作业区域围挡好，并打开要检测的检查井的井盖。

（2）将发电机发动起来，打开显示器和储存设备。

（3）把摄像器准备好，并用绳索系好小心慢慢地放入检查井中。

（4）用遥控器对放入检查井中的摄像器进行遥控，使其进入要检查的部位。

（5）从摄像器进入管中开始使用现场录像，并将所拍摄的现场储存起来。

（6）检查完后，利用遥控器将摄像器退回井中，并收回至地面。

（7）清理现场和设备。

三、毒气检测仪

毒气检测仪是一种检测综合气体浓度的仪器，它能准确地分析综合气体中氧气 O_2、一氧化碳 CO、二氧化碳 CO_2、氨气 NH_3、硫化氢 H_2S 的含量是否符合安全作业标准，如不符合，它能发出警报响声。这种仪器是井下作业不可缺少的，在下井作业前必须先用毒气检测仪检测合格后才允许下井。综合气体检测仪现在有很多种，有进口的，也有国产的。无论是国产的还是进口，综合气体检测仪主要是用来检测氧气、硫化氢、氨气、一氧化碳等有害气体的含量，并能在某种气体含量低于或高于某个特定值时，发出报警信号，以提示操作人员该密闭环境危险，必须采取强制措施来排除危险。

目前市政排水管网的管理部门大都配有综合气体检测仪，现介绍一种常用的美国产的RAEPGM-7800毒气检测仪，它主要由探头、氧气传感器、氨气传感器、硫化氢传感器、碳氧化合气体传感器、可燃气体传感器组成，还有一些其他配件，如显示屏、软管等。在使用时，把探头放入要检测的密闭环境2～5min，如果有其中一种气体超过设定的安全标准，检测仪就会发出警报声音，如果在探头放入检测点2～5min后，检测仪没发出任何警报声音，则证明该密闭环境安全。

四、超声波流量仪

目前在一些城市里，采用了先进的测量水流量的高技术产品——在线流量仪。不同的流量仪由于计量的方法不同，在使用上、精度上也不同。

如图10-3所示为AVM 1066-P型流量仪，该种流量仪主要是用来测污水的流速，通过流速来计算流过的水量。污水的流速是通过流量仪的一个探头来测得，该探头能发出超声波，而污水里有着大大小小的颗粒，在探头发出的超声波碰到某个颗粒时，超声波就会返回，这时，流量仪里会记录一个发出超声波到碰到颗粒的时间，以及从颗粒表面返回超声

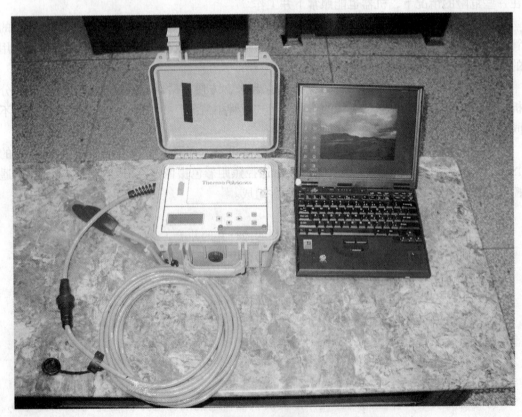

图10-3　在线流量仪

波的时间，这两个时间有时差，其时间差除以该超声波的速度，就是污水的速度了。当然在污水的不同层面上，会有着不同的流速，所以安放这流量仪的探头也很讲究，不同水深要求探头放的位置也不同，而测出来的污水流速只是一个大约平均速度而已，不过这速度也有一定的代表意义。其他类型的测流装置也很多，由于其理论计算比较繁杂，这里不再介绍。

第四节　排水管网养护中的难点

排水管网的养护是一项复杂繁琐的工作，其工作中的难点主要有：

1. 雨水排除不畅造成路面积水

雨水排除不畅顺的原因主要有垃圾堵塞、洪水冲刷造成水土流失、雨水系统不完善使得雨水无出路、路面坡度过大、雨水口设计不合理、管道堵塞、管道乱接乱排、雨水口侧入式、设计标准偏低、潮水影响、管理不到位等原因。要解决这些问题需要多个管理部门的协调。

2. 污水管径偏小

当一个城市飞快发展，人口数目膨胀时，其排水量也大大增加，远远超过规划的设计能力时，现有的污水管相对来说就偏小了，而市政设施的使用年限又比较长，在一定时期内就会影响排水的畅通，这种现象还比较常见。

3. 雨污混流

新建的城市一般采用雨污分流的排水体制，而对老城市来说，在早期，由于经济的原因，排水系统一般都是采用合流制的。随着城市的发展，排水系统也要逐步地改造，存在一个过渡时期，而我国现在大多数城市都是处于这个过渡时期，雨污混流的现象很严重，有的地区即使是严格按照分流制来设计管道的，也存在混流的情况，造成雨污分流分不开。如住宅功能改变，阳台改厨房，出户管乱接。

4. 施工违章占压、开挖

由于目前对路面施工欠缺有效的管理，很多施工单位在未征得排水管理部门同意的情况下，就擅自在市政设施上违章占压和开挖，造成排水管渠的破坏，而且施工排水的乱接乱排，也会造成排水管渠的损坏，这些都需要政府有关部门加强对施工的监管来避免。

5. 违章乱排乱放

很多地区的违章乱排乱放现象很严重，这不仅仅是管理力度不够，还和市民的素质有关。现在排水行业在人们心目中的地位还不高，有些人觉得排水行业是没用的行业，污水只要能排出就行了，而不管它是分流的还是合流的。所以违章乱排乱放的现象不仅要在管理上加强力度，而且还要不断提高排水行业的地位，提高市民的素质。

6. 周边排洪设施不配套

一个城市的建设必须有配套的市政设施，市政设施的建设要按规划来实施，根据周边的情况来建设配套的市政设施，当然，规划有时很难或不能及时得到实现，使得周边设施不配套，这样就会出现很多问题。如周边排洪设施未建设，这个地区一旦下暴雨时，路面就会出现洪水排放不畅时。这也是管理上的一大难点。

7. 其他专业部门不重视

排水行业目前在市民心目中的地位不高，得不到应有的重视，有时一些专业部门也是这样的看法，在工程施工中，擅自开挖，占压市政排水设施的事情经常发生。

第五节　管渠的紧急修理

系统地检查管渠的淤塞及损坏情况，有计划地安排管渠的修理，是养护工作的重要内容之一。当发现管渠系统有损坏时，应及时修理，以防损坏处扩大而造成事故。管渠的修理有大修与小修之分，应根据各地的经济条件来划分。修理内容包括检查井、雨水口顶盖等的修理与更换；检查井内爬梯的更换，砖块脱落后的修理；局部管渠段损坏后的修补；由于出户管的增加需要添建的检查井及管渠；或由于管渠本身损坏严重、淤塞严重，无法清通时所需的整段开挖翻修。

当进行检查井的改建、添建或整段管渠翻修时，常常需要断绝污水的流通，应采取措施，例如安装临时水泵将污水从上游检查井抽送到下游检查井，或者临时将污水引入雨水管渠中。修理项目应尽可能在短时间内完成，如能在夜间进行更好。在需时较长时，应与有关交通部门取得联系，设置路障，夜间应挂红灯，采取足够的安全防护措施。

一、管道的沉陷

1. 管道沉陷的原因

管道发生沉陷有多方面的原因。如管道基础下面有渗井、枯井，施工中并未发现，通水后或因管道滴漏，或因覆土及自重，造成沉陷；附近自来水漏水造成沉陷；其他管道施工，扰动了排水管道造成沉陷；管道接口不严密，发生渗水沉陷等。

管道沉陷或断裂，一经发现，就很紧急，所以，处理此类事端，要积极采取紧急措施。

2. 处理方法

发现管道下沉后，应立即加固附近的建筑物。如房屋、电杆、自来水、电线等，以防止发生更大的破坏损失。在沉陷附近应设置交通标志，防止车辆行人误入，并用土围起来，防止地面水大量流入，扩大破坏范围。

调查管道直径、水量以及上游用户状况，以决定断水方法。小型管道可以堵管，在上游蓄水抽升，然后突击抢修。管道直径大，水量也较大时，可以接临时导流管，向雨水管、附近河、湖中导流。如没有导流条件，可用渡槽、管道，跨越沉陷地段，排入下游管道中。

在堵水完成后，立即进行开挖。并检查管道的损坏程度，如管道未损坏，只发生接头漏水的情况，则不必拆除管道，可用避水浆加水泥堵塞漏水处，外用玻璃丝布缠绕，用有机胶粘剂和无机胶粘剂粘结（无机胶粘剂即用避水浆加细砂，加入少量水泥粘结，有机胶粘剂即玛琋脂粘合）。也可以加套管打口。

3. 修建跨越井段：在排水量较大，无法断水，也没有较大的抽水设备时，可采用修建跨越井段的办法，待跨越井段完竣后放水，再将原井段堵死，废弃。这种施工方法，往往涉及到管位的变动，所以事先应对附近管线进行详细调查，提出方案，并征得规划部门同意后实施。

二、对管道漏水的修补

排水管道经长期污水侵蚀，混凝土发生剥落、露筋，或出现孔洞，检查井砖缝脱落等现象，而更换管道又不容易，即可采用修补法，进行堵漏。

1. 堵漏材料

管道堵漏一般常使用以水玻璃为主要材料的促凝剂掺入水泥中，促使水泥快硬，将漏水堵住。

（1）水玻璃促凝剂配合比及技术要求见表10-1。

水玻璃促凝剂配合比及技术要求   表10-1

材料名称	配合比	色泽	规格	备注
硫酸铜（胆矾）	1	水兰色	三级化学试剂	配好后，促凝剂相对密度1.5左右
重铬酸钾	1	橙红色	三级化学试剂	
硅酸钠	400	无色	相对密度1.63	
水	60	无色	自来水	

水玻璃促凝剂的配制，按上表所列配合比将定量水加热到100℃，将硫酸铜和重铬酸钾放入水中加热，搅拌至药品全部溶解后冷却至30℃~40℃，然后倒入称量好的水玻璃后搅拌均匀，静置半小时就可以使用。

（2）堵漏灰浆的拌制

a. 促凝剂水泥浆，在水灰比为0.55~0.6的水泥浆中掺入相当水泥重量1%的促凝剂拌合均匀而成。

b. 快凝水泥砂浆，即将水泥和砂（1:1）干拌均匀后，再将促凝剂和水按1:1的比例混合在一起，代替拌合水，把干拌均匀的水泥和砂按水灰比0.45~0.51混合调制成快硬水泥砂浆。这种砂浆凝固较快，应随拌随用。干拌的水泥和砂混合物不应隔夜使用。

2. 堵漏方法

（1）堵漏水孔。直径 x 深度为1cm×2cm，2cm×3cm和3cm×5cm以内，可将四周清理干净，直接堵塞。

（2）漏洞直径较大时，可用引管堵塞。用一薄钢板弯成与管皮符合的弧形，内插一小管为引水管，使管内余水从小管流出，堵塞小管周围。待凝固后，抽掉小管，再将小孔堵死。

三、对管道大面积腐蚀露筋的修复

排水管道因长期腐蚀而发生大面积剥落又不能更换管道时，可采用大面积喷涂的方法进行修复和加固。

1. 喷涂材料

可用丙凝喷浆材料，即由丙烯酰胺（AAM）和N—N/甲撑双烯酰胺（MBAM）两种有机化合物按95%与5%之配合比，配成的一种混合物，当与氧化剂过硫酸胺（AP）还原，引发剂 β ——二甲胺基丙腈（DMAPN）分别用两个灌浆系统，同时喷到修补部位，经引发、聚合、交联反应后，形成富有弹性、不溶于水及一般溶剂的高分子硬性凝胶，从而达到修补的目的。配制标准水溶液100kg配方见表10-2。

2. 喷涂机具

将配制好的 A 液及 B 液分别放入容器1、2，并密封，启动空压机，用手持喷嘴，喷坏部位。

配制标准水溶液 100kg 配方　　表 10-2

材料名称	用量计算公式	100kg 水溶液用量
AAM	$V \times 9.5\%$	9.5kg
MBAM	$V \times 0.5\%$	0.5kg
H_2O	$V \times 50\% - V(9.5\% + 0.5\%)$	40kg
BMAPN	$V \times 0.4\%$	0.4kg
H_2O	$V \times 50\%$	50kg
AP	$V \times 0.5\%$	0.5kg

（A 液为前四行，B 液为后两行）

四、检查井和雨水口的修补

检查井和雨水口一旦发生破损，就要马上进行修补。修补时，工作人员要穿上反光衣服，围挡好工作区域。

如作业区域是在沥青路面时，在修补好检查井或雨水口后，要用沥青把破坏的沥青路面及时恢复，并围挡起来养护。

如作业区域是在水泥路面时，在修补好检查井或雨水口后，也要用水泥将破坏的路面及时恢复，并围挡起来养护。

如作业区域在快车道上，修补前一定要围好作业区域，并时刻注意来往的车辆，在尽量少影响交通的情况下，快速恢复，并围挡养护。

如作业区域在慢车道上，也要注意来往的车辆，快速恢复，并围挡养护。

如作业区域在立交桥上，修补前一定要围好作业区域，这区域要尽量少占地方进行施工，时刻注意来往的车辆，快速恢复，并围挡养护。

排水管网的养护工作主要包括清疏和维修两部分。在实际工作中，管渠系统的管理养护应实行岗位责任制，分片包干，以充分发挥养护人员的积极性。同时，可根据管渠中沉积物的多少，划分成若干养护重点并登记，以便对其中水力条件较差、排入管渠脏物较多、易于堵塞的管渠，给予重点养护。实践证明，这样可大大提高养护工作的效率，是保证排水管渠系统全线正常工作的行之有效的办法。

本 章 小 结

详细分析了排水管网淤塞、水淹路面、管渠破坏的原因；介绍了管网养护的机械设备，重点说明了冲污车、吸污车的特性和使用方法；分析了排水管网养护中的难点；介绍了管渠的紧急修理内容和方法。

复 习 思 考 题

1. 排水管网堵塞的原因分析。
2. 排水管网养护常用的机械设备有哪些？
3. 排水管网的养护工作的难点主要是哪些？
4. 你对改进排水管网养护工作的建议？